碳酸盐岩油气藏等效介质数值模拟技术

王自明 袁迎中 蒲海洋 文光耀 庞宏伟 著

石油工业出版社

内 容 提 要

本书主要介绍了碳酸盐岩油气藏储层地质及渗流特征、碳酸盐岩油气藏等效介质数值模拟方法适应性、碳酸盐岩油气藏等效介质数值模拟的数学模型及机理、等效介质数值模拟的裂缝—基质渗透率级差判别方法,最后给出了应用实例。

本书可供从事油气田开发的科研人员、工程技术人员以及石油院校的师生参考。

图书在版编目(CIP)数据

碳酸盐岩油气藏等效介质数值模拟技术/王自明等著.
北京:石油工业出版社,2012.8
ISBN 978 – 7 – 5021 – 9120 – 7

Ⅰ. 碳…

Ⅱ. 王…

Ⅲ. 碳酸盐岩油气藏 – 等效 – 介质 – 油藏数值模拟

Ⅳ. TE344

中国版本图书馆 CIP 数据核字(2012)第 159124 号

出版发行:石油工业出版社
(北京安定门外安华里2区1号   100011)
网   址:http://pip. cnpc. com. cn
编辑部:(010)64240656   发行部:(010)64523620
经   销:全国新华书店
印   刷:北京中石油彩色印刷有限责任公司
2012 年 8 月第 1 版   2012 年 8 月第 1 次印刷
787 × 1092 毫米   开本:1/16   印张:12.75
字数:322 千字
定价:60.00 元
(如出现印装质量问题,我社发行部负责调换)

序

油气藏数值模拟技术是油气田开发核心技术之一。该技术在全面考虑油田构造、储层、油气水关系和流体性质、温度压力特征的基础上，实现了对油田生产历史、未来生产过程中各项指标的模拟再现与预测。数值模拟成果对编制油田开发方案，实现油田科学、高效开发具有重要意义。

对于占全球油气资源"半壁江山"的碳酸盐岩油气藏，如何做好数值模拟工作一直是个世界级难题。储层的储渗空间的组合和结构十分复杂，地质模型具有很大的不确定性，油藏渗流规律、生产历史也变得复杂多变，特别是对于大型的双重介质的碳酸盐岩油气藏，用常规的数值模拟方法，其运算速度极其缓慢甚至不收敛，给油田开发方案设计带来很大的困难。

近十年来，川庆钻探工程公司地质勘探开发研究院承担编制了伊朗、伊拉克、叙利亚、土库曼斯坦、哈萨克斯坦等十多个国家不同类型的碳酸盐油气田综合评价方案、开发方案和开发调整方案，其中有开发逾百年的特大型复杂多层状的双重介质碳酸盐油田、有大型的缝洞型的碳酸盐底水油田、有巨厚层状孔隙型的大型碳酸盐油田、有大型跨境的边底水碳酸盐气田和特大型碳酸盐气田，通过积极探索、勇于实践，提出了采用裂缝—基质渗透率级差判别方法，将复杂碳酸盐岩油气藏模型简化为等效裂缝单一介质模型、等效基质单一介质模型、等效双孔单渗介质模型，解决了大型复杂碳酸盐油气田的数值模拟问题，对国内外多个油气田实现了高精度的历史拟合和开发方案指标预测。

书中形成的等效介质数值模拟技术找到了一条顺利实现复杂碳酸盐岩油气藏生产历史拟合的途径，提出的裂缝—基质渗透率级差判别方法为合理简化复杂碳酸盐岩油气藏模型提供了依据，建立的等效介质数值模拟技术体系已经在国内外碳酸盐岩油气藏开发中取得了良好的应用效果并正在继续推广。我相信，该书的出版将进一步推动我国油气藏数值模拟技术的发展。

2012 年 8 月 1 日

前　　言

　　油气藏数值模拟是以渗流力学、油层物理、计算方法、计算机技术为主的多学科紧密结合的一门前沿技术。油气藏数值模拟技术自20世纪50年代问世，经历了80年代以来的迅速发展，已经有半个多世纪的发展历史，为研究油气藏渗流规律和编制合理的油气田开发方案做出了巨大贡献。

　　碳酸盐岩油气藏储量占世界油气藏总储量的一半，其储层成因多样，通常是由裂缝（洞）与基质孔隙组合而成的双（多）重介质，最大特点是岩石介质类型和流体渗流窜流规律极为复杂。传统的数值模拟通常采用双孔双渗介质模型对碳酸盐岩油气藏进行运算。但大量实践表明，对于区块大、储层介质复杂、生产史复杂的碳酸盐岩油气藏，采用传统双孔双渗模型运算极其缓慢或根本不收敛，只能视情况对数值模拟模型进行等效简化。

　　笔者通过大量实践认为，裂缝—基质渗透率级差水平是决定采用何种等效简化方法的主要依据，提出了等效介质数值模拟的裂缝—基质渗透率级差判别方法。按此方法，通过不同的等效途径，将双孔双渗介质模型分别等效为等效裂缝单一介质、等效基质单一介质、等效双孔单渗介质3种等效介质模型。

　　本书介绍的碳酸盐岩油气藏等效介质数值模拟技术系统地研究了不同裂缝—基质渗透率级差水平下油气藏渗（窜）流规律，忽略了次要的渗（窜）流过程，有效保留了主要的渗（窜）流过程，使数值模拟运算能顺利快速完成的同时，实现与真实渗（窜）流效果近似等同，达到了对复杂模型等效简化的目的。碳酸盐岩油气藏等效介质数值模拟技术在多个碳酸盐岩油田的数值模拟研究中取得了良好的应用效果，实现了高精度的生产历史拟合，有效地解决了大型复杂碳酸盐岩油气藏数值模拟难的问题，有力地指导了碳酸盐岩油气田开发。

　　本书编写过程中，得到了中国石油川庆钻探工程有限公司地质勘探开发研究院戴勇、张森林、程绪彬、吴大奎、王鸣华、赵良孝、杜尚明等领导和专家的大力支持，得到了严文德、戴岑璞、李连民等的支持和协助。同时感谢中国石油伊朗公司、中油国际叙利亚公司以及中油国际阿曼公司的大力支持。

　　限于作者水平，书中不妥之处在所难免，敬请广大读者批评指正。

王自明

2012 年 5 月

目　　录

绪　　论

　　油气藏数值模拟技术是编制油田开发方案的核心技术之一,数值模拟效果好坏往往关系到开发方案的成败。常规数值模拟方法主要适用于构造、储层介质、流体分布较简单的油气藏。对于这类油气藏,比如不带裂缝的砂岩油气藏,其油藏构造、岩石物性、孔隙结构、非渗透夹层、流体形态、性质及其与岩石的相互作用等相对较简单,在取得的参数比较可靠的前提下,数值模拟方法能比较准确地描述地层中的流体流动,历史拟合比较容易实现,对油田未来的预测也比较可靠。

　　除了常规油气藏之外,还存在着大量的复杂介质碳酸盐岩油气藏。目前世界上碳酸盐岩储层中的油气储量占世界油气总储量的一半左右,产量已达到总产量的60%以上。世界上著名的碳酸盐岩油气田有:沙特阿拉伯的加瓦尔、墨西哥的黄金巷、伊朗的加奇沙兰、伊拉克的基尔库克、土库曼阿姆河右岸、哈萨克斯坦滨里海等。中东地区沙特阿拉伯、阿拉伯联合酋长国、科威特、伊朗、伊拉克、叙利亚、阿曼等碳酸盐岩储层举世闻名,是当今最富集的油气资源地。我国的碳酸盐岩油气藏主要分布于四川盆地、塔里木盆地和华北地台等地区。四川地区早已发现震旦系、石炭系、二叠系、三叠系的碳酸盐岩产气层及侏罗系大安寨碳酸盐岩产油气层。塔里木盆地也陆续发现一批裂缝型和缝洞型碳酸盐岩油气藏。华北地区发现以任丘为代表的潜山型碳酸盐岩油田。近年我国在南海珠江口又发现了流花11－1礁灰岩大油田。目前,我国来自碳酸盐岩的油气储量大约30%。碳酸盐岩油气藏研究在国内外都占有重要的地位。

　　根据碳酸盐岩油气藏储集空间类型的不同,可将碳酸盐岩储层划分为孔隙型碳酸盐岩储层、裂缝型碳酸盐岩储层以及裂缝—孔隙型复合碳酸盐岩储层等。碳酸盐岩储层作为一种多重介质,其裂缝和基质系统的发育程度有所差异,这样就形成了具有不同渗流系统的储层,它们在油气开发过程中有不同的表现。在孔隙型储层中,油气主要储存在粒间孔隙和结构与之类似的孔洞中,流体主要通过孔喉—喉道系统渗流,孔隙的渗透率起着主要作用,裂缝渗透率影响较小,这反映出孔隙型碳酸盐岩储层具有较小的裂缝—基质渗透率级差;在纯裂缝型储层中油气主要储存在裂缝和与裂缝有关的溶解孔洞中,流体主要在裂缝系统内渗流,裂缝的渗透率起着主要作用,基质渗透率影响较小,这反映出裂缝型碳酸盐岩储层具有很大的裂缝—基质渗透率级差。裂缝—孔隙型储层是碳酸盐岩油气藏中最常见的油气产层,具有两类基本性质不同的渗流介质——裂缝系统和基质系统,它们不但渗流特性完全不同,而且在渗流过程中存在着流体交换,形成裂缝和基质两个交错的水动力场,每个水动力场有着不同的压力和流速。裂缝—孔隙型储层在不稳定试井过程中,裂缝—基质渗透率级差决定了流体从基质岩块流向裂缝系统的能力,控制着基质岩块的响应速度,也决定着过渡段所产生的时间;而在长期生产过程中,裂缝—基质渗透率级差又决定了裂缝系统和基质系统的产能以及它们在总产量中的贡献率——即裂缝—基质渗透率级差越大,裂缝系统的产能和在总产量中的贡献率越大。从以上分析可以看出,尽管这三类碳酸盐岩储集空间的结构十分复杂,千变万化,但它们都与裂缝—基质渗透率级差之间存在着紧密的关联,即渗透率级差越小,储层越体现出孔隙的特征;渗透率级差越大,储层越体现出裂缝的特征。裂缝—孔隙型储层的特点就是裂缝渗透率比孔隙渗透率明显大,这可作为识别这种类型储层的一个主要标志。孔隙型储层的裂缝—基质透率级差较小或大致相近,这是与裂缝—孔隙型储层的重要差别。而纯裂缝型储层是指那些只有裂缝储油,岩块几乎无渗透能力的油层,这种油层中裂缝十分发育,裂缝—基质渗透率级差极大。

对于碳酸盐岩油气藏的数值模拟,如裂缝型碳酸盐岩油气藏,其数值模拟模型可划分为连续介质模型,离散裂缝网络模型以及混合模型。连续介质模型适用于油田规模数值模拟,忽略了岩石的离散特征,是应用最广泛的裂缝性油藏模型。离散裂缝网络模型试图从裂缝的几何形状以及流动机理上对模型进行表征和描述,可以在较小规模上描述裂缝性油藏的非均质性,适用于区域规模数值模拟,该模型还可以为连续介质提供参数,但应用起来十分复杂。从碳酸盐岩油气藏数值模拟的实用性角度来看,一般情况下不需要精确地研究流体在杂乱无章、四通八达的微观孔道中的流动,而是需要得到流体运动的宏观流动规律以指导油气田开发,因而连续介质模型对于碳酸盐岩油气藏数值模拟具有很好的适应性。

碳酸盐岩油气藏储层通常是由裂缝(洞)与基质孔隙组合而成,储层介质、流体分布十分复杂,这给数值模拟带来了极大的困难。理论上,采用连续介质模型的双孔双渗介质渗流模型是描述碳酸盐岩储层渗流方式的最佳选择。当裂缝与基质间的渗透率级差适中且网格数较少时,双孔双渗模型可以顺利实现油气藏历史拟合,但对于大量现实存在的复杂介质碳酸盐岩油气藏,储层类型多样、裂缝与基质搭配关系复杂、渗透率级差变化大、油气水关系复杂、压力分布变化大、模拟区块大、生产历史复杂,采用传统的双孔双渗介质模型进行油气藏数值模拟要么运算速度极其缓慢、拟合精度很低,要么根本不收敛,无法完成运算,导致油气藏开发指标预测失真而影响开发方案的科学性。欲实现复杂碳酸盐岩油气藏高效率、高精度的历史拟合和较准确开发指标预测,需要视油气藏具体情况对双孔双渗介质模型进行等效简化。

以碳酸盐岩油气藏储集层地质特征为基础,建立了碳酸盐岩油气藏双孔双渗介质渗流数学模型,利用全隐式方法对双孔双渗模型进行有限差分离散、线性化展开,得到了线性代数方程组。在衰竭式开采、注水开发等条件下,针对纯油藏渗流、纯气藏渗流、油气两相流、油水两相流、油气水三相流等情形,对线性方程组中系数矩阵结构及各种参数团进行分析,在不同裂缝—基质渗透率级差下,对裂缝流动项、基质流动项、裂缝—基质流体交换项等参数团进行简化,得到了与双孔双渗模型等效的双孔单渗模型、裂缝单一介质模型、基质单一介质模型的系数矩阵,并对双孔双渗模型与各种等效模型进行了数值求解及对比分析,论证了裂缝—基质渗透率级差在系数矩阵等效过程中的作用。结果表明,裂缝—基质渗透率级差是选择双孔双渗模型的各种等效模型的决定性因素,以裂缝—基质渗透率级差为基础可以将双孔双渗模型在一定条件下转化为等效裂缝单一介质模型、等效基质单一介质模型、等效双孔单渗模型等。

在碳酸盐岩油气藏数学模型研究的基础上,通过大量机理研究,进一步明确了裂缝—基质渗透率级差是选择等效介质数值模拟模型的决定性因素,提出了碳酸盐岩油气藏等效介质数值模拟的裂缝—基质渗透率级差判别方法,形成了等效介质数值模拟技术及其配套技术。在机理研究中,建立了单井条件以及井网条件(包括井网衰竭式开采与水平井注水开发)下不同的流态(涉及纯油藏渗流、纯气藏渗流、油气两相流、油水两相流、油气水三相流等情形)以及不同的原油粘度的等效介质机理模型,共进行了 650 套实例对比计算。通过考察各种模型之间的压力、气油比、含水率、采出程度等动态指标之间的差异程度来考察双孔双渗模型与相应的等效介质模型之间的接近程度。通过大量机理研究,得出了各种等效介质模型的裂缝—基质渗透率级差判别方法,形成了等效介质数值模拟技术及其配套技术,将双孔双渗介质模型分别等效为裂缝单一介质、基质单一介质、双孔单渗介质等 3 种等效介质模型。研究得出的等效介质裂缝—基质渗透率级差判别方法,克服了等效介质模型选择的盲目性,使等效介质模型的选择有了科学的量化标准,能够快速实现储层类型多样、裂缝与基质搭配关系复杂、渗透率级差变化大、油气水关系复杂、压力分布变化大、模拟区块大、生产史复杂等各类碳酸盐岩油气藏的历史拟合和方案预测工作。

利用等效介质数值模拟技术及其配套技术,将复杂的碳酸盐岩油气藏数值模拟模型等效为简化实用的模型,改变了复杂碳酸盐岩油气藏数值模拟难的局面。等效介质数值模拟技术在海外多个碳酸盐岩油田得到成功应用,使一批运算极其缓慢或不收敛的碳酸盐岩油气藏实现了高精度的历史拟合和方案预测,使油田开发方案编制、井网部署、油田建产科学合理,大大提高了油田开发效率,在多个油田获得了巨大的经济效益。等效介质数值模拟技术对海内外碳酸盐岩复杂介质油气藏具有广阔的推广应用前景。

第一章　碳酸盐岩油气藏储层地质及渗流特征

碳酸盐岩储层包括石灰岩、白云岩及它们的过渡岩性如白云质灰岩、生物碎屑灰岩和鲕灰岩等。几乎所有的碳酸盐岩都可以成为油气储层。碳酸盐岩储层中的油气储量占世界油气总储量的一半,产量已达到总产量的60%以上。碳酸盐岩的储集空间类型远比砂岩丰富多样,一般除了残留的原生孔隙外,更多的是次生孔隙、孔洞和发育的裂缝。因此它们的成因、结构、大小的变化和连通分布方式多样,其储集性质及渗流特征也复杂多变。

根据碳酸盐岩油气藏储集空间类型的不同,可将碳酸盐岩储层划分为孔隙型碳酸盐岩储层,裂缝型碳酸盐岩储层以及裂缝—孔隙型复合碳酸盐岩储层等。碳酸盐岩储层作为一种多重介质,其裂缝和基质系统的发育程度具有差异,这样就形成了具有不同渗流系统相互联系、相互制约的复杂系统。从该复杂系统中找出控制碳酸盐岩油气藏油气储集和渗流的关键因素,对碳酸盐岩储层类型的判断以及等效介质数值模拟研究十分重要。

第一节　碳酸盐岩油气藏的孔隙

一、碳酸盐岩孔隙的一般特征

碳酸盐岩最常见的是主要由方解石组成的石灰岩和主要由白云石组成的白云岩。纯石灰岩($CaCO_3$)的理论化学成分为 CaO56%,$CO_2$44%,纯白云岩[$CaMg(CO_3)_2$]理论化学成分为 MgO21.7%,CaO30.4%,$CO_2$47.9%。但是,自然界中的石灰岩和白云岩都不是绝对纯净的,或多或少含有一些其他化学成分。

碳酸盐岩是一种复杂的、多成因岩石类型,它们的孔隙也是如此。碳酸盐岩的复杂性主要表现在两方面——孔隙结构的复杂性和孔隙成因的复杂性。

虽然在碳酸盐岩中也可能见到与许多分选很好的砂岩相似的结构很简单的孔隙系统,但常见的却是大小、形状、连通方式都很复杂的孔隙系统。孔隙大小变化范围很广,小到直径为 $1\mu m$ 或更小,大到数十米(大型溶洞)。在同一岩组或单个手标本中,各种大小孔隙并存是非常普遍的。孔隙的形态更是千姿百态,连通方式可以是大小不同的只有喉道、渠道、裂隙的某种或它们的任意组合。

孔隙结构的复杂性是由多种因素引起的,这些因素包括碳酸盐颗粒的大小和形状变化很大,生物颗粒内部构造复杂及碳酸盐胶结物和内部沉积物对孔隙的充填的多期性和不均匀性,溶解作用等。它可以形成与沉积颗粒大小、形状极为类似的孔隙,也可以形成与沉积颗粒或成岩组构完全无关的孔隙系统。裂缝在碳酸盐岩中很常见,它们的存在本身就增加了碳酸盐岩孔隙结构的复杂性,而且可以对溶解作用产生强烈影响。

碳酸盐岩孔隙成因的复杂性包括孔隙形成时间的多期性及形成方式的多样性。从沉积前碳酸盐颗粒的形成,到沉积过程中,以及沉积后漫长的成岩后生变化过程,任一时期都可能形成如今有生产意义的孔隙。而形成和改造孔隙的各种作用更是多种多样,如骨骼碳酸盐的分泌作用,沉积物的压实、收缩、气体溢出、生物潜穴和钻孔、岩石选择性和非选择性溶解、破裂、有机质分解等,都可能形成孔隙。

与砂岩储层相比,碳酸盐岩储层具有很多不相同的特点,原因在于它们的孔隙演化史有很大区别。两类岩石都是从原生孔隙度很高的沉积物演化而来,而且现代碳酸盐岩沉积物的孔隙度一般高于陆源碎屑砂沉积物,但是古代碳酸盐岩的孔隙通常比砂岩的孔隙少得多。因为沉积后,砂岩孔隙的改变主要受胶结作用、部分压实作用影响,一般使原生粒间孔体积减小,而孔隙性质或位置基本不变化。而在大部分碳酸盐岩中,孔隙的压实缩减相当广泛,多数或全部原生孔隙在成岩作用期间消失,新的孔隙要形成,但也会部分或全部被充填。碳酸盐岩和砂岩孔隙之间的主要区别见表1-1。

表1-1　砂岩与碳酸盐岩储层储集性质的比较

储集性质	砂岩储层	碳酸盐岩储层
沉积时原始孔隙度	一般25%~40%	一般40%~70%
岩石最终孔隙度	一般为原始孔隙度的1/2或略多	一般为原始孔隙度的很小部分或近于零
原始孔隙类型	几乎全为粒间孔	粒间孔一般较多,但粒内孔和其他孔隙也很重要
最终孔隙类型	几乎全为粒间孔	由于沉积后的改造,溶洞、裂缝发育,变化很大
影响孔渗因素	与颗粒大小和分选好坏密切相关	受颗粒大小和分选影响甚小,受次生作用影响大
影响孔隙形状因素	主要取决于颗粒形状	很复杂
成岩作用的影响	压实和胶结使原始孔隙度减少近半	很大,可使原始孔隙度完全丧失,胶结和溶解尤其重要
裂缝作用重要性	对储渗性质影响一般不大	对储渗性质尤其渗透率影响巨大
孔渗的镜下目估	半定量目估一般容易	从可半定量目估到不能,孔渗常需仪器测量
岩心分析的适应性	适于做岩心分析	对大孔洞和大裂缝而言,大直径岩心也无法评价
孔、渗相关关系	两者关系较好,与粒度、分选相关	两者关系不定,一般与粒度和分选无关
孔隙结构的均一性	在均匀砂岩中一般有很好的均一性	即使在单一岩体内变化也很大,从较好到极不均一

二、碳酸盐岩孔隙的基本类型

碳酸盐岩的孔隙类型划分方法很多,根据孔隙形成时期及其与成岩作用的关系,将其划分为原生孔隙和次生孔隙两大类。各种孔隙类型如图1-1所示。

1. 原生孔隙

在最后沉积作用结束时,沉积物或岩石中就已经存在的任何孔隙都称为原生孔隙,包括沉积前孔隙(即最后沉积作用之前就已经存在的孔隙)和沉积期孔隙(即最后沉积作用过程中形成的孔隙)。原生孔隙形成于碳酸盐沉积质点形成及沉积过程中。

沉积前期,从沉积物质初始形成开始,到这些物质或由这些物质形成的沉积颗粒最后沉积结束。此时间持续时间长短不定,沉积作用缓慢,并伴有对底部沉积物进行间接再冲刷过程,沉积前期可长达几千年。沉积前期形成的孔隙为沉积前孔隙,如生物骨骼个体内存在的蜂窝状孔隙、体腔孔隙、符合颗粒(团粒)内的孔隙。

沉积期包括沉积物或生物骨架在其被埋藏位置最后沉积的时期。这个时期在孔隙形成方面十分重要,但持续时间极短,形成的孔隙为沉积期孔隙。在碳酸盐岩中,沉积期孔隙主要是

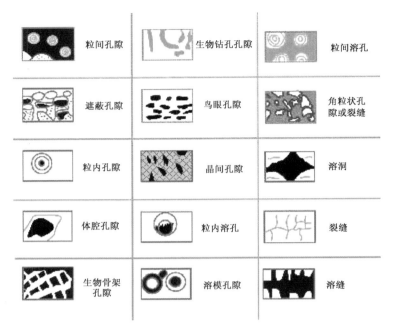

图 1－1　碳酸盐岩孔隙类型示意图(黑影部分代表孔隙)

粒间孔隙,还有生物生长的骨架孔隙;也包括在沉积界面上由于生物钻孔、溶解或其他作用形成的孔隙。

碳酸盐岩的原生孔隙有以下几种:

(1)粒间孔隙:碳酸盐岩颗粒(鲕粒、生物屑、球粒等)之间相互支架形成的孔隙。颗粒的形状、大小、圆度和分选以及堆积方式直接影响其数量和连通性,是沉积期形成的原生孔隙。颗粒越粗,分选越好,灰泥和淀晶含量越少,其孔隙度和渗透率越高。粒间孔隙多以不同程度溶解扩大或胶结物充填的形式出现,胶结物完全充填时则失去其有效性。

(2)粒内孔隙:碳酸盐岩颗粒内部的孔隙。它是在颗粒沉积前就形成的孔隙,如生物体腔孔等,个别鲕粒内部也有这种孔隙。生物灰岩常具有这种孔隙,故又称为生物体腔孔隙。要区别原生的和次生的粒内孔隙有时比较困难,但生物颗粒内的体腔孔肯定是原生的;对于溶蚀形成的粒内孔,若在大部分颗粒内发育,则多为次生的,即大气水溶蚀作用的结果;若只在少数或个别同类型颗粒中发育,则很可能是原生的。粒内孔隙的绝对孔隙度可以很高,但有效孔隙度不一定高,需有粒间孔隙或其他孔隙与之连通才比较有效。

(3)生物骨架孔隙:由原地生长的造礁生物(如珊瑚、有孔虫、海绵等)的骨架支撑所形成的孔隙。各种生物礁灰岩均有发育的生物骨架孔隙,具有很高的孔隙度和极高的渗透率是其主要特点。墨西哥的黄金巷油田即是礁灰岩,其上的阿泽尔 4 号井日产油曾达 $3.7 \times 10^4 t$,为世界之最。

(4)晶间孔隙:碳酸盐岩矿物晶体之间的孔隙。其孔隙大小与晶体粗细、晶体均匀程度及排列方式有关。如砂糖状白云岩,由于晶粒粗而均匀且排列不规则,因而具有较高的孔隙度;而颗粒细小的灰泥灰岩,虽然也有晶间孔隙,其数量也多,绝对孔隙度也大,但由于孔径太小,因此有效孔隙度极低。晶间孔隙可以是沉积时期形成的,但更多则是成岩后生阶段由于重结晶作用、白云岩化作用等形成的。晶间孔隙虽有较高的绝对孔隙度,但若无其他孔隙连通时,其有效孔隙度是很低的。

碳酸盐岩中的原生孔隙除了上述 4 种外,还有生物钻孔孔隙、鸟眼孔隙等。

2. 溶蚀形成的次生孔隙

次生孔隙又称为溶解孔隙、溶蚀孔隙,或称为溶孔,它是碳酸盐岩被地下水溶蚀的产物。碳酸盐岩由于化学稳定性较差,易受到水流溶蚀形成发育的溶蚀孔隙。溶孔的特点是形状不规则、边缘光滑、大小悬殊。溶蚀孔隙既可产生于成岩后生阶段,也可发生在沉积晚期和成岩早期。

(1)粒内溶孔和溶模孔:粒内溶孔是各种颗粒(或晶粒)内部由于选择性溶解所形成的孔隙,它常是初期溶解作用造成的。当溶解作用继续进行,粒内溶孔进一步扩大到整个颗粒或晶粒时,便称为溶模孔或印模孔。常见的有生物溶模孔、鲕溶模孔(又称为负鲕)、晶体溶模孔等,它们都承袭了生物壳体、鲕粒或晶粒的外形。

溶解作用再进一步发展,超出原来的颗粒范围,形成更大且不规则的孔隙,便是一般所称的溶孔、溶洞了。

(2)粒间溶孔:指各种颗粒之间的溶蚀孔隙,它是由胶结物或基质被溶解形成的,其溶解范围尚未显著涉及周围颗粒。若上述溶解作用显著涉及周围颗粒,便是一般的溶孔、溶洞了。各种颗粒灰岩都可形成一定的粒间溶孔,其中灰泥含量较低的颗粒灰岩在淋滤作用下较易发育粒间溶孔。

(3)其他溶孔溶洞:除上述粒内和粒间两种溶孔外,其余不受原岩组构控制,由溶解作用形成的孔隙,一般称为溶孔,其较大者也常称为溶洞。溶孔和溶洞之间并无明确的界限(有人主张溶孔与溶洞的界限定在 5mm 或 1cm),有些溶洞可大到数米或更大。大的溶洞常发育在厚层质纯的石灰岩或白云岩中,钻遇溶洞时常出现放空、井漏、钻速加快、井漏、井喷等现象。

另外,成岩后生阶段的重结晶作用、白云岩化作用等,都可形成一些次生的晶间孔隙和溶蚀孔隙。有关碳酸盐岩的孔隙类型、形成阶段和岩石类型见表 1-2。

表 1-2　碳酸盐岩孔隙类型划分

成因	孔隙类型	形成阶段				常见岩石类型
		沉积前	沉积时	成岩期	后生期	
原生孔隙	粒间孔隙		√			各种鲕粒灰岩、白云岩
	粒内孔隙	√				生物灰岩、鲕灰岩
	生物骨架孔隙	√				礁灰岩
	晶间孔隙		√	√	√	结晶白云岩、石灰岩、白云岩化灰岩
次生孔隙	粒内孔隙			√	√	各种鲕粒灰岩、白云岩,常见如生物灰岩、鲕灰岩
	粒间孔隙			√	√	
	其他溶孔、溶洞			√	√	质纯粒粗的石灰岩、白云岩

三、碳酸盐岩孔隙发育的控制因素

碳酸盐岩孔隙发育的控制因素较多,主要的控制因素如下。

1. 原生孔隙发育的控制因素

1）沉积环境

沉积环境，即介质的水动力条件，是影响碳酸盐岩原生孔隙发育的主要因素。碳酸盐岩原生孔隙的类型虽然多种多样，但主要的是粒间孔隙和生物骨架孔隙。这类孔隙的发育程度主要取决于粒屑的大小、分选程度、胶结物含量以及造礁生物的繁殖情况。因此，水动力能量较强的环境或有利于造礁生物繁殖的沉积环境，常常是原生孔隙型碳酸盐岩储层的分布地带，主要有台地前缘斜坡相、生物礁相、浅滩相和潮坪相等。在水动力能量低的环境里形成微晶或隐晶石灰岩，由于晶间孔隙微小，加上生物体少，不能产生较多的有机酸和 CO_2，因此不仅在沉积时期，就是在成岩阶段要形成较多的次生溶孔也是比较困难的。

2）次生变化对原生孔隙的改造作用

碳酸盐岩在沉积时期所形成的原生孔隙会因其后发生的各种成岩后生作用而改变。碳酸盐岩的成岩后生作用有些有利于储层物性的改善，而有些则使储层物性变差。这取决于溶解、重结晶、交代等次生作用对原生孔隙是保留扩大还是淀积充填使之缩小及影响程度。

2. 溶蚀孔隙发育的控制因素

碳酸盐岩溶蚀孔隙的发育取决于以下三方面因素：

（1）岩石本身的溶解性：碳酸盐岩的溶解性，在地下水一般富含 CO_2 的情况下，与岩石本身的 Ca/Mg 比值成正比，即石灰岩比白云岩易溶。在我国西南地区的试验表明：若以纯石灰的溶解度为1，则白云岩的溶解度为 0.7~0.4。但在某些特殊情况下，当地下水富含硫酸根离子时，白云石的溶解度会大于方解石。

此外，碳酸盐岩中的不溶物（主要是粘土）含量，对其溶解度有很大影响，两者成反比关系。如四川乐山震旦系白云岩孔洞发育的层位，其不溶物含量小于1%；而当不溶物含量超过10%时，很少见有大溶孔。一般厚层碳酸盐岩与颗粒较粗的碳酸盐岩易于溶蚀，而薄层碳酸盐岩与颗粒较细的碳酸盐岩不易溶解，这是因为后者粘土质不溶物含量常常较高的缘故。

总的来看，碳酸盐岩的溶解度有以下关系：石灰岩＞白云质灰岩＞灰质白云岩＞白云岩＞含泥石灰岩＞泥灰岩。

（2）地下水的溶解能力：由地下水的性质和运动状况决定。地下水并非纯水，其中常含有 CO_2，H_2S，HCO_3^-，SO_3^-，O_2，Ca^{2+}，Mg^{2+} 等溶质或离子，其中 CO_2 成分最普遍，其对碳酸盐岩的溶解能力也最大；反之，当水中缺少 CO_2 时，则发生碳酸盐岩的沉淀作用，析出的碳酸钙晶粒很可能堵塞孔隙、喉道使储渗能力降低。此外，地下水的溶解作用还与地下水的温度，压力有关。一般认为，地温每增加 10℃，溶蚀程度可能增加两倍。

（3）地貌、气候、构造因素的影响：溶蚀作用多发生在河谷、湖岸、海岸的汇水区和泄水区。这些地方地下水浸泡时间长，溶蚀作用强烈，常发育很大的溶洞暗河。

在气候上，温暖、潮湿的地区，溶蚀作用最活跃。因为这些地方的温度、湿度、降水量等条件都适于碳酸盐岩溶蚀作用的发生和进行。

从构造角度看，古风化壳地带，由于长期沉积间断，岩石出露地表遭受风化剥蚀，地下水沿断层、裂隙渗入地下，可形成规模巨大的古岩溶带。此外，在褶皱构造的向斜部位、背斜的倾末端或各类构造的交汇部位，往往由于裂缝发育、水流汇集，使得这些部位的岩溶作用比其余部位更为发育。

从岩溶发育的深度看,现代岩溶所及一般在 100～200m,甚至更浅;古近系、新近系、第四系的岩溶洞穴,其现今深度可达 1000m 左右;地质时代更老的岩溶,深度可达 2000～3000m。我国任丘油田为碳酸盐岩古潜山储层,其现今深度在 3500m 左右。

第二节　碳酸盐岩油气藏的裂缝

裂缝在碳酸盐岩储层中相当普遍。世界上许多大油气田储层都不同程度地受到裂缝的影响。图 1-2 为伊朗 Asmari 碳酸盐岩储层及其裂缝在电子显微镜下特征,显示裂缝和溶蚀孔很发育。

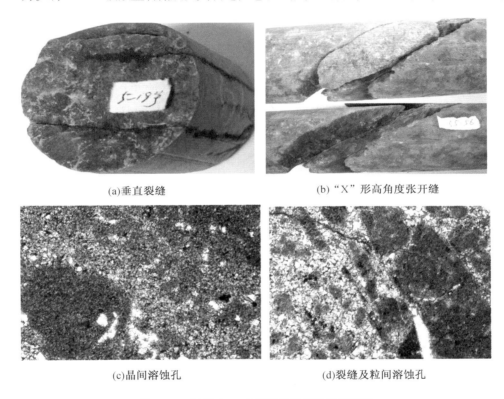

(a)垂直裂缝　　　　　　　　　　　　　　(b)"X"形高角度张开缝

(c)晶间溶蚀孔　　　　　　　　　　　　　(d)裂缝及粒间溶蚀孔

图 1-2　伊朗 Asmari 碳酸盐岩储层裂缝特征

由于碳酸盐岩的早期石化作用,裂缝作用可以在浅埋藏到深埋藏的任何阶段发生。一般裂缝作用是与断层作用、褶皱作用、差异压实作用、盐丘运动以及超压带内水力学的压裂作用有关。裂缝是碳酸盐岩的重要储集空间,并且常常是主要的渗流通道。许多毫无储渗价值可言的碳酸盐岩,只是由于裂缝发育才变得极具储渗意义。因此,对于碳酸盐岩储层来说,裂缝的重要性甚至常常超过孔隙。

另一方面,碳酸盐岩中裂缝有时会被各种矿物充填,如方解石、白云石、硬石膏、方铅矿、闪锌矿、大青石、菱锶矿、萤石等,这是裂缝中流体运动的结果。当地下断层作用和裂缝作用发育,压力降低,CO_2 释放,就可造成广泛的方解石和白云石的沉淀,因而裂缝的充填作用造成岩石孔隙度和渗透率降低也是可能的。

一、碳酸盐岩的裂缝类型

碳酸盐岩裂缝的分类方法很多，从成因角度分析，可分为以下三类。

1. 构造裂缝

构造裂缝是指岩石受构造应力作用发生破裂形成的裂缝(图1-3)。碳酸盐岩由于脆性强，在构造应力作用下易于形成裂缝，因此多数碳酸盐岩储层构造裂缝发育。构造裂缝的发育特点与相关应力作用下岩石发生构造变形的情况密切相关，它常常成组地出现在岩层变形单元的一定部位，具有一定的方向性，常连接成规则的网格状。依形成裂缝的应力的性质，构造缝又分为张裂缝和剪裂缝两种(图1-4)。张裂缝是岩石的张应力超过岩石的抗张强度时岩石破裂形成的裂缝，这种裂缝多是张开的，裂缝面粗糙、无擦痕。在纵剖面上，张裂缝宽度上大下小，呈楔状，向下逐渐消失，很少穿层发育。在张应力作用下形成两组相互直交的张裂缝，但其中一组常不明显。剪裂缝是岩石中剪切应力超过岩石抗剪强度时形成的裂缝，此时常是同时形成具有一定交角的两组。在压扭应力下形成的一组呈闭合状，在张扭应力下形成的一组呈张开状，这两组裂缝常连接成规则的网格。剪裂缝的裂缝面光滑平整，切过岩石颗粒，裂缝面上还常见擦痕。裂缝垂向延伸稳定，常穿层。

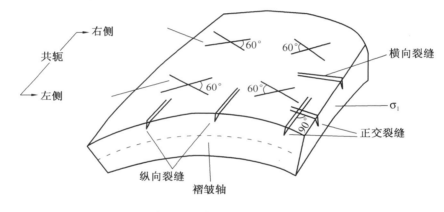

图1-3 碳酸盐岩裂缝示意图

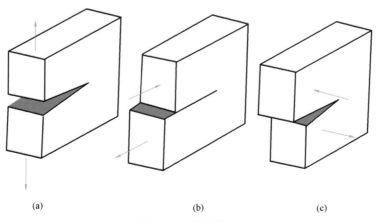

图1-4 裂缝类型

(a)张裂缝；(b)剪裂缝——破裂方向与裂缝前沿平行；(c)剪裂缝——破裂方向与裂缝前沿正交

　　碳酸盐岩储层中常常可以见到十分发育的复杂的构造裂缝系统,其中既有同构造期形成的,也有不同构造期形成的,都按一定规律分布,其复杂的组合可呈不规则网纹状。

　　构造裂缝是碳酸盐岩储层裂缝中的主要类型,许多溶蚀洞缝常常是在构造裂缝的基础上发生、发展形成的。

　　2. 成岩裂缝

　　在成岩阶段,由于上覆地层的压力作用以及沉积物本身的失水收缩、干裂或重结晶等作用,常可形成各种裂缝,这些裂缝都称为成岩裂缝。成岩裂缝的特点,一是分布受层理限制,不穿层,多平行于层面展布;二是缝面弯曲,形状不规则。

　　3. 风化淋滤裂缝

　　古风化壳上的碳酸盐岩,由于长期出露地表,遭受风化剥蚀和大气淡水淋滤,常形成发育的风化淋滤裂缝。此类裂缝形式多样,形状奇特,可呈漏斗状、蛇曲状、肠状、树枝状等形态,常与各种溶孔、溶洞相伴生。风化淋滤裂缝的发育分布与距风化壳界面的深度有密切关系:在风化壳顶面以下一定深度范围,裂缝十分发育;当超过一定深度,其风化裂缝大为减少;而在风化壳顶面附近,由于土壤化,裂缝多被充填。

　　国内目前常用的裂缝参数有以下几个:

　　(1)面密度——单位面积内所测裂缝类型的条数。

　　(2)面长度——单位面积内所测裂缝类型的累计长度。

　　(3)线密度——切过垂直裂缝组系的单位法线长度的裂缝条数。

　　(4)面裂缝率——单位面积内张开裂缝的面积。

　　裂缝组是指由最大主应力(剪应力或正应力)的作用形成的一套裂缝,它有一定的方向性。统计面裂缝率时切面应与裂缝面垂直。

二、碳酸盐岩裂缝发育的控制因素

　　影响碳酸盐岩裂缝发育的控制因素主要有两种:岩性因素和构造因素。在剖面上,裂缝常常发育在一定层位,主要受岩性控制;在平面上,裂缝往往发育在一定的构造部位,主要受构造条件控制。此外,地下水的活跃程度和溶蚀能力也是极重要的因素。

　　1. 岩性因素

　　裂缝发育的内因主要取决于岩石的脆性。岩性不同,脆性不一样,裂缝的发育程度也不一样。脆性大的岩层裂缝发育。影响岩石脆性的因素有:岩石成分、结构,岩层厚度及其组合,白云岩化作用等。

　　1)岩石成分

　　各类碳酸盐岩和化学岩的脆性顺序大致如下:白云岩和泥质白云岩 > 石灰岩、白云质灰岩 > 泥灰岩 > 盐岩 > 石膏。

　　一般来说,白云岩脆性大于石灰岩,因此白云岩中裂缝最发育。盐岩与石膏可塑性大而脆性小不易产生裂缝,因而成为油气的良好盖层或隔层。此外,泥质含量增加时,碳酸盐岩的脆性降低;而硅质含量增加时,脆性增大。

　　2)岩石结构

　　质纯粒粗的碳酸盐岩脆性大,易产生裂缝,并且开缝较多。碳酸盐岩属离子型晶体,其晶体内的节理面结合力弱,受力时易产生滑动,晶粒越粗,晶粒内各层面的结合力越弱,脆性越大。

3)岩层厚度及其组合

薄层碳酸盐岩裂缝密度较大,但裂缝规模较小。厚层碳酸盐岩裂缝密度较小,但裂缝规模较大。特别是夹于厚层碳酸盐岩之间的薄层碳酸盐岩层,常常形成发育的裂缝(表1-3)。

表1-3　Asmari 灰岩中层厚与裂缝密度的关系(据 McQuillan,1973)

厚度,cm	裂缝密度,条/30.5m	裂缝间距,cm
15~45	62	51
47~76	36	66
76~168	25	127
168~366	20	152
366~762	14	234
762~1524	5	662

4)白云岩化作用

白云岩化作用使石灰岩转变为白云岩,其晶粒由细变粗,这将使岩石的脆性增加,更易于形成裂缝。

2. 构造因素

影响裂缝发育的构造因素主要是作用力的强弱、性质、受力次数、变形环境和变形阶段等。一般情况下,受力强、作用力大、作用次数多的构造部位,裂缝较发育,反之则差。同一岩石在常温常压的应力环境下裂缝发育,在高温高压环境下则发育较差。在一次受力变化的后期阶段,裂缝密度大,组系多;前期阶段则相应较少。这些条件的时空配置,控制着构造裂缝的发育分布规律。

区域构造对裂缝有明显控制作用,在同一区域应力场的大地区内主要裂缝组系发育特点具有一致性。区域裂缝的发育情况受局部构造的影响较小。在局部构造上,裂缝总是发育在岩石应力最集中、变形剧烈,即岩层有最大曲率的部位。总的看来,在局部构造上裂缝主要发育在背斜的轴部、端部、翼部挠曲以及与断层有关的牵引褶皱处。在向斜(或背斜鞍部)中岩层曲率增加、产状突变部位也是裂缝发育部位。与褶皱伴生的裂缝如图1-5所示。一般说来,地下岩石裂缝发育规律与地面露头裂缝发育规律具有相对一致性,在一定程度上地表裂缝资料研究结果可以用来指导对地下裂缝发育情况的研究。但由于风化作用等因素的影响,地表岩石的裂缝密度及张开度比地下岩石裂缝的要大得多。

构造裂缝与断层的关系主要表现为裂缝的力学性质和相邻的断层的力学性质相近似,它们形成于同一应力场。与断层伴生的裂缝如图1-6所示。在邻近断层发育的裂缝中总有一组裂缝的走向与断层方向一致,并且在断层附近岩石中裂缝组系增多。羽状裂缝及在牵引褶皱上发育的张性裂缝(纵张缝、横张缝)都发育在断层附近,它们随离断层距离的逐渐增加而消失。

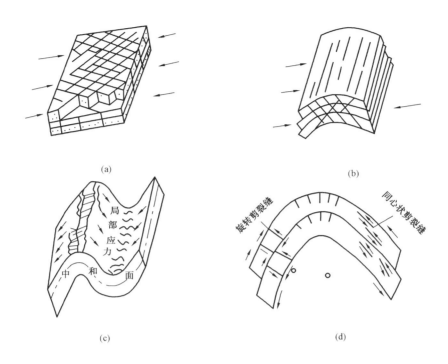

图 1-5 与褶皱构造相关的裂缝系统

（a）斜剪裂缝及锯齿状剪裂缝；（b）纵剪裂缝；（c）剪裂缝及纵横可追踪张裂缝；

（d）层间滑动产生的旋转剪裂缝和同心圆状剪裂缝

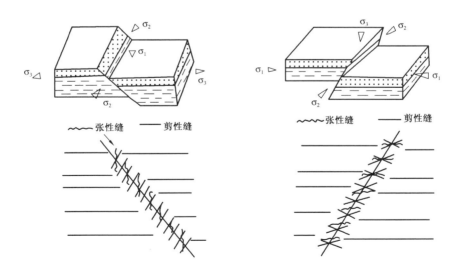

图 1-6 与断层伴生的裂缝

第三节　碳酸盐岩油气藏储层类型

　　碳酸盐岩储层作为一种多孔介质,其空隙空间可以由孔隙、孔洞和裂缝三种不同的空间构成。流体在这些不同的空隙空间中渗流的状况有明显差别。受各种地质作用的控制,这三种空隙空间在碳酸盐岩中发育的程度会有差异,这样就形成了具有不同渗流系统的储层,它们在油气的开发中有不同的表现。另一方面,由于三种空隙空间的发育条件与不同的地质因素有关,不同的储层将出现在一定的地质背景之中。因此,油气资源的勘探和开发都需要对储层按储渗系统进行分类。

　　巴格琳采娃(Багринцева,1982)认为碳酸盐岩中常见的储层主要有六种类型,即孔洞—孔隙型储层、孔隙型储层、裂缝—孔隙型储层、孔隙—裂缝型储层、纯裂缝型储层及孔洞—裂缝型储层。巴格琳采娃的这个碳酸盐岩储层类型分类方案主要依据储集岩总空隙空间中三种空隙所占比例来划分。但通常较难确定储集岩中孔隙、孔洞和裂缝三者的数量关系。

　　斯麦霍夫(1974)认为油气储层的分类的基础应该是对岩石中油气聚集与渗流过程的认识。斯麦霍夫将所有已知的储层划分为简单的储层和复杂储层两大类。孔隙型储层和(纯)裂缝型储层组成了基本的简单储层类型。而复杂储层包括裂缝—孔隙(裂缝—孔洞—孔隙型)、孔隙(孔洞—孔隙)—裂缝型等。

　　一般的,碳酸盐岩的储集空间分为孔隙、溶蚀孔洞和裂缝三类,可以将溶蚀孔归入孔隙,将溶洞归于较大的裂缝,再考虑到孔隙与裂缝之间的不同配置关系,可将碳酸盐岩储层划分为以下三种类型:(1)孔隙型碳酸盐岩储层;(2)裂缝型碳酸盐岩储层;(3)复合型碳酸盐岩储层。

一、孔隙型碳酸盐岩储层

　　孔隙型碳酸盐岩储层的储集空间以孔隙为主,主要发育粒间孔、晶间孔、生物骨架孔、生物体腔孔等孔隙空间。这些孔隙既有原生成因的,也有次生成因的。属于这类储层的有鲕灰岩、生物碎屑灰岩、生物灰岩、礁灰岩等。其成因和分布多与沉积相带(沉积环境)有关。孔隙型碳酸盐岩储层以孔隙为主,但也常常拥有一定数量的裂缝和溶蚀孔洞,只是这些裂缝和溶蚀孔洞不占主导地位。其油气的储集空间和渗透空间主要由孔隙系统提供,并且裂缝在开发生产中基本不起作用或可以忽略不计。

　　在碳酸盐岩中,孔隙型储层多见于岩石结构比较粗的岩类中,其分布范围受沉积环境及成岩过程控制。因其分布通常都有一定范围,油气储存于孔隙之中,因此其开采过程一般比较平和,采收率高低与孔隙结构有明显关系。

　　世界上有许多大型、特大型油田就是这种孔隙型碳酸盐岩储层。例如,波斯湾著名的大油田加瓦尔油田(沙特阿拉伯),其储层为上侏罗统阿拉伯组的砂屑灰岩(钙藻、有孔虫骨屑),其孔隙度达到21%,渗透率高达 $4000 \times 10^{-3} \mu m^2$。各种以生物骨架孔和生物体腔孔为储集空间的礁灰岩储层的油田,如基尔库克(伊拉克)、黄金巷(墨西哥)等,大都是著名的大型、特大型油气田。

　　阿曼 Daleel 油田就是典型的孔隙型碳酸盐岩储层。Daleel 油田 Up Shuaiba 组主要储层段 D 段的储层主要为有孔虫鲕粒生物碎屑微晶灰岩和泥晶灰岩,属于基质孔隙型储层,储集空间主要为粒间孔和溶蚀孔,见缝合线和溶蚀线,如图 1-7 所示。

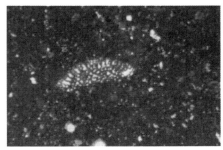

晶间孔　　　　　　　　　　　次生粒间孔(局部连通)

(a)DL-16井，1614m，泥粒灰岩

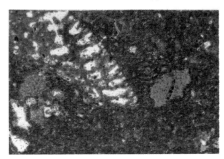

生物体腔溶蚀孔(不连通)　　　　　　　生物碎屑溶孔(不连通)

(b)DL-16井，1614m，泥粒灰岩

图 1-7　阿曼 Daleel 油田 Up Shuaiba 地层孔隙型储集空间类型

二、裂缝型碳酸盐岩储层

这类储层主要是在致密、性脆、质纯的碳酸盐岩中发育各种构造裂缝。这些裂缝既可作为油气储集空间，也可成为渗滤通道，尤其是在纵横交错构成裂缝网时，更是良好的储集空间。此类油藏常表现为块状特征，初期产量高，含水低，但产量下降快、稳产期短，一旦见水，含水率则会随时间呈直线上升。由于裂缝系统渗透率较高，故油、气、水分异充分，一般无油水或油气过渡带存在。

裂缝型储层多见于夹于陆源岩间的薄层碳酸盐岩或其他结构致密的碳酸盐岩中(在一些变质岩、岩浆岩中也可发育)。其分布面积有限，主要受构造作用控制。因其油、气主要储集于裂缝和与裂缝有关的溶解孔洞中，故储量有限。我国川南纳溪气田二叠系、三叠系的石灰岩储层，其基质岩块低孔、低渗，不具储集条件，由于具发育的构造裂缝，以及沿构造裂缝形成的溶蚀孔洞，才成为良好的天然气储集层。

叙利亚 Gbeibe 油田就是典型的裂缝型碳酸盐岩储层(图 1-8)。Gbeibe 油田的产油井，特别是高产井，主要沿断裂带分布，特别是沿较大的断裂带分布或分布在断裂带附近；而干井、低产井附近几乎没有大的断裂带存在。

三、复合型碳酸盐岩储层

复合型碳酸盐岩储层的储集空间复杂多样，常常是孔隙、溶蚀孔洞和裂缝或其中两种都有一定程度发育，因而归入复合型储层。在复合型碳酸盐岩储层中，各种孔隙和孔洞承担油气储

(a)Chilou B_2^3,1250.9m　　　　　　　　　(b)Chilou B_2^4,1290.8m

图1-8　叙利亚 Gbeibe 油田裂缝型储集空间类型

集作用,而裂缝则承担连通渗流的通道作用。因此,复合型碳酸盐岩储层常能形成高产大型油气田。

　　碳酸盐岩中最常见的复杂储层是由孔隙和裂缝这两种单一介质复合而成的裂缝—孔隙型储层和孔隙—裂缝型储层。迈杰鲍尔(1980)研究苏联的油气田时识别出了裂缝—孔洞型储层。也有可能确定出由裂缝—孔隙—孔洞三种渗流介质复合而成的三重介质储层。但目前多数研究者认为,复杂储层中最重要、最常见的还是由裂缝、孔隙构成的具双重介质结构的储层。

　　塔里木轮南桑塔木地区的奥陶系主要发育的是与岩溶作用有关的储层,包括古风化壳和深埋岩溶带。储层的储集空间结构总体上是裂缝—孔洞形。如轮古17井5495.5～5528m钻遇一个大洞,溶洞高34.5m,洞中部分充填岩溶岩;LG202井钻遇四个水平大洞,分别在5619～5631.6m、5632.37～5633.21m、5633.31～5634m、5635.09～5636.6m井段放空,洞高分别为12.6m、0.44m、0.69m、1.51m,溶洞高累计为15.2m。裂缝—孔洞型储层各井均有分布,受潜山山头高部位古岩溶溶蚀孔洞发育程度和北东—南西向及北西—南东向两组纵张断裂分布控制。

　　伊朗 MIS 油田就是典型的裂缝—孔隙型复合碳酸盐岩储层(图1-2)。该油藏的孔隙类型有粒内溶孔、粒间溶孔、铸模孔、体腔孔、晶间微孔、晶间溶孔等;构造裂缝发育,主要为层内高角度缝,倾角70°～90°,缝宽一般小于1.0mm。储层为裂缝—孔隙型,大量的溶蚀孔洞为储油空间,大量的构造裂缝为流体的渗流通道。

第四节　碳酸盐岩油气藏渗流物理特征

　　从碳酸盐岩油气藏的宏观形态分析,其构造成因、油藏类型、水动力特征十分复杂;从微观孔隙结构分析,它是由十分复杂的孔洞和裂缝网络所组成,油气藏中的流体就沿着这些网络运动,具有与一般流体流动所不同的运动形态和规律。由于裂缝系统和基质系统是共存于碳酸盐岩油气藏中的两个相互联系、相互制约的裂缝—孔隙网络系统,因而油气水在裂缝和基质两套介质系统中渗流十分复杂。要从该复杂系统中找出控制碳酸盐岩油气藏油气储集和渗流的关键因素,这对碳酸盐岩储层类型的判断以及后续的等效介质数值模拟研究十分重要。

一、碳酸盐岩油气藏裂缝孔隙度与渗透率

碳酸盐岩油气藏的孔隙度和渗透率是评价储层储渗能力的重要物性参数,有赖于静态和动态资料的综合研究而确定。在不同类型的碳酸盐岩油气藏储层中,孔隙度和渗透率有着不同的特征,而裂缝—基质渗透率级差体现着他们之间的内在关联。

1. 孔隙度

碳酸盐岩油气藏具有两种孔隙系统:第一类是岩石颗粒之间的孔隙空间构成的粒间系统,第二类是裂缝和孔洞的空隙空间形成的系统(图1-9)。

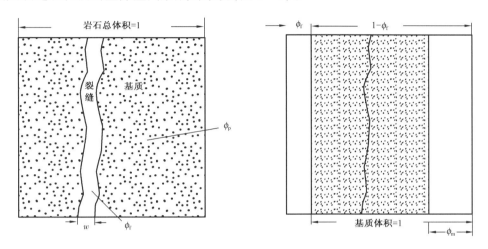

图1-9　双重介质孔隙度

在碳酸盐岩储层中,总孔隙度 ϕ_t 等于原生孔隙度 ϕ_1 和裂缝孔隙度 ϕ_2 之和,即

$$\phi_t = \phi_1 + \phi_2 \tag{1-1}$$

式中　ϕ_1——基质孔隙体积／岩石总体积;

ϕ_2——裂缝空隙体积／岩石总体积。

它们都以岩石总体积(基质 + 裂缝)为基准。

实际上,由于取心很难获得带有裂缝的岩心,实验测定的岩心大都只是裂缝岩石的基质部分,因而常用基质孔隙度 ϕ_m 的概念。基质孔隙度 ϕ_m 仅是对基质总体积而言。

$$\phi_m = 基质孔隙体积 ／ 基质总体积 \tag{1-2}$$

而裂缝孔隙度则为

$$\phi_2 \approx \phi_f \tag{1-3}$$

设岩石外表体积为1,则基质总体积为 $1 - \phi_f$,基质孔隙度为$(1 - \phi_f)\phi_m$,则式(1-1)可写为

$$\phi_t = (1 - \phi_f)\phi_m + \phi_f \tag{1-4}$$

岩石孔隙度的测定方法主要有两类:实验室内直接测定法;以各种测井方法为基础的间接

测定法。间接测定法影响因素多,误差较大。实验室内通过常规岩心分析法可以较精确地测定岩心的孔隙度。

对于裂缝孔隙度的测定,它有多种计算方法。

1)体积法

体积法是地质上常用的方法,其基本公式为

$$\phi_f = \frac{V_f}{V_r} \times 100\% \qquad (1-5)$$

式中　ϕ_f——裂缝孔隙度;

　　　V_f——岩块上裂缝体积;

　　　V_r——岩块体积。

若岩心中裂缝倾斜

$$\phi_f = \frac{2N \cdot e}{R\sin\theta} \qquad (1-6)$$

若岩心中裂缝垂直

$$\phi_f = \frac{N \cdot h \cdot e}{\pi R^2} \qquad (1-7)$$

式中　e——裂缝开度;

　　　R——岩心半径;

　　　θ——裂缝倾角;

　　　h——垂直裂缝在岩心截面上的长度;

　　　N——裂缝密度,条/m。

2)开度法

开度法主要利用裂缝开度计算孔隙度。对于单组平行裂缝,若其开度和间距分别为 e 和 D,则裂缝的平均孔隙度为

$$\phi_f = \frac{e}{e+D} \times 100\% \qquad (1-8)$$

3)面积法

对于微观裂缝,可在显微镜下直接测定裂缝张开度、薄片面上裂缝的长度以及裂缝的面积来计算孔隙度,其计算公式为

$$\phi_f = \frac{微裂缝面积}{薄片面积} = \frac{\sum_{i=1}^{n} b_i \cdot l_i}{S} \qquad (1-9)$$

式中　b_i——微裂缝开度;

　　　l——微裂缝长度;

　　　S——薄片面积;

n——微裂缝条数。

4) 曲率法

曲率法最早由前苏联地质勘探科学研究院提出,经 E. M. Cmexoba 和 T. D. Van Golf - Racht 等人研究检验,认为具有足够的精度。

对地层弯曲形成的纵张裂缝,取岩层受拉张力产生弯曲裂开后的一个单元,此时该单元的裂缝孔隙度可据图 1 - 10、图 1 - 11 上的几何形态计算出来

$$\phi_{\mathrm{f}} = \frac{\frac{1}{2}(2RT + T^2)\Delta\theta - T\Delta S}{\frac{1}{2}(2RT + T^2)\Delta\theta} \qquad (1 - 10)$$

式中 T——中性面以上岩层厚度,m;

R——曲率半径,m;

$\Delta\theta$——岩层弯曲后所形成裂缝间隔之间的夹角,(°);

ΔS——半径为 R、夹角为 $\Delta\theta$ 时的弧长,m。

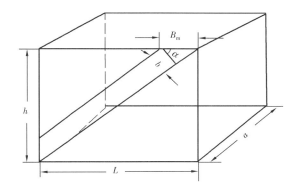

图 1 - 10 岩块中裂缝的简单示意图

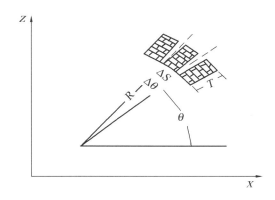

图 1 - 11 岩层弯曲后断裂的单元

因为 $\Delta S = R\Delta\theta$,所以式(1 - 10)可简化为

$$\phi_{\mathrm{f}} = \frac{T}{2R + T} \qquad (1 - 11)$$

在 $X—Z$ 坐标系中,岩层倾角还可以用 $\mathrm{d}Z/\mathrm{d}X$ 来表示。当岩层倾角较小,T 相对于 R 很小时(一般情况下,T 取所研究储层厚度的二分之一),二阶导数 $\frac{\mathrm{d}^2 z}{\mathrm{d}x^2}$ 代表了该岩层(X,Z)点的曲率。于是有

$$R = 1 / \frac{\mathrm{d}^2 z}{\mathrm{d}x^2}$$

$$\phi_f = \frac{T \cdot \dfrac{d^2 z}{dx^2}}{2 + T \cdot \dfrac{d^2 z}{dx^2}} \qquad (1-12)$$

根据岩层厚度和曲率就可以算出裂缝孔隙度。

一般情况下,碳酸盐岩储层中的裂缝孔隙度很低,只有千分之几,绝大多数情况下都低于 1%。在孔隙型碳酸盐岩储层中,油气主要储存在粒间孔隙和结构与之类似的孔洞中,裂缝孔隙度更是可以忽略不计。在纯裂缝型储层中,油气主要储存在裂缝和与裂缝有关的溶解孔洞中,此时裂缝孔隙度起着重要作用,有时基质孔隙度几乎无效。在裂缝—孔隙型碳酸盐岩油气藏中,裂缝孔隙度和基质孔隙度都十分重要,但起着储油作用的主要是基质孔隙度,并且裂缝系统与基质系统的渗流过程及流体交换方式和程度受到裂缝—基质渗透率级差的控制。

2. 渗透率

在碳酸盐岩油气藏中,如何评价裂缝的渗透率是一个重要的问题。一般来说,裂缝的渗透率远大于基质的渗透率。岩石的总渗透率等于基质渗透率和裂缝渗透率之和。

对裂缝渗透率进行理论推导。首先根据布辛列克方程可知,流过单位长度裂缝的液体流量为

$$q = \frac{e^3}{12\mu} \frac{dp}{dx} \qquad (1-13)$$

式中 e——裂缝开度;

q——单位长度裂缝内液体流量;

μ——液体的动力粘度;

dp/dx——压力梯度。

在裂缝总长度为 L 情况下,岩石渗滤面积内流过全部裂缝的液体流量为

$$Q = Lq = \frac{L \cdot e^3}{12\mu} \frac{dp}{dx} \qquad (1-14)$$

又 $\phi_f = L \cdot e/A$,故

$$Q = \frac{A \cdot \phi_f \cdot e^2}{12\mu} \frac{dp}{dx}$$

根据达西定律,流量与裂缝渗透率 K_f 之间关系为

$$Q = \frac{K_f A}{\mu} \frac{dp}{dx} \qquad (1-15)$$

根据等效渗流阻力原理,有

$$\frac{L \cdot e^3}{12\mu} \frac{dp}{dx} = \frac{K_f A}{\mu} \frac{dp}{dx}$$

则

$$K_f = \frac{\phi_f \cdot e^2}{12} \text{ 或 } K_f = \frac{e^3}{12D} \qquad (1-16)$$

若岩石中裂缝不只一组,则裂缝渗透率为

$$K_f = \frac{e_1^3}{12D_1}\cos\alpha + \frac{e_2^3}{12D_2}\cos\beta + \cdots \qquad (1-17)$$

式中　D——裂缝间距;

　　　α、β——流体压力梯度轴与裂缝面的夹角。

式(1-17)即为 Parsons 的平板流动理论公式。构造裂缝以中高角度缝为主,尤其是高角度裂缝,它们分布比较规则,同组构造裂缝一般具有较好的等距性,这些特征与平行版模型很接近,因此其渗透率的计算满足上述理论公式的适应条件。

渗透率是一个非常重要的储层参数,因为它直接与储层的产能相联系。目前还没有一种连续直接测定地下储层渗透率的方法。储层渗透率的确定通常是通过储层取心而直接进行测量,而常规测井解释的渗透率,主要是利用储层岩心实验测量的孔隙度与渗透率建立的模型。特别是对于碳酸盐岩储层的渗透率,由于孔隙空间的复杂性,尤其裂缝的发育,很难获得带有裂缝的岩心,实验测定的渗透率大都只是基质渗透率,往往不能真实反映地下储层的裂缝渗透率特征,实际应用中,可采用试井方法来计算储层的裂缝渗透率。

对于孔隙型碳酸盐岩储层和纯裂缝型碳酸盐岩储层,油、气等流体的渗流都是发生于性质单一的渗流通道体系中。一般而言,孔隙型储层各向同性,而裂缝型储层则反映出清晰的各向异性。在孔隙型碳酸盐岩储层中,流体主要通过孔喉—喉道系统渗流,孔隙的渗透率起着主要作用,裂缝渗透率影响较小,这反映出孔隙型碳酸盐岩储层具有较小的裂缝—基质渗透率级差;在纯裂缝型碳酸盐岩储层中,流体主要在裂缝系统内渗流,裂缝的渗透率起着主要作用,基质渗透率影响较小,这反映出裂缝型碳酸盐岩储层具有很大的裂缝—基质渗透率级差。

裂缝—孔隙型储层则是另一种情况。这类储层是碳酸盐岩油气藏中最常见的油气产层。无论是结构还是渗流条件,都以这类储层最为复杂。它们同时具有各种渗流通道体系,在渗流过程中各渗流通道体系间存在着流体的强烈交换流动,其流体交换方式和程度与基质—裂缝渗透率级差密切相关,这将在后文进行进一步分析。

二、碳酸盐岩油气藏的压缩系数

碳酸盐岩油气藏在投入开发之前,处于上覆岩层压力和孔隙流体压力的相互平衡状态;投入开发之后压力平衡受到破坏,孔隙流体压力的下降会导致油藏骨架有效应力的增加,使裂缝和孔隙变形,孔隙体积缩小;裂缝和孔隙中的流体也会因压力的降低而产生体积膨胀,从而产生岩石和流体的综合膨胀作用。

1. 孔隙体积压缩系数

孔隙体积压缩系数是指上覆压力恒定不变时,由于孔隙压力的变化而使孔隙体积产生的变化率。对于裂缝性油藏,裂缝和基质的孔隙体积压缩系数可以分别表示为
裂缝孔隙体积压缩系数

$$C_f = \frac{1}{V_{pf}}\frac{dV_{pf}}{dp} = \frac{1}{V\phi_f}\frac{d(V\phi_f)}{dp} \qquad (1-18)$$

基质孔隙体积压缩系数

$$C_{\mathrm{m}} = \frac{1}{V_{\mathrm{pm}}} \frac{\mathrm{d}V_{\mathrm{pm}}}{\mathrm{d}p} = \frac{1}{V\phi_{\mathrm{m}}} \frac{\mathrm{d}(V\phi_{\mathrm{m}})}{\mathrm{d}p} \quad\quad (1-19)$$

2. 流体压缩系数

单相流体的压缩系数是指单位体积的流体在压力改变一个单位时体积的变化率。对于饱和多相流体的裂缝性油藏,油、气、水的压缩系数可以分别表示为

油

$$C_{\mathrm{o}} = \frac{1}{V_{\mathrm{o}}} \frac{\mathrm{d}V_{\mathrm{o}}}{\mathrm{d}p} = -\frac{1}{\phi_{\mathrm{m}}S_{\mathrm{om}} + \phi_{\mathrm{f}}S_{\mathrm{of}}} \frac{\mathrm{d}(\phi_{\mathrm{m}}S_{\mathrm{om}} + \phi_{\mathrm{f}}S_{\mathrm{of}})}{\mathrm{d}p} \quad\quad (1-20)$$

气

$$C_{\mathrm{g}} = \frac{1}{V_{\mathrm{g}}} \frac{\mathrm{d}V_{\mathrm{g}}}{\mathrm{d}p} = -\frac{1}{\phi_{\mathrm{m}}S_{\mathrm{gm}} + \phi_{\mathrm{f}}S_{\mathrm{gf}}} \frac{\mathrm{d}(\phi_{\mathrm{m}}S_{\mathrm{gm}} + \phi_{\mathrm{f}}S_{\mathrm{gf}})}{\mathrm{d}p} \quad\quad (1-21)$$

水

$$C_{\mathrm{w}} = \frac{1}{V_{\mathrm{w}}} \frac{\mathrm{d}V_{\mathrm{w}}}{\mathrm{d}p} = -\frac{1}{\phi_{\mathrm{m}}S_{\mathrm{wm}} + \phi_{\mathrm{f}}S_{\mathrm{wf}}} \frac{\mathrm{d}(\phi_{\mathrm{m}}S_{\mathrm{wm}} + \phi_{\mathrm{f}}S_{\mathrm{wf}})}{\mathrm{d}p} \quad\quad (1-22)$$

3. 碳酸盐岩油气藏的综合压缩系数

在碳酸盐岩油气藏中,其研究对象通常是多相流体在双重介质中的渗流,所以经常使用的是油藏的综合压缩系数,即同时考虑了裂缝、孔隙及其中流体的总压缩性的大小。

根据压缩系数的概念,在一定的压力改变量下,裂缝性油藏流体总排出量等于裂缝和基质孔隙体积的改变量与孔隙内多相流体的体积改变量之和,因此可以得到裂缝性油藏的综合压缩系数

$$C_{\mathrm{t}} = \frac{\phi_{\mathrm{m}}}{\phi}C_{\mathrm{m}} + \frac{\phi_{\mathrm{f}}}{\phi}C_{\mathrm{f}} + \frac{\phi_{\mathrm{m}}S_{\mathrm{om}} + \phi_{\mathrm{f}}S_{\mathrm{of}}}{\phi}C_{\mathrm{o}} + \frac{\phi_{\mathrm{m}}S_{\mathrm{gm}} + \phi_{\mathrm{f}}S_{\mathrm{gf}}}{\phi}C_{\mathrm{g}} + \frac{\phi_{\mathrm{m}}S_{\mathrm{wm}} + \phi_{\mathrm{f}}S_{\mathrm{wf}}}{\phi}C_{\mathrm{w}} \quad (1-23)$$

式中　C——压缩系数;

　　　V——体积;

　　　p——压力;

　　　S——饱和度;

　　　ϕ——孔隙度。

下标说明:o 代表油相,g 代表气相,w 代表水相,p 代表孔隙,f 代表裂缝,m 代表基质,t 代表裂缝与基质的综合。

一般情况下,裂缝系统比基质孔隙的压缩性要大,即裂缝压缩系数比基质孔隙压缩系数大;裂缝性油藏初始状态时的压缩系数较大,在开采过程中随地层压力下降,有效应力增加,裂缝和基质孔隙受到压缩,其压缩系数将减小。

在碳酸盐岩油气藏中,随着裂缝发育程度(裂缝—基质渗透率级差)的变化,裂缝的压缩系数也随之变化,这是等效介质数值模拟需要注意的问题。

三、碳酸盐岩油气藏的毛管压力

在碳酸盐岩油气藏中,毛管压力比在常规油藏中起着更大的作用。在碳酸盐岩油气藏中毛管力是驱动机理中一个极其重要的成分;而在常规油藏中毛管压力的动力作用较为有限。在碳酸盐岩油气藏中,毛管压力在渗吸过程中有助于驱替过程,在排驱过程中则相反。

1. 基质和裂缝系统的毛管压力

当孔隙介质中含有两种非混相流体时,由于两种流体分子间的作用力和两种流体分子与岩石表面作用力的关系,使得两种流体的压力不相同,这种压力差就是毛管压力。其大小和界面曲率 R、界面张力 σ 及两种流体在岩石面上的接触角 θ 有关,即

$$p_c = p_n - p_w = \frac{2\sigma\cos\theta}{r} \tag{1-24}$$

式中　p_n——非润湿相压力;

　　　p_w——润湿相压力;

　　　σ——两相界面张力;

　　　θ——润湿接触角;

　　　r——孔隙毛管半径。

对于裂缝系统,可将裂缝设想为一平行板,则裂缝宽度为 W 的毛管压力可表示为

$$p_c = \frac{2\sigma\cos\theta}{W} \tag{1-25}$$

式中　W——裂缝宽度。

可见,裂缝宽度越小,毛管压力越大;裂缝宽度越大,毛管压力就越小。在裂缝性油藏数值模拟中,对于规模较大的裂缝,其毛管压力微不足道,可以忽略;但对于微裂缝发育,而且呈网络状分布时,其毛管压力不能忽略。

2. 驱替与渗吸毛管压力

毛管压力曲线不仅是流体饱和度的函数,而且与多孔介质内流体的饱和顺序有关。当油藏岩石中孔隙被润湿相所饱和,用非润湿相流体驱替孔隙中润湿相流体的过程,称为驱替过程,其所得毛管压力与饱和度的关系曲线为驱替型毛管压力曲线。相反,用润湿相流体去驱替孔隙中的非润湿相流体的过程,称为渗吸过程,其所得毛管压力与饱和度的关系曲线称为渗吸型毛管压力曲线(图 1-12)。同一岩样在这两种过程中测得的毛管压力曲线是不相同的,这就是毛管压力滞后现象。产生毛管压力滞后效应的原因可从两个方面来解释,一是驱替和渗吸过

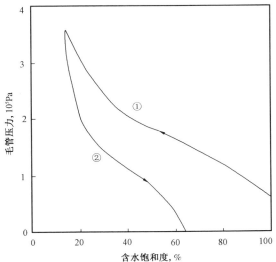

图 1-12　毛管压力曲线
①—驱替曲线(压汞曲线);②—渗吸曲线(退汞曲线)

程中存在润湿接触角(前进接触角和后退接触角)滞后效应;二是岩石的孔隙结构复杂而不均匀,存在大量"瓶颈"似的孔喉。对于常规的孔隙分布,渗吸毛管压力要比驱替毛管压力小。

  油藏开发过程是一个排驱过程与渗析过程相结合的过程。若油层是亲水的,则用水去驱油就是渗吸过程,而油藏生成时油气的运移过程则为排驱过程。

  由四类理想化的人工样品(孔隙型样品、溶洞型样品、毛管束模型以及纯裂缝样品)实验结果可以看出(图 1 − 13):(1)毛管束和纯裂缝型样品的毛管压力明显低于孔隙型样品的毛管压力;(2)毛管束和纯裂缝型样品的退汞效率 W_e 最高,粒间孔隙样品次之,溶洞型样品最差;(3)不论分选好的粒间孔隙型、裂缝型样品,还是具溶洞的其他类型样品,它们的压汞曲线都可出现平缓段。

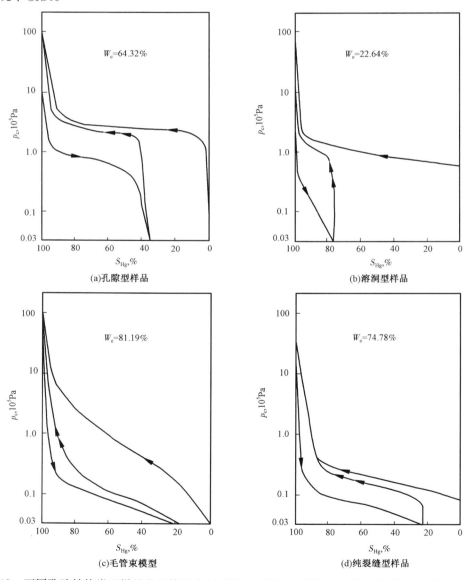

图 1 − 13　不同孔隙结构类型样品的毛管压力与汞注入—退出—再注入曲线的关系图(据吴元燕,1996)

3. 毛管压力在基质和裂缝间流体交换中的作用

在碳酸盐岩油气藏中,基质岩块和裂缝系统所饱和的流体不同,则基质和裂缝间流体交换的驱替类型也不相同,见表1－4。

表1－4　基质和裂缝间的驱替类型(水湿)

基　　质	裂　　缝	驱替类型
油	水	渗吸
油	气	驱替
水	油或气	驱替
气	水或油	渗吸

在双重介质中一种流体驱替另一种流体时,裂缝中压力变化较快,驱替流体首先在裂缝中流动,而岩块压力变化慢,与裂缝中流体交换也慢。因此驱替流体占据了裂缝后,被裂缝包围的岩块中仍有大量被驱替流体,如两种流体密度不同,重力就是促进岩块中被驱替流体进入裂缝的动力。而毛管力的作用和重力不同,当润湿相驱替非润湿相时,毛管力是有利因素。例如,水湿油层中水驱油时,在渗吸作用下,毛管力促使水从裂缝中进入岩块,并使岩块中原油进入裂缝,可以一直进行到岩块中只剩残余油时为止。但速度很慢,它取决于岩块的大小及岩块本身的渗透率,并且随着岩块中油饱和度的下降越来越慢。而当非润湿相驱替润湿相时,毛管力是阻碍驱替流体置换岩块中被驱替流体的因素,岩块中被驱替流体降到残余油饱和度以前,当重力和毛管力达到了平衡,就会停止流动。采收率高低取决于密度差、毛管压力和岩块高度等因素。

4. 毛管压力与渗透率的关系

既然毛管压力曲线反映了岩石的孔喉分布,因此根据毛管压力曲线就可以计算出岩石的渗透率。

假设岩石是由一束直径不同但长度相等的毛管所构成的,根据泊谡叶定律,流体通过单根毛管孔道的流量为

$$q = \frac{\pi r^4 \Delta p}{8\mu L} \tag{1-26}$$

设单根毛管孔隙体积为 V,则 $V = \pi r^2 L$,再将毛管压力 $p_c = 2\sigma\cos\theta/r$ 带入式(1－26)有

$$q = \frac{\pi r^4 \Delta p}{8\mu L} = \frac{(\sigma\cos\theta)^2 \Delta p V}{2\mu L^2 p_c^2} \tag{1-27}$$

假设岩石由 n 根不等直径的毛管组成,其总流量为

$$Q = \frac{(\sigma\cos\theta)^2 \Delta p}{2\mu L^2} \sum_{i=1}^{n} \frac{V_i}{p_{ci}^2} \tag{1-28}$$

对于实际岩石,根据达西公式有

$$Q = \frac{KA\Delta p}{\mu L} \tag{1-29}$$

联立求解上述两个方程,得

$$K = \frac{(\sigma\cos\theta)^2}{2AL} \sum_{i=1}^{n} \frac{V_i}{p_{ci}^2} \qquad (1-30)$$

根据任一毛管孔道体积 V_i 与所有毛管孔道体积 V_p 的比值,相当于该毛管孔道在总的毛管系统中的饱和度,即

$$S_i = V_i/V_p \text{ 或 } V_p = V_i/S_i \qquad (1-31)$$

因岩石的视体积为 A_L,故孔隙度 $\phi = V_p/A_L = V_i/A_LS_i$,则

$$V_i = \phi A_L S_i \qquad (1-32)$$

将式(1-32)代入式(1-30),得

$$K = \frac{(\sigma\cos\theta)^2}{2}\phi \sum_{i=1}^{n} \frac{S_i}{p_{ci}^2} \qquad (1-33)$$

考虑到假想岩石与真实岩石的差别,引入一校正系数 λ(又称岩性系数),并写成积分形式,式(1-33)则变为

$$K = \frac{(\sigma\cos\theta)^2}{2}\phi\lambda \int_{S=0}^{S=1} \frac{\mathrm{d}S}{p_c^2} \qquad (1-34)$$

式(1-34)积分前面的系数都是反映岩石和流体性质的参数,对一个已确定的油水体系而言,它们为定值,从而渗透率只取决于式中毛管力和饱和度函数的积分部分。

通常根据毛管压力曲线,作出毛管压力平方的倒数 $1/p_c^2$ 和饱和度的关系图(图1-14),而式(1-34)中的积分 $\int_{S=0}^{S=1} \mathrm{d}S/p_c^2$ 恰好是 $1/p_c^2$ 这一关系曲线的下包面积,所以根据毛管压力曲线可以计算出岩石的渗透率。

在碳酸盐岩油气藏中,裂缝系统与基质孔隙系统有着不同的毛管压力曲线特征(图1-13)。通过毛管压力曲线,可分别求出裂缝渗透率 K_f、基质渗透率 K_m 以及裂缝—基质渗透率级差 K_f/K_m。裂缝—基质渗透率级差 K_f/K_m 在渗流过程中的作用也就反映了毛管压力在渗流过程中的作用。

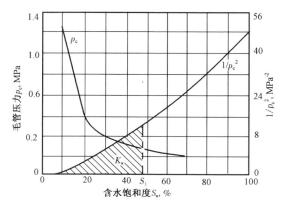

图1-14 用毛管压力曲线计算渗透率

四、碳酸盐岩油气藏的相对渗透率

在实际的碳酸盐岩油气藏中,一般是油、气、水多相共存,裂缝和基质允许其中某一相流体通过的能力称为有效渗透率。裂缝和基质中每一相流体的有效渗透率与其绝对渗透率之比,称为相对渗透率。相对渗透率不仅是饱和度的函数,而且还受孔隙结构、润湿性和流体饱和顺序的影响。对于裂缝性油藏而言,由于裂缝和基质具有不同的孔隙结构特征和储渗

配置关系,因而两者相对渗透率曲线的形态和端点值均有很大的差别。

1. 基质的相对渗透率

对于碳酸盐岩油气藏而言,基质孔隙系统相当于常规孔隙型储层,两者的相对渗透率曲线具有相似的特征。

基质孔隙中某一相流体的相对渗透率主要是该相流体在孔隙中饱和度的函数,典型的油水相对渗透率曲线如图 1 – 15 所示。相对渗透率曲线特征由曲线的形态和端点值来描述,它们受基质孔隙结构、润湿性和流体饱和顺序的影响。

Morgan 等人 1970 年采用两种不同孔隙结构(不同渗透率)的岩石实验给出的油水相对渗透率曲线(图 1 – 16),可反映出不同孔隙大小(即不同渗透率)对相对渗透率曲线的影响。可以看出,高渗透、高孔隙岩石的两相共渗区的范围大,束缚水饱和度低;而低渗透、小孔隙岩石的两相共渗区的范围小,束缚水饱和度高。这说明大孔隙具有比小孔隙更大的渗流通道,油水均不能流动的小孔道很少的缘故。

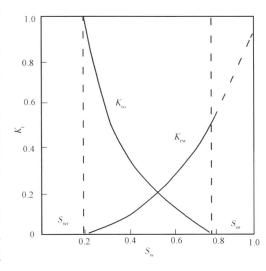

图 1 – 15　油水相对渗透率—饱和度关系曲线

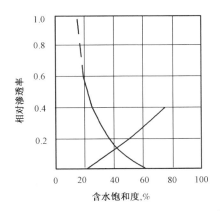

(a)孔隙大、连通好的岩石,$K=131.4\times10^{-3}\mu m^2$

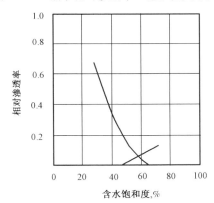

(b)孔隙小、连通差的岩石,$K=20\times10^{-3}\mu m^2$

图 1 – 16　不同孔隙大小的油、水相对渗透率曲线

2. 裂缝系统的相对渗透率

Romm,E. S. 最早采用 10 ~ 20 条平行裂缝所组成的简化模型来测定裂缝相对渗透率曲线,其结果表明两条相对渗透率曲线均呈现出随含水饱和度呈线性变化(图 1 – 17)。这种相对渗透率曲线适合于理想的规模较大、光滑平直的裂缝,由于裂缝的宽度远大于一般孔隙尺寸,毛管压力不会对裂缝系统中的油水分布产生明显的影响,因而油水相对渗透率与含水饱和度的关系接近线性关系,裂缝系统中不存在束缚水和残余油,端点相对渗透率达到 1.0。

前苏联 B. H. 迈杰鲍尔对两壁平直的单个裂缝和复杂的裂缝介质的相对渗透率做了大量

实验研究,其研究结果(图1-18)表明,单个裂缝中的相对渗透率与含水饱和度间为非线性关系,存在少量束缚水和残余油饱和度,而且端点相对渗透率均小于1.0。对于复杂的裂缝介质(裂缝网络),由于裂缝中的两相流动特征不可能归结为单一裂缝,而裂缝网络的相互连通可以完全改变流动的特性;同时由于裂缝表面的粗糙度和复杂的孔隙结构,特别是微裂缝发育的裂缝系统,其微裂缝末端具有部分孔隙性质的特点,因而实际裂缝介质的油水相对渗透率曲线并非呈线性关系,在裂缝介质中存在的束缚水饱和度和残余油饱和度比单个裂缝高,而且端点相对渗透率比单个裂缝小。

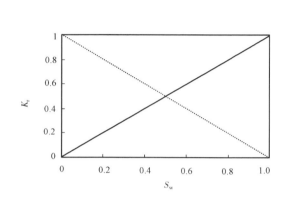

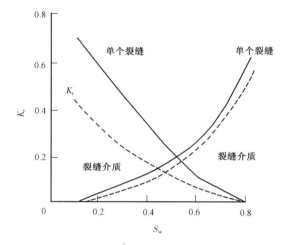

图1-17　理想裂缝系统的油水相对渗透率曲线图　　图1-18　单个裂缝和裂缝介质的相对渗透率曲线

图1-16表明,不同渗透率的岩石具有不同的相渗特征。图1-18表明,裂缝发育程度不同的岩石也具有不同的相渗特征。在碳酸盐岩油气藏中,随着裂缝发育程度的不同,裂缝—基质渗透率级差 K_f/K_m 也不同,裂缝—基质渗透率级差 K_f/K_m 在渗流过程中的作用也就反映了相对渗透率在渗流过程中的作用。

通过碳酸盐岩油气藏中裂缝系统和基质系统在储集空间以及渗流特征方面的分析发现,裂缝发育程度不同,裂缝—基质渗透率级差不同,裂缝系统和基质系统的压缩系数、毛管压力、相对渗透率以及基质—裂缝间的流体交换程度也不同,并且渗透率级差越小,储层越体现出孔隙的渗流特征;渗透率级差越大,储层越体现出裂缝的渗流特征。裂缝—基质渗透率级差体现着碳酸盐岩油气藏渗流特性之间的内在关联。

五、碳酸盐岩油气藏渗流的关键因素

在碳酸盐岩油气藏中,双重介质结构的特殊性决定了流体在双重介质中的渗流特点。裂缝与基质系统不但渗流特性完全不同,而且在渗流过程中存在着流体交换,形成裂缝和基质两个交错的水动力场,每个水动力场有着不同的压力和流速。因此研究流体在双重介质中的渗流问题时,应着重分析裂缝和基质两个水动力场的变化特征与相互影响。

图1-19是典型的碳酸盐岩油气藏双重介质试井曲线,其特征是压力导数曲线出现了"凹子"。其流动过程可以分为以下三个阶段:

第一阶段为裂缝向井筒的渗流,当油井生产时,裂缝中的流体首先流动,但基质中的流体还没有参与流动,该阶段油井的原油产量完全来自于裂缝系统,此时井底压力反映裂缝系统的特征,出现裂缝径向流。

第二阶段为两种介质之间的流动,当油井生产一段时间后,由于裂缝系统中流体减少,裂缝压力降低,致使基质岩块系统和裂缝系统之间形成压差,基质系统中的流体开始参与流动,两种介质之间发生窜流。窜流时间发生的早晚和难易程度受两种介质间储渗能力的差异性控制,通常由弹性储能比 ω 和窜流系数 λ 参数予以描述,其定义表达式为

$$\omega = \frac{\text{裂缝系统弹性储能系数}}{\text{总弹性储能系数}} = \frac{\phi_f C_f}{\phi_f C_f + \phi_m C_m} \qquad (1-35)$$

$$\lambda = \alpha r_w^2 \frac{K_m}{K_f} \qquad (1-36)$$

式中　　α——基质岩块的形状因子;

r_w——井筒半径。

第三阶段为总系统径向流,随着流动的进一步发生,基质系统与裂缝系统中的压力降落达到平衡,既有流体从基质岩块系统流到裂缝系统,又有流体从裂缝系统流入井筒,渗流进入总体径向流动期。

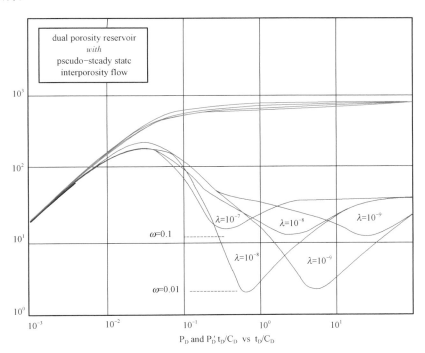

图 1-19　双重介质储层试井曲线

储能比 ω 本质上表示存储在裂缝系统中的油或者气所占的比例,裂缝孔隙度占总孔隙度比例越大,裂缝弹性储能比大,ω 值也越大。$\omega = 1$,表示岩块无孔隙的纯裂缝油藏;$\omega = 0$,表示常规的孔隙油藏;$0 < \omega < 1$,表示双孔隙油藏。

λ 为窜流系数,表示流体从基质岩块流向裂缝系统的能力;它由基质和裂缝渗透率比值决定,即 K_f/K_m。该参数控制着基质岩块的响应速度,因此也决定着过渡段所产生的时间:当 λ 较高(即裂缝—基质渗透率级差较小)时,基质岩块的渗透率相对较高,因此当裂缝系统几乎开始产出流体时,基质岩块也开始产出油或者气。反之,当 λ 较小(即裂缝—基质渗透率级差较大)时即意味着基质岩块非常致密,在基质岩块明显产出流体之前压降主要来自裂缝系统,过渡段也出现得更晚。当 $K_f \gg K_m$ 条件满足时,基岩内部的压力处处相同,窜流量只和基岩与裂缝之间的压差有关,过渡区窜流为拟稳态窜流;当 $K_f \gg K_m$ 条件不满足时,基岩内各点的压力不同,基岩内本身存在着不稳定渗流,过渡区窜流为不稳态窜流。

以上从不稳定试井过程分析了裂缝—基质渗透率级差的作用。从油田的整个开发史来看,试井只是一个短期的过程。在这个过程中,裂缝—基质渗透率级差决定了流体从基质岩块流向裂缝系统的能力,控制着基质岩块的响应速度,也决定着过渡段所产生的时间。从较长期的生产过程来看,裂缝—基质渗透率级差又决定了裂缝系统和基质系统的产能以及他们在总产量中的贡献率——裂缝—基质渗透率级差越大,裂缝系统的产能和在总产量中的贡献率越大。

从以上分析可以看出,尽管孔隙型、裂缝型、裂缝—孔隙型碳酸盐岩储集空间的结构十分复杂,千变万化,但它们都与裂缝—基质渗透率级差之间存在着紧密的关联,即渗透率级差越小,储层越体现出孔隙的特征;渗透率级差越大,储层越体现出裂缝的特征。裂缝—孔隙型储层的特点就是裂缝渗透率比孔隙渗透率明显大,这可作为识别这种类型储层的一个主要标志。孔隙型储层的裂缝—基质透率级差较小或大致相近,这是与裂缝—孔隙型储层的重要差别。而纯裂缝型储层是指那些原油主要储集在各级裂缝中,基质几乎无渗流能力的油层,这种油层中裂缝十分发育,裂缝—基质渗透率级差极大。因此,裂缝—基质渗透率级差是碳酸盐岩油气藏渗流的关键因素,不但可作为判断各种不同储层类型的指标,也是选择等效介质数值模拟模型的决定性因素。

第二章 碳酸盐岩油气藏等效介质数值模拟方法适应性

碳酸盐岩储层是裂缝(洞)与基质以一定方式组合的整体,可分为孔隙型、裂缝型、裂缝—孔隙型等不同的碳酸盐岩储层。碳酸盐岩复杂介质油气藏这种与砂岩油藏不同的地质特征,给其数值模拟模型的选择带来了很大的困难。

对于碳酸盐岩油气藏的数值模拟,如裂缝型碳酸盐岩油气藏,其数值模拟模型可划分为连续介质模型、离散裂缝网络模型以及混合模型。连续介质模型适用于油田规模数值模拟,忽略了岩石的离散特征,是应用最广泛的裂缝性油藏模型;离散裂缝网络模型试图从裂缝的几何形状以及流动机理上对模型进行表征和描述,可以在较小规模上描述裂缝性油藏的非均质性,适用于区域规模数值模拟,该模型还可以为连续介质提供参数,但应用起来十分复杂。从碳酸盐岩油气藏数值模拟的实用性角度来看,一般情况下不需要精确地研究流体在杂乱无章的、四通八达的微观孔道中的流动,而是需要得到流体运动的宏观流动规律以指导油气田开发,因而连续介质模型对于碳酸盐岩油气藏数值模拟具有很好的适应性。

理论上,采用双孔双渗介质渗流模型是描述碳酸盐岩储层渗流方式的最佳选择。当裂缝与基质间的渗透率级差适中且网格数较少时,双孔双渗模型可以顺利实现油气藏历史拟合,但对于大量现实存在的复杂介质碳酸盐岩油气藏,储层类型多样、裂缝与基质搭配关系复杂、渗透率级差变化大、油气水关系复杂、压力分布变化大、模拟区块大、生产史复杂,采用传统的双孔双渗介质模型进行油气藏数值模拟要么运算速度极其缓慢、拟合精度很低,要么根本不收敛,导致油气藏开发指标预测失真而影响开发方案的科学性。欲实现复杂碳酸盐岩油气藏高效率、高精度的历史拟合和较准确开发指标预测,需要针对碳酸盐岩油气藏数值模拟模型选择的决定因素——裂缝—基质渗透率级差,对碳酸盐岩油气藏双孔双渗介质模型进行科学、合理的等效简化。

第一节 碳酸盐岩油气藏数值模拟模型分类

碳酸盐岩油气藏模拟的最大困难在于描述地层非均质性。裂缝的流动通道受裂缝以及连通空隙空间几何形状的控制,其传导性与裂缝充填以及应力状态有关。通常裂缝的流动通道规律性不强,而且仅限于局部,这种局部测量的参数很难将其对测点之间的区域进行插值。相反,常规的油气藏虽然也有非均质性,但测点之间的参数值变化较为平缓。因此,如果忽略裂缝性油藏的非均质性,模型是注定要失败的。

碳酸盐岩油气藏的数值模拟是一个反复的过程,它以概念模型为基础,并且通过后期一系列的资料收集而反复更新和细化。概念模型是反映油藏裂缝分布,包括地质结构与流动关系的一系列假设,而数学模型是概念模型假设的检验,是数值化的概念模型。

图 2-1 反映了概念模型、实验室及矿场测试、模拟模型之间的关系。模型在应用之前有

一些基本问题需要考虑:(1)概念模型能否真实地描述水动力体系的特征? 如果不能,就应该修正和重新建立。(2)与其他可选的模型相比,所选用的模型的模拟效果如何? 因为模型的结果不是唯一的,不同的概念模型和数学模型都可能取得很好的拟合效果。虽然模型能够再现生产历史,但这并不代表模型完全正确和可靠,还需要看不同条件下模型的预测效果。一旦该模型可以接受,第三个问题需要考虑:(3)为了评价模型参数的可靠性并且减小预测结果的不确定性,已有的数据库是否充分? 如果还不够充分,需要继续收集数据。图 2 – 1 不仅针对碳酸盐岩油气藏,而且适用于所有油藏。但是与其他油藏相比,碳酸盐岩油气藏的这三个问题更难解决。

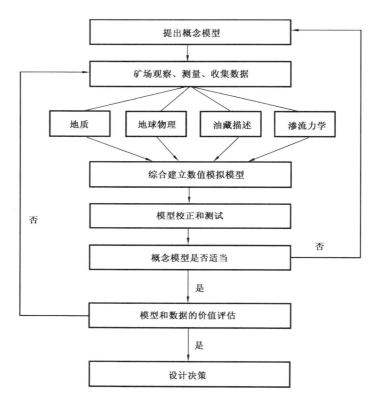

图 2 – 1　模拟模型设计流程图

　　数值模拟模型在检验和校正的过程中,可以对概念模型的假设和近似进行测试和细化,也可与其他可选的模型作比较。地质油藏参数的不同组合,可能产生许多不同的模拟模型,因此需要考虑模型唯一性的问题。如果不同的模型都能产生较好的拟合结果,一种观点认为应该使用较为简单的模型,其在概念上较简单,使用的参数较少。另一种观点趋向于使用复杂的、可扩展的模型,该模型可以详细的研究裂缝的构造特征及渗透率分布。两种方法在学术界都还在处于不断的研究之中,一些交互检验的模型正在进行。

　　裂缝性油藏渗透率变化大,非均质性强,具有很大的不确定性。流体流动对油藏的非均质性十分敏感,这给数值模拟带来了极大的挑战。地层有效应力改变、流体压力的改变都会导致裂缝网络性质的改变。由于客观原因如人力、物力、资金等条件限制,模拟区块的井数有限,很难获得地质和渗流方面的详细信息,模型的表征和描述受到限制,给模型带来了较大的不确定性。由于参数的不全,这种不确定性在实际应用中也难以避免。为了解决模型的不确定性,提高预测精度,经常利用跨学科的研究对模拟模型进行反复的修正。

根据美国国家科学研究委员会的划分,裂缝性油藏数值模拟模型可划分为三大类:连续介质模型、离散裂缝网络模型和混合模型。根据模型输入数据是确定数值还是物理量的概率分布,又可再分为确定性模型和随机性模型。连续介质模型适用于油田规模数值模拟,是应用最广泛的裂缝性油藏模型;离散裂缝网络模型可以在较小规模上描述裂缝性油藏的非均质性,适用于区域规模数值模拟,该模型还可以为连续介质提供参数;混合模型是建立在离散裂缝网络基础上的等效介质模型,具有上述两种模型的特点。表2-1列出了现有裂缝性油藏数值模拟模型的详细分类,表中同时给出了模型的特征参数和相关的研究学者。

表 2-1　裂缝性油藏数值模拟模型分类

模 型 分 类		区别模型的关键参数	相关研究者
连续介质模型: Equivalent Continuum Model (ECM)	单孔隙度模型	有效渗透率 有效孔隙度	Carrera,Davison,Hsieh 等
	多重介质模型(包括双孔模型、双渗模型和三重介质模型)	裂缝和基岩的渗透率和孔隙度,基岩的特征长度,窜流函数	Warren & Root,Kazemi,Reeves,Pruess & Narasimhan 等
	随机连续体模型	物理量的均值、方差、变化范围等统计学参数	Neuman&Depner
离散裂缝网络模型: Discrete Fracture Network (DFN) Model	简单裂缝网络模型	裂缝网络几何参数,渗透率分布	Herbert 等
	具有较大基岩孔隙度的裂缝网络模型	裂缝网络几何参数,渗透率分布,基岩的孔隙度和渗透率	Sudicky & McLaren 等
	考虑了裂缝空间分布的裂缝网络模型	控制裂缝成簇、发育以及裂缝网络性质的参数	Dershowitz 等
	等效离散裂缝网络模型	网格的等效渗透率等	Long 等
混合模型 Hybrid Model	基于离散裂缝网络的近似连续介质模型	裂缝网络几何参数(缝长、开度和取向等),裂缝渗透率分布	Cacas,Oda 等

表2-1中,连续介质模型忽略了岩石的离散特征,而离散模型试图从裂缝的几何形状以及流动机理上对模型进行表征和描述。下面将分别讨论连续介质模型以及离散裂缝网络模型,在两类模型的综合对比分析基础上,对碳酸盐岩油气藏数值模拟方法的适应性进行研究。

第二节　碳酸盐岩油气藏连续介质模型

连续介质模型建立在多孔介质的连续性假设基础上。流体在多孔介质中渗流是流体分子在孔隙和喉道内渗流,一般情况下不需要了解微观渗流,而是需要得到流体运动的宏观流动规律以指导油气田开发。

一、连续介质场

无论从油气藏宏观的几何形状,还是从油气藏内部的微观孔隙结构和流体分布来看,碳酸盐岩油气藏中数值模拟研究的对象都是一个非常复杂的、各种因素交织在一起的系统。面对这样复杂的系统,需要采用抽象、简化的理论研究,将复杂的、看起来杂乱的实际问题变为简单的、条理清晰的理论问题。

油气藏中孔隙的大小和分布具有很强的随机性,油气藏中的流体沿这些杂乱无章的、四通八达的孔道运动着,如果需精确地研究流体在这些微观孔道中的流动,必然要遇到两个困难:一是孔道的几何形状,二是流体在孔道中的运动形态。而连续介质的方法正可以克服这些困难。

连续介质方法就是将某一水平上不连续的介质,通过粗化或放大过程,将各种本不连续的介质处理为连续介质的方法,显然这种连续性是相对的,是与所研究的程度密切相关的。在渗流力学的研究中,对所研究的介质分为三种水平,即分子水平、微观水平和宏观水平。

分子水平——以介质中分子为着眼点来研究介质的物理现象;

微观水平——以介质中分子团(质点)为着眼点来研究介质的物理现象;

宏观水平——以介质中表征体元(若干分子团的集合体)为着眼点来研究介质的物理现象。

1. 连续流体

流体是由大量分子组成的,这些分子向四面八方、杂乱无章的做布朗运动,用经典力学的方法,对流体内的单个分子进行动力学研究,原则上讲是可以的。然而 1mol 气体中含有 10^{23} 个分子,就是高速计算机广泛应用的现在,对单个分子的研究也是无能为力的,因此,现在没有这个手段,也没有这个能力,甚至没有这个必要从分子水平来研究流体,在分子水平上,流体是不连续的介质。

如果忽略流体的分子结构,上升到一个较粗的处理水平,着眼于分子微团上,用分子微团的运动形态来代替单个分子的运动形态就可以用统计力学的方法,根据个别分子的运动规律推断大量分子的流体性质,即分子微团上平均的性质。

通常把分子微团称为质点,质点是包含在一个小体积中的许多分子的集合体,质点的尺寸比分子的平均自由程大得多,但与所考虑的流体的范围相比又足够小。这样,通过在包含的分子上取平均性质,在流体所占区域的每一点上,都存在着一个具有一定动力和运动的质点,这些质点均匀地充满整个流体所占区域,从而使流体成为连续的,即连续流体。那么质点的尺寸究竟该取多大或多大一个范围才能保证流体是连续的?这个问题应由与流体连续体内的一个物理点(质点)的体积大小联系在一起的流体的密度来定义。

取一个质点(物理点),其体积为 ΔV,质量为 Δm,以 p 代表质点的质心,则流体的体积密度为

$$\rho = \frac{\Delta m}{\Delta V} \qquad (2-1)$$

以 p 点为质心,取系列大小不等的质点($\Delta V_i, \Delta m_i$),从而有一系列的密度 ρ_i。显然,如果

ΔV_i 太小,比如说把 ρ_i 规定为质心 p 点附近的密度就没有意义。当流体是非均质流体时尤其如此。围绕 p 点取一系列的 $\Delta V_1 > \Delta V_2 > \Delta V_3 \cdots\cdots$,按这一系列可计算出相应的 $\rho_i(i = 1,2,3,\cdots)$。如图 2 – 2 所示,当减小 ΔV_i 到一定程度时,ρ_i 的值不再随 ΔV_i 的变化而变化,如果 ΔV_i 进一步减小,以至于 $\Delta V_i < \Delta V_0$(某临界值)时,ΔV_i 中包含的分子数显得太少,每减少一步 ΔV_i 值,都会使 ρ_i 的波动增大,当 $\Delta V_i \to 0$ 时,ρ_i 没有意义,因此可按下式来定义 p 点的密度

$$\rho(p) = \lim_{\Delta V_i \to \Delta V_0} \rho_i \qquad (2-2)$$

称特征体积 ΔV_0 为质心 p 处的流体的质点(物理点),于是就把 ΔV_0 同 p 点处的一个质点的体积等同起来。这样,分子集合体所组成的不连续的物质就被一种充满整个空间的连续介质所代替,并称这种假想的光滑介质为连续流体,对于其中每一体积都有相应的密度值,结果形成空间的连续函数 ρ,即

$$\rho(p) = \lim_{p' \to p} \rho(p') \qquad (2-3)$$

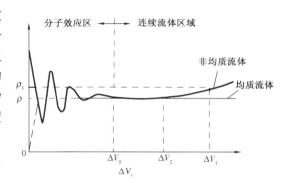

图 2 – 2　连续流体定义图

上面的讨论将处理物理现象的分子水平引导到微观水平,形成了一个固体表面(多孔介质的固体表面)包围起来的流体连续介质。在流体连续介质的每一个点上,可以定义流体质点明确的物理、动力和运动性质。原则上,在微观水平上也能解决多孔介质流动的问题,使用流体力学的理论,能够得到孔隙空间内流体运动的详细描述,例如,我们利用粘性流体的 Navier – Stokes 方程确定在特定边界条件下的孔隙空间内的流体的速度分布,但实际上,Navier – Stokes 方程只是在特别简化的情况下(如直毛细管)才能解,复杂的孔壁几何形状使任何数学模型的边界条件都无法算出。从整个流体区域来看,微观水平上的流体实际上是充满孔洞的不连续流体,如果我们不考虑流体在孔道中的连续性,在微观水平上解决流体流动问题是很困难的。因此应该转向更粗的宏观水平,宏观水平就是连续介质方法。在宏观水平上,多孔介质骨架的处理方法和流体的处理方法是一致的。

2. 连续多孔介质

连续多孔介质将研究对象从微观水平转到宏观水平,是通过引进特征单元体或表征体元(representative elementary vollume,简称 Rev)来实现的。连续介质概念的本质是从质点转到 Rev,Rev 也是一种质点或物理点,只不过是尺寸更大而已。Rev 取多大,才能使多孔介质成为连续介质?根据上面的讨论知道,特征单元体应当远比整个流动区域的尺寸小,否则其结果就不能代表在 p 点发生的现象。另一方面 Rev 和单个孔隙比较必须足够大,必须包含一定数目的孔隙,这样才能达到连续介质概念的要求进行有意义的统计平均,比如在碳酸盐岩油气藏中,特征单元体必须足够大,以包含互连裂缝的特征长度和裂缝对单元体流动的影响,也就是说,流动不受任何单条裂缝或任何互连裂缝的支配。

如图 2 – 3 所示的特征单元体,考虑多孔介质中一点 p,以其为质心的体积为 ΔV,则平均孔隙度定义为

$$\phi(p) = \lim_{\Delta V_i \to \Delta V_0} \frac{\Delta V_{pi}}{\Delta V_i} = \frac{\Delta V_{p0}}{\Delta V_0} \qquad (2-4)$$

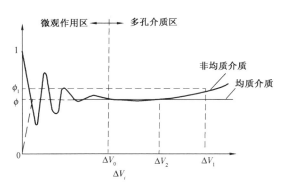

图 2-3　特征单元体的定义

对于那些大 ΔV_i 的值来说,当 ΔV_i 减小时,孔隙度值 ϕ_i 可以逐渐变化,特别是当所考虑的储层区域非均质时更是如此。当体积缩小到某个 ΔV_i 值下(这取决于 O 点与不均匀边界的距离),这种波动趋于消失,而余下的小振幅波动则是由于 O 点周围孔隙大小的随机分布所引起的。但当 ΔV_i 小于一定的 ΔV_0 时,我们又会突然观察到孔隙度 ϕ_i 出现大的波动。这种现象发生在 ΔV_i 的尺寸接近单个孔隙的尺寸时,即最后当 $\Delta V_i \to 0$ 时,ϕ_i 变化可为 100% 或 0,它取决于 O 点是落在岩石的孔隙中($\phi_i = 100\%$),还是在岩石的固体骨架上($\phi_i = 0$)。

其中 ΔV_0 表示特征单元体。如果油藏任意一点都满足式(2-4),则实际的多孔介质油藏就可以假设为连续介质。

3. 连续介质场

采用了连续介质方法以后,就用一种假想的连续介质(一种无结构的物质)代替实际的多孔介质,对于这种假想的连续介质中的任一点,我们可以把运动系数、动力系数及参数看成空间和时间的连续函数,在这种连续介质系统中流动的场就称为连续介质场。

在连续介质场中,有时还必须用若干重叠的连续介质代替多相多孔介质,而其中的每一连续介质代表一相且充满整个多孔介质区域,对整个区域中的每一点都满足连续介质的性质。

世界的本质是离散的,连续介质本身就是一种近似。碳酸盐岩油气藏中,将流体看成连续介质,有分子间距级的差别,将基质看成连续介质有孔隙间距级的差别,而将裂缝看成连续介质则有裂缝间距级的差别。但如果所研究的范围远大于这个间距,仍可将其视为连续介质。当研究区域足够大时,流体流动就不会受到单个裂缝以及裂缝之间的连通情况的显著影响,这样就可以摆脱由于裂缝分布复杂造成的扰动,而计算出一些总体的平均的性质。连续性假设对研究区域很大、裂缝发育程度高并且高度互连的油藏宏观流动有效,那些基岩渗透率很大的裂缝性油藏是很好的应用对象;对于裂缝密度低或大多数裂缝被矿物充填、裂缝互连程度低的油藏,连续性假设不成立。

碳酸盐岩油气藏的连续介质模型可以分为两类:单重介质模型和双重介质模型。

二、碳酸盐岩单重介质模型

单重介质模型可以分为单重孔隙介质模型以及单重裂缝介质模型。在单重孔隙介质模型中,认为基质孔隙度远远大于裂缝孔隙度,裂缝孔隙度可以忽略;在单重裂缝介质模型中,认为裂缝孔隙度远远大于基质孔隙度,基质孔隙度可以忽略(图 2-4)。

如果裂缝非常发育,基质岩块被分割得很小,裂缝介质就被处理为单重的连续介质,介质

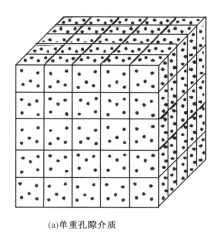
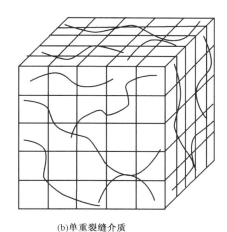

(a)单重孔隙介质　　　　　　　　　　　　(b)单重裂缝介质

图 2 - 4　单重介质模型

的导压系数是裂缝和基质系统的综合取值,稳定流常采用单重介质模型模拟,在此模型中,忽略了基质中的流体流动,而只考虑裂缝中的流体流动。不稳定流可以采用单重介质模型或多重介质模型模拟,对那些基岩孔隙度较高或基岩裂缝间存在长时间窜流的情况,宜采用多重介质模型。

　　裂缝型单重介质模型仅考虑流体在敞开连通裂缝中的流动。当采用有限差分方法或有限元方法求解时,流动区域被划分成有限数目的网格,每个网格赋予合适的渗透率和孔隙度。可以通过实验室分析、矿场试验以及模型敏感性评价等获得这些参数。由于裂缝具有较强的方向性,因此大范围的模拟区域就会产生渗透率的各向异性。

　　此模型的优点是比较简单,仅有少数几个参数需要确定,如有效渗透率、有效孔隙度。缺点也比较明显,即选择有效渗透率和孔隙度困难,这也是该模型主要的工作。

　　对于裂缝—孔隙型碳酸盐岩油气藏,如果用单重介质模型进行模拟,就需要将网格划分得足够精细,通常基质和裂缝网格块只是孔隙体积规模的尺寸,这将产生巨大的网格数,以至于计算工作量令人无法接受。这种方法只适用于对个别基岩块内的流体动态作研究,而不适合对整个油藏作研究。为了克服这种困难,学术界提出并发展了双重介质模型。

三、碳酸盐岩双重介质模型

　　在碳酸盐岩油层中,天然裂缝非常发育,形成互相连接的系统,成为流体渗流的主要通道。同时油层中又有许多微小的孔、洞、缝,组成储集空间的一部分甚至大部分,其中的流体是通过大裂缝再流向井底的。

　　裂缝油藏可能是所有油藏中最复杂的。对它进行研究,必须同时对基岩和裂缝进行详细描述。在这种油气藏中,大裂缝系统的孔隙度不太高,一般不超过 1%,但渗透率相当高,可达几个甚至几十个达西(μm^2),而微小的孔洞缝系统孔隙度变化范围较大,但渗透率非常低,可以小于 1 个甚至 0.1 个毫达西($10^{-3} \mu m^2$),也就是说两者之间的渗透率相差可达一千倍以上。这时如果仍将油层看作单一的连续介质,就很难确定油层的平均物性,如渗透率、毛管压力等。用单连续介质模型计算的结果也会和实际情况有很大的差别。因此在 20 世纪 60 年代初提出了双重介质概念,也就是把发育的互相连通的裂缝看成是一种连续介质,同时把被裂缝切割的岩块也看作一种连续介质。两个连续介质在空间上是重叠的,每个几何点既属于裂缝连续介质也属于岩块连续介质。即既有裂缝孔隙度、渗透率、压力、饱和度等参数,又有岩块孔隙度、渗透率、压力、饱和度等参数。裂缝和岩块中的流体按照一定规律进行交换。利用这种抽象的模型进行计算,可以摆脱由于裂缝分布复杂造成的扰动,而计算出一些总体的平均的性质。实践证明,只要裂缝系统足够发育,采用这种模型是有效的。

1. 双重介质地质模型的简化

在实际的碳酸盐岩双重介质油气藏中,裂缝和基质岩块的分布是杂乱无章的(图2-5),用常规的数学方法无法很好地描述流体在其中的流动。为了研究的需要,可将储层抽象为各种不同的简化地质模型。下面简述几类与渗流有关的经典孔隙模型。

1)沃伦—茹特模型(J. E. Warren 和 P. T. Root)

该模型是将实际的裂缝性油藏简化为三组正交裂缝切割基质岩块呈六面体的地质模型,其方向与渗透率主方向一致,并假设裂缝的宽度为常数,如图2-6所示。裂缝网络可以是均匀分布的,也可以是非均匀分布的。采用非均质的裂缝网络可研究裂缝网络的各向异性或在某一方向上变化的情况。

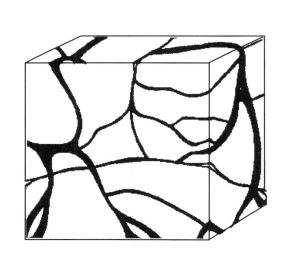

基质　　　裂缝

图2-5　双重介质实际油藏模型　　　　　　图2-6　沃伦—茹特模型

2)凯泽米模型(H. Kazemi)

该模型是把实际的裂缝型油藏简化为一组平行层理的裂缝分割基质岩块呈层状的地质模型,如图2-7所示。

3)德斯旺模型(A. O. Deswan)

该模型与沃伦—茹特模型相似,只是基质岩块不是平行六面体,而是球体。球体仍按规则的正交分布方式排列,如图2-8所示。裂缝由球体之间的空间代表,球体代表基质岩块。

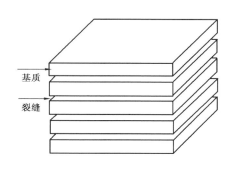

图 2 - 7　凯泽米模型

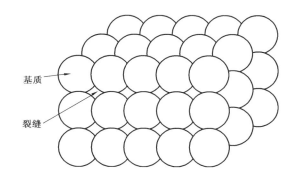

图 2 - 8　德斯旺模型

由以上模型得到的渗流基本规律是相似的,其中最有代表性的是沃伦—茹特模型。

2. 双重介质的特点及分类

在双重介质模型中,一般存在两种明显不同的介质系统,即高孔低渗的基质系统和低孔高渗的裂缝系统,整个油藏呈现出严重的非均质性和各向异性。一般情况下,基质系统是流体主要的储存空间,裂缝系统是流体主要的流动通道。二者不仅具有各自不同的孔隙度和渗透率,其压缩性也有明显差异。裂缝系统的孔隙度远小于基质孔隙度,而裂缝渗透率比基质渗透率高得多,同时裂缝压缩系数比孔隙的压缩系数大得多。因此,当裂缝中流体的压力降低时,裂缝孔隙度和渗透率显著降低。相对而言,基质的孔隙度和渗透率变化相对要小,该特性在裂缝性油藏开发过程中表现为:裂缝是流体主要渗流通道,初期产量主要受裂缝控制,裂缝中流体动用程度比较大;而基质是流体主要储存空间,产量递减速度主要受基质控制,基质中流体动用程度比较小。可以看出,油气水在裂缝和基质两套介质系统中渗流比在单纯基质系统中要复杂得多。

对于裂缝性油藏的数值模拟,从 20 世纪 60 年代开始到目前,已开发出多种可描述裂缝性油藏开采过程中流体流动的模拟模型及相关的控制方程,陆续推出了适用于多相、多组分的双重介质模型。这些模型已广泛应用于裂缝性油藏的一次、二次采油及提高采收率工作中。

根据裂缝和基质系统的储集空间特征、渗流特征和驱油机理等,可将双重介质模型归纳为两大类:双孔双渗模型(简称双渗)和双孔单渗(简称双孔)模型。在计算方法上,认为岩块中的流体只和裂缝交换,而岩块间无流动者称为双孔单渗模型。流体除在岩块与裂缝间交换外,也在岩块间流动者称为双孔双渗模型。也可以将岩块系统进一步划分为若干重连续介质,形成三重介质或多重介质模型。

对双重介质进行模拟时,应提供两套孔隙度、渗透率等参数。由于裂缝的非均质性较强,比较难于提供可靠的数据,且裂缝介质孔隙度小,渗透率高,所以对双重介质的模拟比对单一介质的模拟难度要大得多。

3. 双孔双渗模型

在双孔双渗模型中,基质系统和裂缝系统均有各自的孔隙度和渗透率,虽然基质系统的渗透率比裂缝系统的渗透率小,但没有小到可以忽略的程度。因此基质系统和裂缝系统都有流体流动,并且直接向油井供油,同时相互之间也发生流量交换(图 2 - 9、图 2 - 10),即该模型中的流动包括：

（1）相邻格块间基质到基质的流动；

（2）相邻格块间裂缝到裂缝的流动；

（3）同一网格块内基质到裂缝的流动；

（4）基质可以直接向油井供油气；

（5）裂缝可以直接向油井供油气。

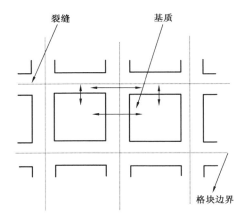 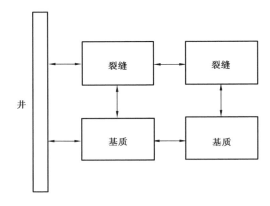

图 2 - 9　双孔双渗模型中流体流动示意图　　　图 2 - 10　双孔双渗模型的井筒与流体流动示意图

适用条件：对于基质渗透率相对比较大（但比裂缝系统的渗透率小很多），基质系统中流体可以直接流入井筒的裂缝性油气藏，应该选用双孔双渗模型。

4. 双孔单渗模型

双孔单渗模型是双孔双渗模型的简化（双孔双渗模型能比较真实地描述裂缝性油藏的实际渗流情况）。双孔单渗模型最早由 Barenblatt、Zheltov、Kochina 在 1960 年提出的，此后，不少学者也提出了类似的模型，常见的有 Warren - Root 模型（图 2 - 6）、Kazemi 模型（图 2 - 7）、De Swann（图 2 - 8）模型和 Pruess 提出的 MINC 模型，其中应用最广泛的是 Warren - Root 模型。

在 Warren - Root 的双孔单渗模型中，基质系统和裂缝系统均有孔隙度，但前者的渗透率与后者相比，小得可以忽略不计。基质系统具有较低的流体传导能力，较大的储存能力，是裂缝的供给源。裂缝系统是流体渗流的主要通道，但具有较小的储存能力。当油藏生产时，只有裂缝系统直接向油井供油，而基质系统不直接向油井供油，基质系统只通过与裂缝系统发生流量交换，将油排入裂缝，再由裂缝流向井筒（图 2 - 11，图 2 - 12），即该模型中的流动包括：

（1）相邻网格间裂缝到裂缝的流动（相邻网格间基质与基质不发生流动）；

（2）同一网格块内基质到裂缝的流动；

（3）裂缝可以直接向油井供油（基质不能直接向油井供油）。

适用条件：对于基质渗透率非常小（小得可以忽略不计），而且基质系统中流体不能直接流入井筒，而只能通过裂缝流向井筒的裂缝性油藏，可选用双孔单渗模型。

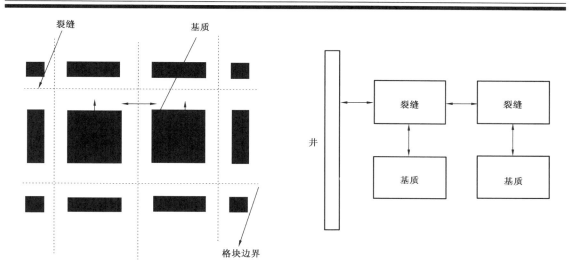

图 2 – 11　标准双孔单渗模型中流体流动示意图　　图 2 – 12　双孔单渗模型的井筒与流体流动示意图

双孔单渗模型还可细分为以下几种：

（1）标准的双孔单渗模型（DP）：这是一种描述裂缝性油藏性质最简单的模型，基质和裂缝仅通过单一的交流边界互相连通，而在块与块之间，基质并不连通，基质内部的流动只能向裂缝流动，并通过裂缝流向井底（图 2 – 11）。

（2）多重互相作用的双孔单渗模型（MINC）：该模型把基质块分成几个互相嵌套的体积单元，它们互相连通，所以在基质内部建立起压力、温度、饱和度梯度，使其在裂缝系统与基质间发生互相作用（图 2 – 13）。该模型的基质与裂缝间的传导能力高于相同规模的标准双孔单渗模型及双孔双渗模型。该模型的优点是通过基质岩块网格的嵌套式离散化进行基质与裂缝间的传导计算（在基质网格块内，还要计算每两个嵌套的体积单元之间的流动，以便更精确地模拟基质内的某些不稳定流动特征），可以十分有效地描述流体的非稳定状态，而这在标准的双孔单渗模型及双孔双渗模型中是经常被忽略的。这种嵌套式离散化方法是一维的，可描述压力、粘滞力和毛管压力，但没有考虑重力。

（3）垂向加密的双孔单渗模型（VR）：在该模型中，基质岩块可以在垂向上加密细分小层（裂缝不需要细分），并假定在裂缝中各种相态完全分离。其目的是为了更精确地模拟由基质到裂缝的重力排驱过程和流体相态分异现象，除了模拟计算网格块间裂缝的流动和网格块内基质到裂缝的流动外，还要计算网格块内每两个基质小层之间的流动，以便更精确地表示基质网格块内流体压力和饱和度的分布（图 2 – 14）。该模型的基质岩块与裂缝处在不同的深度，可以模拟重力驱及基质内部的相态分离。适合于基质岩块较大的裂缝性油藏。

应特别提到的是，双孔双渗模型和双孔单渗模型都存在着用交换项来代替流体从基岩流向裂缝的情况，而交换项的选取取决于基岩块的形状、维数、传导率以及储层对流体的相对渗透率、毛管压力、不同相流体间的密度差等。由于在实践中不能很准确地测定基岩中的流体分布，所以使用常规岩心分析法得到的相对渗透率曲线，常常不能直接应用，必须根据实验室分析、油田生产史，或对基岩与裂缝系统的精细模拟得到的认识，对相对渗透率和毛管压力曲线作某些修正，才能将其应用于生产实际。

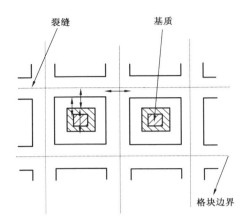

图 2-13 多重互相作用的双孔单渗模型中流体流动示意图

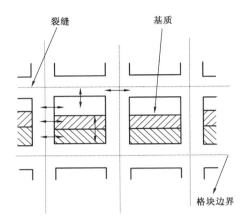

图 2-14 垂向加密的双孔单渗模型中流体流动示意图

四、碳酸盐岩油气藏水平井数值模拟

在碳酸盐岩油气藏中,水平井有着广泛的应用,水平井在沟通有效裂缝、提高采油指数方面有着重要意义。对于碳酸盐岩油气藏,不论是直井或水平井,其数值模拟的基本模型是一致的。水平井与直井之间的主要区别在于:直井的流动呈径向流动,而水平井的流动呈椭圆形,因而对井指数的处理上有所区别。此外,水平井的水平段往往较长,因此水平井在模拟中还需要考虑摩阻损失。

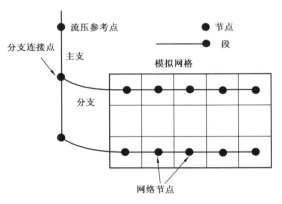

图 2-15 复杂井结构描述

在图 2-15 描述的复杂井结构中,井筒包括主支和分支,井筒被离散成多个段,段由节点和流动路径组成。在每一个段中,其属性包括节点压力、相速度、流体密度、段长度、面积、粗糙度和直径等。复杂结构井具有多个分支,当仅有一个分支时,即为水平井。

对于水平井,按各射孔格块累加得到的椭圆流产量公式为

$$q_o = \frac{0.00864(2\pi)h \cdot \sum_{l=1}^{n}\left[\frac{KK_{ro}}{B_o\mu_o}(p_b - p_{wf})\right]_l}{\ln\left[\frac{a + \sqrt{a^2 - (L/2)^2}}{L/2}\right] + \frac{\beta h}{L}\ln\left[\frac{\beta(h/2)^2 + \delta^2}{hr_{we}/2}\right]}$$

$$a = \frac{L}{2}\left[\frac{1}{2} + \sqrt{\frac{1}{4} + \left(\frac{2}{L/r_e}\right)^4}\right]^{1/2}$$

$$K = \sqrt{K_h K_v}$$

$$\beta = \sqrt{K_{\mathrm{h}}/K_{\mathrm{v}}}$$

$$r_{\mathrm{we}} = r_{\mathrm{w}}\exp(-S)$$

式中 L——水平井长度,m;

r_{we}——井筒折算半径,m;

r_{e}——油井泄油半径,m;

K_{h}——水平方向渗透率,$10^{-3}\mu m^2$;

K_{v}——垂直方向渗透率,$10^{-3}\mu m^2$。

水平井的井指数定义为

$$WI = \frac{0.00864(2\pi)h}{\ln\left[\dfrac{a+\sqrt{a^2-(L/2)^2}}{L/2}\right] + \dfrac{\beta h}{L}\ln\left[\dfrac{\beta(h/2)^2+\delta^2}{hr_{\mathrm{we}}/2}\right]}$$

水平井的井指数与直井的井指数的定义是不同的。直井的井指数是无量纲的,而水平井的井指数是有长度单位的。

沿井筒的摩阻损失由下式计算

$$\Delta p = \frac{3.528\times10^{-15}f\rho q^2 L}{r_{\mathrm{w}}^5}$$

式中 Δp——井筒摩阻损失压力,MPa;

ρ——液体密度,g/cm^3。

多相摩阻系数 f 由 Begga 和 Brill 相关式计算,其他符号意义同前。

第三节 碳酸盐岩油气藏离散裂缝网络模型

离散裂缝网络模型可以表征油藏任意尺度上的非均质性,对于储层连续性差,表征单元体不存在或尺度不合适油藏的表征有着重要的意义。

离散裂缝网络模型 DFN 通过展布于三维空间中的各类裂缝网络集团错综复杂的交互作用来构建整体的裂缝模型,每类裂缝网络集团又由大量具有不同形状、坐标、尺寸、方位、开度及所附带的基质块等属性的裂缝片所组成,由此实现了对裂缝系统从几何形态直到其渗流行为逼真细致的有效描述。

裂缝性油藏可以看作被大量不连续裂缝分割的基岩块组成,因此在某些条件下离散裂缝网络模型更能准确地表征裂缝体系特征,再现裂缝在油藏中的分布,因此更接近油藏实际。裂缝形态复杂,变化范围很大,它们具有不同的规模、几何形状和流动性质,并且这些性质随着空间和方位的变化而变化。离散裂缝网络模型必须能够反映油藏的这些特征。

一、离散裂缝网络模型概述

离散裂缝网络模型的研究主要开始于 20 世纪 60 年代。20 世纪 70 年代 Baecher & Einstein、Priest & Hudson、La Pointe & Hudson 等人分别开发了裂缝几何地质统计模型。80 年代通过 Jane Long、Bill Dershowitz、Peter Robinson 等人的出色工作,离散裂缝网络(DFN)模型正式出现并广泛传播。

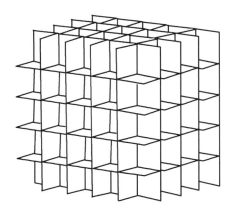

图 2 - 16   三维正交裂缝模型

最简单的裂缝模型是基于无边界的三个正交裂缝集组成的模型(图 2 - 16)。如果是二维,其模型如图 2 - 17(a)所示。通过修正裂缝方位、开度、位置以及传导率,还可以创造一系列二维正交模型的扩展,如图 2 - 17(b)至(f))。

之后,随机参数模型得到了使用。泊松过程是定义裂缝体系几何形状重要的随机过程。该随机过程的控制参数是空间中裂缝的密度——单位长度、单位面积或单位体积的裂缝数目。Priest 及 Hudson(1976)认识到裂缝体系几何形状与泊松过程的属性之间的关系。特别地,泊松过程中样品中的裂缝间距服从负指数分布。Priest & Hudson 的简化泊松平面裂缝模型是基于无边界裂缝的假设。在他们的模型中,裂缝任意分布,其中每条裂缝经过泊松过程所决定的空间中的一点,裂缝的方位根据适当的概率分布而独立的确定。

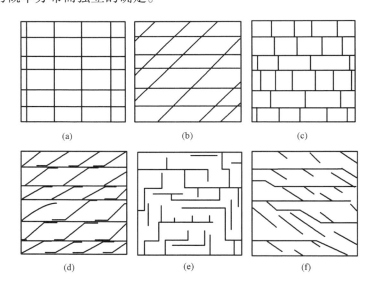

图 2 - 17   二维裂缝模型

随着 Baecher 圆盘模型以及 Veneziano 多边形模型的引入,建立了具有边界的裂缝模型。此后大多数用于裂缝岩石渗流、岩石稳定性以及岩石变形的裂缝网络模型几乎都是基于这两个模型。

根据 Baecher 模型(Baecher 等,1977),假定裂缝形状为圆形或正方形薄盘,表面光滑,不考虑其粗糙度和起伏度。裂缝具有任意尺寸的分布,位于泊松点的中心,方位也任意分布(图 2 - 18)。在 Baecher 模型中,圆盘直径、产状、开度等是相互独立的,这种裂缝几何特征的独立性使得表征裂缝的簇集性质变得不可能。后来 Long & Billaux(1987)、Lee 等(1990)、Martel 等(1991)从统计学方面引入了随机模型的空间依赖性,Barton & Larsen(1985)从裂缝表征方面引入了随机模型的空间依赖性。Geier 等(1989)也对 Baecher 模型进行了扩展,考虑了一条裂缝与另一条裂缝在交叉处终止的概率。这些改进使模型更接近真实,但也增加了实际应用的难度。

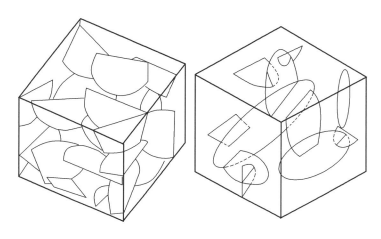

图 2 – 18　裂缝网络的 Baecher 圆盘模型

　　裂缝具有边界的另一类模型是利用随机过程来决定裂缝形状和尺寸。通常的过程是以无边界的泊松面开始,然后叠合一系列的泊松线。该线可以独立的创立[图 2 – 19(a),Veneziano 1978],也可由无边界泊松面的交线创立[图 2 – 19(b),Dershowitz,1984]。泊松线将泊松面分割成多边形区域,每个区域被指定有一定的裂缝概率。很容易利用这些模型构建共平面的裂缝网络。Veneziano(1978)指出该类模型中裂缝轨迹长度服从指数分布,这与 Baecher 模型中的对数正态分布不同。

　　Veneziano 模型在三维空间中的几何形状非常复杂,因此大部分研究者使用相对简单的 Baecher 模型。

二、裂缝网络随机模型的生成

　　离散裂缝网络模型所依据的基本假定是裂缝岩石的渗流行为可以用裂缝几何形状和单个裂缝的传导率数据来进行预测;与裂缝网络有关的空间统计性质,包括裂缝传导率等可以进行测量并且用于生成具有相同空间性质的裂缝网络和求解其中的渗流。裂缝网络模型的建立需要裂缝几何形状的测量结果,并且所建立的模型要能够模拟和再现这些观测数据,这就涉及确定裂缝位置、方向、开度、传导率等的随机法则。

　　离散裂缝网络模型与概率和随机模拟有关。根据裂缝统计资料,生成离散裂缝网络的基本过程包括:

　　1. 测量和收集裂缝特征空间分布资料

　　油藏范围探测裂缝的方法有地震方法和露头观察方法,井筒规模探测裂缝的方法有测井方法、岩心观测方法、录井方法、生产测试方法和试井方法等。

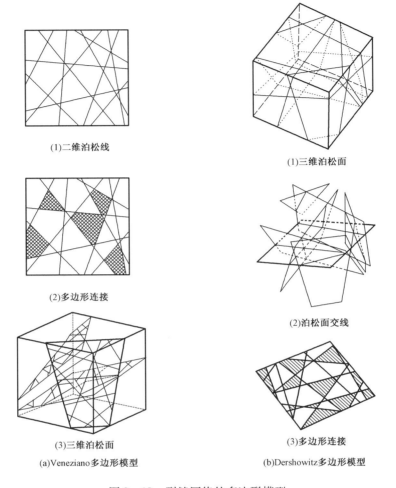

(1)二维泊松线

(1)三维泊松面

(2)多边形连接

(2)泊松面交线

(3)三维泊松面

(3)多边形连接

(a)Veneziano多边形模型

(b)Dershowitz多边形模型

图2-19 裂缝网络的多边形模型

2. 整理裂缝特征(包括裂缝的长度、间距、方位、开度和渗透率等)的分布函数

关于裂缝间距(密度)的分布特征,许多学者都曾进行过讨论。归纳起来主要有两种认识。

1)裂缝间距服从 Gamma 分布模式

在此分布模式下,概率密度函数为

$$f(x) = \frac{1}{\Gamma(\alpha + 1)\beta^{\alpha+1}}X^{\alpha}\exp(-x/\beta) \qquad (2-5)$$

式中,Γ 是 Gamma 函数;$x > \alpha\beta$ 时,β 控制 $f(x)$ 值的递减;$x = \alpha\beta$ 时,对应 $f(x)$ 的极大值;如果 $\alpha = 0$,Gamma 分布变成一个简单的负指数分布。对于不同 α、β 值的典型曲线,如图 2-20 所示。当 $\alpha > 0$,$x = 0$ 时,$f(x) = 0$;当 $\alpha < 0$,x 趋于 0 时,$f(x)$ 趋于无穷大。裂缝间距的概率密度函数的 $\alpha > 0$ 较符合实际情况,即裂缝达到饱和时,应力增加,不会增加新的裂缝,只会增加裂缝的规模。

2）裂缝间距的负指数、对数正态、标准正态分布模式

　　Rives 等人的研究发现，随着裂缝数的不断增加，裂缝间距在早期为负指数分布、中期为对数正态分布、晚期为标准正态分布。另外从随机过程的数值模拟研究，也证实随着裂缝条数的增加，裂缝间距分布规律也是从开始呈负指数分布，逐渐向对数正态和标准正态过渡的趋势（图 2 - 21）。

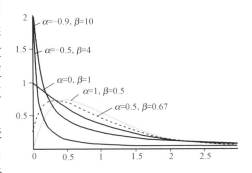

图 2 - 20　裂缝间距的 Gamma 分布曲线

　　上述两种裂缝间距的分布规律是目前颇具代表性的模式。裂缝间距的分布究竟服从 Gamma 分布，还是服从负指数→对数正态→标准正态分布，由于地质条件的复杂，应根据具体客观情况建立符合实际的裂缝间距分布模式。

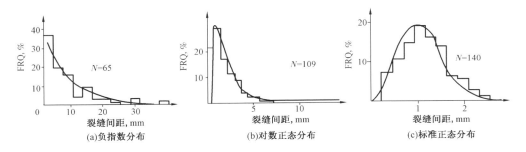

图 2 - 21　岩石力学实验的裂缝间距分布规律

3. 采用随机建模的方法生成裂缝网络

　　裂缝网络的生成一般用统计学方法。在裂缝网络实现中，一条裂缝抽象为一个具有位置坐标、半径、产状和渗透率的多边形或圆盘体。裂缝性质是随机的，通常不可能获得每个裂缝片的详细信息，但可以获得关于它们的统计信息和先验认识，分别用裂缝位置分布、半径分布、产状分布和渗透率分布函数表示。此外，可以存在多组裂缝，每一组裂缝有独立的分布函数，利用这些信息，就可以用地质统计的方法随机生成由成千上万个这样的裂缝片组成的裂缝系统，使之满足各种先验统计和认识。

　　根据统计数据，有可能产生裂缝网络的多个实现，每一个实现都是裂缝网络的可能结果。图 2 - 22、图 2 - 23 是裂缝网络模型的不同实现结果。对于裂缝网络的每一次实现，可以对其中的渗流方程进行求解。假设裂缝具有统一的渗透性，单条裂缝内稳定渗流服从拉普拉斯方程，裂隙的外边界可以看作不渗透边界或定压边界，相交裂缝处具有相同的压力，且流入流出之和为零。将边界用有限元或边界元方法进行离散后，根据上述条件可以建立裂缝交接处或给定压力边界上的用压力表示的方程组，从而可以求解出各裂缝交汇处的压力。对于同一统计模型中裂缝网络的大量实现，对其渗流行为取平均，可以推断出系统行为的期望值和偏差。但是，在实际中由于计算量的原因，往往只能使用统计模型的一次或几次实现进行研究。

　　离散裂缝网络模型的评价方面有两种观点：一种观点认为它只是概念评价的工具。另一种观点认为离散裂缝网络模型是数值模拟的实用工具。

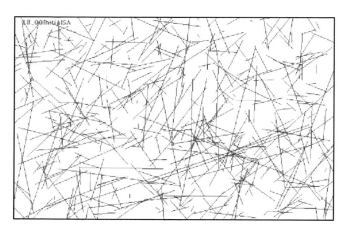

图 2 - 22   离散裂缝网络的第一次实现

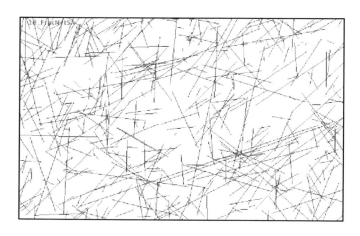

图 2 - 23   离散裂缝网络的最终实现

离散裂缝网络模型尤其适用于近井地带大约 50 ~ 100m 的区域油藏规模数值模拟,较大区域的模拟则需要把几条裂缝适当地等效为一条裂缝或忽略那些渗透率较小的裂缝以减少计算量。离散网络模型的缺点包括三个方面:(1)裂缝基础统计资料精度不够,如裂缝的开度资料;(2)裂缝网络复杂,计算成本高;(3)对于通过静态统计参数得到的裂缝实现能否反映实际裂缝系统还没有强有力的理论支撑。所以离散裂缝网络模型的实用性较差,在碳酸盐岩油气藏数值模拟中还未得到广泛的应用。

第四节   碳酸盐岩油气藏等效介质数值模拟方法适应性

以上对碳酸盐岩油气藏连续介质模型以及离散裂缝网络模型的分析表明:连续介质模型以及离散裂缝网络模型各有其优点以及适应条件。连续介质模型适用于油田规模数值模拟;离散裂缝网络模型可以在较小规模上描述裂缝性油藏的非均质性,适用于区域规模数值模拟,该模型还可以为连续介质提供参数,但应用起来十分复杂。连续介质模型是应用最广泛的碳酸盐岩油气藏数值模拟模型。

在碳酸盐岩油气藏的实际流动中,多孔介质的空隙结构往往由孔隙、裂缝、孔洞等基本结构所组成,它们可能是三种结构之一,或者是组合形式,如孔隙结构、纯裂缝结构、裂缝—孔隙结构等。这些结构能否成为连续介质,关键问题是看它是否存在 Rev。

纯孔隙结构,实际已证明 Rev 是存在的,这种情况能够简化为连续多孔介质,这是多重介质中的纯孔隙介质。

纯裂缝结构是否能简化为连续多孔介质是一个值得商榷的问题。在微裂缝发育的情况下这种简化是存在的,即我们能找到 Rev,这时我们称单重介质为纯裂缝介质。然而也可能存在 Rev 不存在的情况,例如某油气藏中裂缝的长度可以与井距的大小相比,在这种情况下不适合把裂缝结构的岩石简化为连续介质。

对于有两种孔隙结构的岩石是否构成双重连续介质(双重介质),关键是看它们内部的各种孔隙结构是否有统一 Rev。

裂缝—微裂缝结构和裂缝—孔隙结构成为双重连续介质的关键是裂缝不能太长,对油气藏尺寸和井距来讲,它应该是足够小的,否则它们不能构成双重介质。如果它能够构成双重介质,便称其为裂缝—微裂缝介质和裂缝—孔隙介质。双重介质是两种连续介质的叠加,在双重介质的每一点上,都存在两种连续多孔介质。它们再与流体连续介质叠加,就构成了双重连续介质场,在这个场中,每一点流体都沿两种孔隙流动,每一点流体在两种孔隙结构之间发生交换,这就构成了两个平等且相交的水动力学渗流场。

由以上分析得知,连续介质模型中的双重介质模型对于碳酸盐岩油气藏具有很好的适应性。在实际应用中发现,在油藏规模适中以及计算机运算能力能够满足的条件下,使用标准的双孔双渗模型无可厚非,而且能够比较真实的模拟油藏实际情况。但是在具体应用过程中,发现油藏规模较大或油藏非均质性严重的情况下,双孔双渗模型难以适应。此时,需要使用与双孔双渗模型等效的数值模拟模型。

第一种等效方法是将双孔双渗模型等效为裂缝单一介质,其适应条件为裂缝非常发育,且原油主要储存于裂缝系统。

第二种等效方法是将双孔双渗模型等效为基质单一介质,其适应条件为储层以孔隙为主,裂缝不占主导地位。

以上两种方法的本质都是把基岩和裂缝考虑成一个统一的系统,并没有考虑到基质与裂缝之间的流体交换。

第三种等效方法是将双孔双渗模型等效为双孔单渗模型,其适应条件为基质渗透率非常小(与裂缝比较而言),而且基质系统中流体不能直接流入井筒。这种等效方法考虑了基质与流体之间的流体交换而忽略了基质里面的流动。

裂缝—基质渗透率级差是碳酸盐岩油气藏数值模拟模型选择的决定因素,因此需要创立碳酸盐岩油气藏裂缝—基质渗透率级差判别方法和标准,在不同裂缝—基质渗透率级差水平下,将油气藏双孔双渗介质模型进行合理等效简化,从而实现复杂碳酸盐岩油气藏高效率、高精度的历史拟合和较准确开发指标预测。

第三章　碳酸盐岩油气藏等效介质数值模拟的数学模型研究

以碳酸盐岩油气藏储层地质特征为基础,建立了碳酸盐岩油气藏双孔双渗介质渗流数学模型,利用全隐式方法对双孔双渗模型进行有限差分离散、线性化展开,得到了线性代数方程组。在衰竭式开采、注水开发等条件下,针对纯油藏渗流、纯气藏渗流、油气两相流、油水两相流、油气水三相流等情形,对线性方程组中系数矩阵结构及各种参数团进行分析,在不同裂缝—基质渗透率级差下,对裂缝流动项、基质流动项、裂缝—基质流体交换项等参数团进行简化,得到了与双孔双渗模型等效的双孔单渗模型、裂缝单一介质模型、基质单一介质模型的系数矩阵,并对双孔双渗模型与各种等效模型进行了数值求解及对比分析,论证了裂缝—基质渗透率级差在系数矩阵等效过程中的作用。结果表明,裂缝—基质渗透率级差是选择双孔双渗模型的各种等效模型的决定性因素,以裂缝—基质渗透率级差为基础可以将双孔双渗模型在一定条件下转化为等效裂缝单一介质模型、等效基质单一介质模型、等效双孔单渗模型等。

第一节　碳酸盐岩油气藏双孔双渗数值模拟基本模型

一、基本假设条件

在常规双重介质油藏数值模拟中,其数学模型的基本假设为:

(1)储层内油、气、水三相流体的流动服从达西定律,油水、气水两相不互溶,且渗流为等温渗流;

(2)油藏中最多只有油、气、水三相,每一相的渗流均遵守达西定律;

(3)油藏烃类只含有油、气两个组分,油组分完全存在于油相中,气组分则可以以自由气的方式存在于气相内,也可以以溶解气的方式存在于油相中;

(4)油藏中气体的溶解和逸出是瞬间完成的,即油藏中油、气两相瞬时达到相平衡状态;

(5)裂缝为连续介质,而基质岩块是不连续介质;

(6)裂缝形成基质岩块的边界。

二、基本渗流微分方程

对于双孔双渗介质中的油、气、水多相流动,由以下微分方程组描述。

1. 裂缝系统方程

油相连续性方程

$$\nabla \cdot \frac{K_{\mathrm{f}} K_{\mathrm{rof}} \rho_{\mathrm{of}}}{\mu_{\mathrm{of}}} \nabla \Phi_{\mathrm{of}} + \tau_{\mathrm{omf}} + q_{\mathrm{of}} = \frac{\partial}{\partial t} (\phi_{\mathrm{f}} \rho_{\mathrm{of}} S_{\mathrm{of}}) \tag{3-1}$$

气相连续性方程

$$\nabla \cdot \frac{K_f K_{rgf} \rho_{gf}}{\mu_{gf}} \nabla \Phi_{gf} + \nabla \cdot \frac{K_f K_{rof} \rho_{gdf}}{\mu_{of}} \nabla \Phi_{of} + \tau_{gmf} + q_{gf} + q_{gdf} = \frac{\partial}{\partial t}(\phi_f \rho_{gf} S_{gf} + \phi_f S_{of} \rho_{gdf})$$

$$(3-2)$$

水相连续性方程

$$\nabla \cdot \frac{K_f K_{rwf} \rho_{wf}}{\mu_{wf}} \nabla \Phi_{wf} + \tau_{wmf} + q_{wf} = \frac{\partial}{\partial t}(\phi_f \rho_{wf} S_{wf}) \qquad (3-3)$$

2. 岩块系统方程

油相连续性方程

$$\nabla \cdot \frac{K_m K_{rom} \rho_{om}}{\mu_{om}} \nabla \Phi_{om} - \tau_{omf} + q_{om} = \frac{\partial}{\partial t}(\phi_m \rho_{om} S_{om}) \qquad (3-4)$$

气相连续性方程

$$\nabla \cdot \frac{K_m K_{rgm} \rho_{gm}}{\mu_{gm}} \nabla \Phi_{gm} + \nabla \cdot \frac{K_m K_{rom} \rho_{gdm}}{\mu_{om}} \nabla \Phi_{om} - \tau_{gmf} + q_{gm} + q_{gdm} = \frac{\partial}{\partial t}(\phi_m \rho_{gdm} S_{om} + \phi_m \rho_{gm} S_{gm})$$

$$(3-5)$$

水相连续性方程

$$\nabla \cdot \frac{K_m K_{rwm} \rho_{wm}}{u_{wm}} \nabla \Phi_{wm} - \tau_{wmf} + q_{wm} = \frac{\partial}{\partial t}(\phi_m \rho_{wm} S_{wm}) \qquad (3-6)$$

以上各方程中的产量为地层条件下单位时间内的质量流量。

3. 辅助方程

裂缝中油相流动势

$$\Phi_{of} = p_{of} - \gamma_{ogf} D$$

裂缝中气相流动势

$$\Phi_{gf} = p_{gf} - \gamma_{gf} D$$

裂缝中水相流动势

$$\Phi_{wf} = p_{wf} - \gamma_{wf} D$$

基质中油相流动势

$$\Phi_{om} = p_{om} - \gamma_{ogm} D$$

基质中气相流动势

$$\Phi_{gm} = p_{gm} - \gamma_{gm} D$$

基质中水相流动势

$$\Phi_{wm} = p_{wm} - \gamma_{wm}D$$

裂缝中油气毛管压力方程

$$p_{cgof} = p_{gf} - p_{of}$$

裂缝中油水毛管压力方程

$$p_{cowf} = p_{of} - p_{wf}$$

裂缝中饱和度方程

$$S_{of} + S_{wf} + S_{gf} = 1$$

基质中油气毛管压力方程

$$p_{cgom} = p_{gm} - p_{om}$$

基质中油水毛管压力方程

$$p_{cowm} = p_{om} - p_{wm}$$

基质中饱和度方程

$$S_{om} + S_{wm} + S_{gm} = 1$$

求解变量为 Φ_{of}、Φ_{gf}、Φ_{wf}、Φ_{om}、Φ_{gm}、Φ_{wm}、p_{of}、p_{gf}、p_{wf}、p_{om}、p_{gm}、p_{wm}、S_{of}、S_{gf}、S_{wf}、S_{om}、S_{gm}、S_{wm} 共 18 个,方程组也是 18 个,所以该方程系统是封闭的。

符号说明:

Φ——流动势;

p——压力;

p_c——毛管压力;

S——饱和度;

q——产量;

K_r——相对渗透率;

K——绝对渗透率;

ϕ——孔隙度;

ρ——流体密度;

D——油层深度;

μ——流体粘度;

τ——岩块与裂缝间的流体交换量,即渗吸量,具体计算方法将在后文介绍。

γ——流体相对密度,包括地面油与溶解气两部分,即 $\gamma_{og} = \gamma_o + \gamma_{gd}$,$\gamma_o = \rho_o g$,$\gamma_{gd} = \rho_{gd} g$。

下标说明:

o——油相;

g——气相;

w——水相;

gd——溶解气;

f——裂缝;

m——基质。

三、裂缝系统与岩块系统间流体交换量的计算

基质与裂缝之间的油交换量为

$$\tau_{\text{omf}} = \sigma_{\text{m}} K_{\text{m}} \left(\frac{K_{\text{ro}} \rho_{\text{o}}}{\mu_{\text{o}}} \right)_{\text{m}} \left(\Phi_{\text{om}} - \Phi_{\text{of}} + L_{\text{c}} \frac{\Delta p_{\text{of}}}{L_{\text{B}}} \right) \quad (3-7)$$

基质与裂缝之间的水交换量为

$$\tau_{\text{wmf}} = \sigma_{\text{m}} K_{\text{m}} \left(\frac{K_{\text{rw}} \rho_{\text{w}}}{\mu_{\text{w}}} \right)_{\text{m}} \left(\Phi_{\text{wm}} - \Phi_{\text{wf}} + L_{\text{c}} \frac{\Delta p_{\text{wf}}}{L_{\text{B}}} \right) \quad (3-8)$$

基质与裂缝之间的气交换量为

$$\tau_{\text{gmf}} = \sigma_{\text{m}} K_{\text{m}} \left(\frac{K_{\text{rg}} \rho_{\text{g}}}{\mu_{\text{g}}} \right)_{\text{m}} \left(\Phi_{\text{gm}} - \Phi_{\text{gf}} + L_{\text{c}} \frac{\Delta p_{\text{gf}}}{L_{\text{B}}} \right) + \sigma_{\text{m}} K_{\text{m}} \left(\frac{K_{\text{ro}} \rho_{\text{gd}}}{\mu_{\text{o}}} \right)_{\text{m}} \left(\Phi_{\text{om}} - \Phi_{\text{of}} + L_{\text{c}} \frac{\Delta p_{\text{of}}}{L_{\text{B}}} \right)$$

$$(3-9)$$

$\frac{\Delta p}{L_{\text{B}}}$ 为裂缝和岩块中流体密度不同而产生的重力梯度,裂缝中流体密度可用以下公式计算

$$\rho_{\text{f}} = \rho_{\text{o}} S_{\text{o}} + \rho_{\text{g}} S_{\text{g}} + \rho_{\text{w}} S_{\text{w}}$$

因此

$$\frac{\Delta p_{\text{of}}}{L_{\text{B}}} = \left| \rho_{\text{f}} - \rho_{\text{o}} \right| \cdot g, \frac{\Delta p_{\text{gf}}}{L_{\text{B}}} = \left| \rho_{\text{f}} - \rho_{\text{g}} \right| \cdot g, \frac{\Delta p_{\text{wf}}}{L_{\text{B}}} = \left| \rho_{\text{f}} - \rho_{\text{w}} \right| \cdot g$$

式中　L_{c}——岩块(裂缝)流动特征长度,一般取岩块高度的一半。

σ_{m} 为基质岩块的形状因子,通常可由 Kazemi 公式计算

$$\sigma_{\text{m}} = 4 \left(\frac{1}{L_x^2} + \frac{1}{L_y^2} + \frac{1}{L_z^2} \right)$$

式中　L_x、L_y、L_z——基质岩块 x、y、z 三个方向的特征长度(与模拟网格步长无关),可看作是由实际裂缝模型转化到理想裂缝模型时相邻两条裂缝的间距,反映裂缝的发育密度。

除了 Kazemi 的形状因子公式外,Lim 和 Aziz 推导出的形状因子

$$\sigma = \frac{\pi^2}{(k_x k_y k_z)^{1/3}} \left[\frac{k_x}{L_x^2} + \frac{k_y}{L_y^2} + \frac{k_z}{L_z^2} \right]$$

四、定解条件

定解条件包括初始条件和边界条件。而边界条件又分为外边界条件和内边界条件。下面

分别给出这些边界条件的数学描述方式。

1. 初始条件

所谓初始条件,是指从某一时刻起($t=0$),油藏中各点参数如压力、饱和度的分布情况。

$$p(x,y,z,t)\big|_{t=0} = p_0(x,y,z)$$

$$S(x,y,z,t)\big|_{t=0} = S_0(x,y,z)$$

式中　p、S——油气藏各介质系统中任意一点的压力和饱和度。

2. 边界条件

所谓边界条件,是指油气藏几何边界在开采过程中所处的状态。

(1)外边界条件(Neumman 边界)

$$\frac{\partial \Phi_{of}}{\partial n}\bigg|_{\Gamma} = 0 \qquad \frac{\partial \Phi_{om}}{\partial n}\bigg|_{\Gamma} = 0$$

$$\frac{\partial \Phi_{wf}}{\partial n}\bigg|_{\Gamma} = 0 \qquad \frac{\partial \Phi_{wm}}{\partial n}\bigg|_{\Gamma} = 0$$

$$\frac{\partial \Phi_{gf}}{\partial n}\bigg|_{\Gamma} = 0 \qquad \frac{\partial \Phi_{gm}}{\partial n}\bigg|_{\Gamma} = 0$$

(2)内边界条件(Direchlet 边界)

定井底压力　　　　　　　　$p\big|_{r=r_w} = \text{Const}$

定井产量　　　　　　　　　$Q\big|_{r=r_w} = \text{Const}$

式中　r_w——井半径;

　　　p——压力;

　　　Q——产量。

对于式(3-1)至式(3-9)所描述的双孔双渗模型,基质系统和裂缝系统中都有流体流动,并且直接向油井供油,同时相互之间也发生流量交换,即该模型中的流动包括:(1)相邻格块间基质到基质的流动;(2)相邻格块间裂缝到裂缝的流动;(3)同一网格块内基质到裂缝的流动;(4)基质向井筒的流动;(5)裂缝向井筒的流动。

第二节　碳酸盐岩油气藏双孔双渗数值模型的求解

一、有限差分符号

1. 空间差分

以油相(o)为例,定义传导率有限差分算符:

$$TX_{oi+\frac{1}{2}} = \frac{\Delta y_j \Delta z_k}{\Delta x_{i+\frac{1}{2}}}\left(\frac{KK_{ro}\rho_o}{\mu_o}\right)_{i+\frac{1}{2}}$$

$$TX_{oi-\frac{1}{2}} = \frac{\Delta y_j \Delta z_k}{\Delta x_{i-\frac{1}{2}}} \left(\frac{KK_{ro}\rho_o}{\mu_o} \right)_{i-\frac{1}{2}}$$

$$TY_{oj+\frac{1}{2}} = \frac{\Delta x_i \Delta z_k}{\Delta y_{j+\frac{1}{2}}} \left(\frac{KK_{ro}\rho_o}{\mu_o} \right)_{j+\frac{1}{2}}$$

$$TY_{oj-\frac{1}{2}} = \frac{\Delta x_i \Delta z_k}{\Delta y_{j-\frac{1}{2}}} \left(\frac{KK_{ro}\rho_o}{\mu_o} \right)_{j-\frac{1}{2}}$$

$$TZ_{ok+\frac{1}{2}} = \frac{\Delta x_i \Delta y_j}{\Delta z_{k+\frac{1}{2}}} \left(\frac{KK_{ro}\rho_o}{\mu_o} \right)_{k+\frac{1}{2}}$$

$$TZ_{ok-\frac{1}{2}} = \frac{\Delta x_i \Delta y_j}{\Delta z_{k-\frac{1}{2}}} \left(\frac{KK_{ro}\rho_o}{\mu_o} \right)_{k-\frac{1}{2}}$$

其中 $K_{roi+\frac{1}{2}}$ 使用"上游权"的取值规则,即

$$K_{roi+\frac{1}{2}} = \begin{cases} K_{ro}(S_{wi}) & \text{流动由点 } i \text{ 到点 } i+1 \\ K_{ro}(S_{wi+1}) & \text{流动由点 } i+1 \text{ 到点 } i \end{cases}$$

$K_{roi-\frac{1}{2}}$, $K_{roj+\frac{1}{2}}$, $K_{roj-\frac{1}{2}}$, $K_{rok+\frac{1}{2}}$, $K_{rok-\frac{1}{2}}$ 的上游权取值也与此同。

线性差分算子:

$$\Delta_x TX_o \Delta_x \Phi = TX_{oi+\frac{1}{2}}(\Phi_{i+1} - \Phi_i) + TX_{oi-\frac{1}{2}}(\Phi_{i-1} - \Phi_i)$$

$$\Delta_y TY_o \Delta_y \Phi = TY_{oj+\frac{1}{2}}(\Phi_{j+1} - \Phi_j) + TY_{oj-\frac{1}{2}}(\Phi_{j-1} - \Phi_j)$$

$$\Delta_z TZ_o \Delta_z \Phi = TZ_{ok+\frac{1}{2}}(\Phi_{k+1} - \Phi_k) + TZ_{ok-\frac{1}{2}}(\Phi_{k-1} - \Phi_k)$$

更进一步简化书写,令

$$\Delta T_o \Delta \Phi = \Delta_x TX_o \Delta_x \Phi + \Delta_y TY_o \Delta_y \Phi + \Delta_z TZ_o \Delta_z \Phi$$

同理,对于气(g)、水(w)、溶解气(gd),可以写出

$$\Delta T_g \Delta \Phi = \Delta_x TX_g \Delta_x \Phi + \Delta_y TY_g \Delta_y \Phi + \Delta_z TZ_g \Delta_z \Phi$$

$$\Delta T_w \Delta \Phi = \Delta_x TX_w \Delta_x \Phi + \Delta_y TY_w \Delta_y \Phi + \Delta_z TZ_w \Delta_z \Phi$$

$$\Delta T_{gd} \Delta \Phi = \Delta_x TX_{gd} \Delta_x \Phi + \Delta_y TY_{gd} \Delta_y \Phi + \Delta_z TZ_{gd} \Delta_z \Phi$$

2. 时间差分

时间差分一阶近似:

$$\frac{\partial f}{\partial t} = \frac{f^{n+1} - f^n}{\Delta t}$$

记 $\Delta_t f = f^{n+1} - f^n$,有

$$\frac{\partial f}{\partial t} = \frac{\Delta_t f}{\Delta t}$$

$n, n+1$ 为时间步。

二、方程的差分离散

根据以上差分算符,可把微分方程离散化为以下非线性代数方程组:

裂缝系统:

油相

$$\Delta T_{of} \Delta \Phi_{of} + T_{omf}(\Phi_{om} - \Phi_{of} + L_c \cdot |\rho_f - \rho_o| \cdot g) + q_{of} = \frac{V_b}{\Delta t} \Delta_t (\phi_f \rho_{of} S_{of}) \quad (3-10)$$

水相

$$\Delta T_{wf} \Delta \Phi_{wf} + T_{wmf}(\Phi_{wm} - \Phi_{wf} + L_c \cdot |\rho_f - \rho_w| \cdot g) + q_{wf} = \frac{V_b}{\Delta t} \Delta_t (\phi_f \rho_{wf} S_{wf}) \quad (3-11)$$

气相

$$\Delta T_{gf} \Delta \Phi_{gf} + \Delta T_{gdf} \Delta \Phi_{of} + T_{gmf}(\Phi_{gm} - \Phi_{gf} + L_c \cdot |\rho_f - \rho_g| \cdot g) +$$

$$T_{gdmf}(\Phi_{om} - \Phi_{of} + L_c \cdot |\rho_f - \rho_o| \cdot g) + q_{gf} + q_{gdf} = \frac{V_b}{\Delta t} \Delta_t (\phi_f \rho_{gf} S_{gf} + \phi_f \rho_{gdf} S_{of})$$

$$(3-12)$$

基质系统:

油相

$$\Delta T_{om} \Delta \Phi_{om} - T_{omf}(\Phi_{om} - \Phi_{of} + L_c \cdot |\rho_f - \rho_o| \cdot g) + q_{om} = \frac{V_b}{\Delta t} \Delta_t (\phi_m \rho_{om} S_{om}) \quad (3-13)$$

水相

$$\Delta T_{wm} \Delta \Phi_{wm} - T_{wmf}(\Phi_{wm} - \Phi_{wf} + L_c \cdot |\rho_f - \rho_w| \cdot g) + q_{wm} = \frac{V_b}{\Delta t} \Delta_t (\phi_f \rho_{wm} S_{wm}) \quad (3-14)$$

气相

$$\Delta T_{gm} \Delta \Phi_{gm} + \Delta T_{gdm} \Delta \Phi_{om} - T_{gmf}(\Phi_{gm} - \Phi_{gf} + L_c \cdot |\rho_f - \rho_g| \cdot g) -$$

$$T_{gdmf}(\Phi_{om} - \Phi_{of} + L_c \cdot |\rho_f - \rho_o| \cdot g) + q_{gm} + q_{gdm} = \frac{V_b}{\Delta t} \Delta_t (\phi_m \rho_{gm} S_{gm} + \phi_m \rho_{gdm} S_{om})$$

$$(3-15)$$

式中

$$V_b = \Delta x_i \cdot \Delta y_j \cdot \Delta z_k$$

$$T_{\text{omf}} = \sigma_{\text{m}} K_{\text{m}} \left(\frac{K_{\text{ro}} \rho_{\text{o}}}{\mu_{\text{o}}} \right)_{\text{m}} \cdot V_{\text{b}}$$

$$T_{\text{wmf}} = \sigma_{\text{m}} K_{\text{m}} \left(\frac{K_{\text{rw}} \rho_{\text{w}}}{\mu_{\text{w}}} \right)_{\text{m}} \cdot V_{\text{b}}$$

$$T_{\text{gmf}} = \sigma_{\text{m}} K_{\text{m}} \left(\frac{K_{\text{rg}} \rho_{\text{g}}}{\mu_{\text{g}}} \right)_{\text{m}} \cdot V_{\text{b}}$$

$$T_{\text{gdmf}} = \sigma_{\text{m}} K_{\text{m}} \left(\frac{K_{\text{ro}} \rho_{\text{gd}}}{\mu_{\text{o}}} \right)_{\text{m}} \cdot V_{\text{b}}$$

利用全隐式方法,可以将式(3-10)至式(3-15)式写为

裂缝系统:

油相

$$\Delta T_{\text{of}}^{n+1} \Delta \Phi_{\text{of}}^{n+1} + T_{\text{omf}}^{n+1} (\Phi_{\text{om}}^{n+1} - \Phi_{\text{of}}^{n+1} + L_{\text{c}} \cdot | \rho_{\text{f}} - \rho_{\text{o}} |^{n+1} \cdot g) + q_{\text{of}}^{n+1}$$

$$= \frac{V_{\text{b}}}{\Delta t} [(\phi_{\text{f}} \rho_{\text{of}} S_{\text{of}})^{n+1} - (\phi_{\text{f}} \rho_{\text{of}} S_{\text{of}})^{n}] \qquad (3-16)$$

水相

$$\Delta T_{\text{wf}}^{n+1} \Delta \Phi_{\text{wf}}^{n+1} + T_{\text{wmf}}^{n+1} (\Phi_{\text{wm}}^{n+1} - \Phi_{\text{wf}}^{n+1} + L_{\text{c}} \cdot | \rho_{\text{f}} - \rho_{\text{w}} |^{n+1} \cdot g) + q_{\text{wf}}^{n+1}$$

$$= \frac{V_{\text{b}}}{\Delta t} [(\phi_{\text{f}} \rho_{\text{wf}} S_{\text{wf}})^{n+1} - (\phi_{\text{f}} \rho_{\text{wf}} S_{\text{wf}})^{n}] \qquad (3-17)$$

气相

$$\Delta T_{\text{gf}}^{n+1} \Delta \Phi_{\text{gf}}^{n+1} + \Delta T_{\text{gdf}}^{n+1} \Delta \Phi_{\text{of}}^{n+1} + T_{\text{gmf}}^{n+1} (\Phi_{\text{gm}}^{n+1} - \Phi_{\text{gf}}^{n+1} + L_{\text{c}} \cdot | \rho_{\text{f}} - \rho_{\text{g}} |^{n+1} \cdot g)$$

$$+ T_{\text{gdmf}}^{n+1} (\Phi_{\text{om}}^{n+1} - \Phi_{\text{of}}^{n+1} + L_{\text{c}} \cdot | \rho_{\text{f}} - \rho_{\text{o}} |^{n+1} \cdot g) + q_{\text{gf}}^{n+1} + q_{\text{gdf}}^{n+1}$$

$$= \frac{V_{\text{b}}}{\Delta t} [(\phi_{\text{f}} \rho_{\text{gf}} S_{\text{gf}})^{n+1} - (\phi_{\text{f}} \rho_{\text{gf}} S_{\text{gf}})^{n} + (\phi_{\text{f}} \rho_{\text{gdf}} S_{\text{of}})^{n+1} - (\phi_{\text{f}} \rho_{\text{gdf}} S_{\text{of}})^{n}] \qquad (3-18)$$

基质系统:

油相

$$\Delta T_{\text{om}}^{n+1} \Delta \Phi_{\text{om}}^{n+1} - T_{\text{omf}}^{n+1} (\Phi_{\text{om}}^{n+1} - \Phi_{\text{of}}^{n+1} + L_{\text{c}} \cdot | \rho_{\text{f}} - \rho_{\text{o}} |^{n+1} \cdot g) + q_{\text{om}}^{n+1}$$

$$= \frac{V_{\text{b}}}{\Delta t} [(\phi_{\text{m}} \rho_{\text{om}} S_{\text{om}})^{n+1} - (\phi_{\text{m}} \rho_{\text{om}} S_{\text{om}})^{n}] \qquad (3-19)$$

水相

$$\Delta T_{\text{wm}}^{n+1} \Delta \Phi_{\text{wm}}^{n+1} - T_{\text{wmf}}^{n+1} (\Phi_{\text{wm}}^{n+1} - \Phi_{\text{wf}}^{n+1} + L_{\text{c}} \cdot | \rho_{\text{f}} - \rho_{\text{w}} |^{n+1} \cdot g) + q_{\text{wm}}^{n+1}$$

$$= \frac{V_{\text{b}}}{\Delta t} [(\phi_{\text{m}} \rho_{\text{wm}} S_{\text{wm}})^{n+1} - (\phi_{\text{m}} \rho_{\text{wm}} S_{\text{wm}})^{n}] \qquad (3-20)$$

气相

$$\Delta T_{\text{gm}}^{n+1} \Delta \Phi_{\text{gm}}^{n+1} + \Delta T_{\text{gdm}}^{n+1} \Delta \Phi_{\text{om}}^{n+1} - T_{\text{gmf}}^{n+1} (\Phi_{\text{gm}}^{n+1} - \Phi_{\text{gf}}^{n+1} + L_{\text{c}} \cdot |\rho_{\text{f}} - \rho_{\text{g}}|^{n+1} \cdot g)$$

$$- T_{\text{gdmf}}^{n+1} (\Phi_{\text{om}}^{n+1} - \Phi_{\text{of}}^{n+1} + L_{\text{c}} \cdot |\rho_{\text{f}} - \rho_{\text{o}}|^{n+1} \cdot g) + q_{\text{gm}}^{n+1} + q_{\text{gdm}}^{n+1}$$

$$= \frac{V_{\text{b}}}{\Delta t} [(\phi_{\text{m}} \rho_{\text{gm}} S_{\text{gm}})^{n+1} - (\phi_{\text{m}} \rho_{\text{gm}} S_{\text{gm}})^{n} + (\phi_{\text{m}} \rho_{\text{gdm}} S_{\text{om}})^{n+1} - (\phi_{\text{m}} \rho_{\text{gdm}} S_{\text{om}})^{n}] \quad (3-21)$$

对于任意一个从 t^{n} 到 t^{n+1} 的时间步长,在用全隐式方法迭代求解时,设对任意变量 x,定义任意两次迭代 k 和 $k+1$ 之间 x 的差值为

$$\overline{\delta_{x}} \approx x^{k+1} - x^{n} = x^{k} + \delta x - x^{n}$$

利用算子 δ 可将式(3-16)至式(3-21)写成

$$\Delta (T_{\text{of}}^{k} + \delta T_{\text{of}}) \Delta (\Phi_{\text{of}}^{k} + \delta \Phi_{\text{of}}) + (T_{\text{omf}}^{k} + \delta T_{\text{omf}}) [\Phi_{\text{om}}^{k} + \delta \Phi_{\text{om}} - \Phi_{\text{of}}^{k} - \delta \Phi_{\text{of}}$$

$$+ L_{\text{c}} \cdot g \cdot (|\rho_{\text{f}} - \rho_{\text{o}}|^{k} + \delta |\rho_{\text{f}} - \rho_{\text{o}}|)] + q_{\text{of}}^{k} + \delta q_{\text{of}}$$

$$= \frac{V_{\text{b}}}{\Delta t} [(\phi_{\text{f}} \rho_{\text{of}} S_{\text{of}})^{k} + \delta (\phi_{\text{f}} \rho_{\text{of}} S_{\text{of}}) - (\phi_{\text{f}} \rho_{\text{of}} S_{\text{of}})^{n}] \quad (3-22)$$

$$\Delta (T_{\text{wf}}^{k} + \delta T_{\text{wf}}) \Delta (\Phi_{\text{wf}}^{k} + \delta \Phi_{\text{wf}}) + (T_{\text{wmf}}^{k} + \delta T_{\text{wmf}}) [\Phi_{\text{wm}}^{k} + \delta \Phi_{\text{wm}} - \Phi_{\text{wf}}^{k} - \delta \Phi_{\text{wf}}$$

$$+ L_{\text{c}} \cdot g \cdot (|\rho_{\text{f}} - \rho_{\text{w}}|^{k} + \delta |\rho_{\text{f}} - \rho_{\text{w}}|)] + q_{\text{wf}}^{k} + \delta q_{\text{wf}}$$

$$= \frac{V_{\text{b}}}{\Delta t} [(\phi_{\text{f}} \rho_{\text{wf}} S_{\text{wf}})^{k} + \delta (\phi_{\text{f}} \rho_{\text{wf}} S_{\text{wf}}) - (\phi_{\text{f}} \rho_{\text{wf}} S_{\text{wf}})^{n}] \quad (3-23)$$

$$\Delta (T_{\text{gf}}^{k} + \delta T_{\text{gf}}) \Delta (\Phi_{\text{gf}}^{k} + \delta \Phi_{\text{gf}}) + \Delta (T_{\text{gdf}}^{k} + \delta T_{\text{gdf}}) \Delta (\Phi_{\text{of}}^{k} + \delta \Phi_{\text{of}}) + q_{\text{gf}}^{k} + \delta q_{\text{gf}} + q_{\text{gdf}}^{k} + \delta q_{\text{gdf}}$$

$$+ (T_{\text{gmf}}^{k} + \delta T_{\text{gmf}}) [\Phi_{\text{gm}}^{k} + \delta \Phi_{\text{gm}} - \Phi_{\text{gf}}^{k} - \delta \Phi_{\text{gf}} + L_{\text{c}} \cdot g (|\rho_{\text{f}} - \rho_{\text{g}}|^{k} + \delta |\rho_{\text{f}} - \rho_{\text{g}}|)]$$

$$+ (T_{\text{gdmf}}^{k} + \delta T_{\text{gdmf}}) [\Phi_{\text{om}}^{k} + \delta \Phi_{\text{om}} - \Phi_{\text{of}}^{k} - \delta \Phi_{\text{of}} + L_{\text{c}} \cdot g (|\rho_{\text{f}} - \rho_{\text{o}}|^{k} + \delta |\rho_{\text{f}} - \rho_{\text{o}}|)]$$

$$= \frac{V_{\text{b}}}{\Delta t} [(\phi_{\text{f}} \rho_{\text{gf}} S_{\text{gf}})^{k} + \delta (\phi_{\text{f}} \rho_{\text{gf}} S_{\text{gf}}) - (\phi_{\text{f}} \rho_{\text{gf}} S_{\text{gf}})^{n} + (\phi_{\text{f}} \rho_{\text{gdf}} S_{\text{of}})^{k} + \delta (\phi_{\text{f}} \rho_{\text{gdf}} S_{\text{of}}) - (\phi_{\text{f}} \rho_{\text{gdf}} S_{\text{of}})^{n}]$$

$$(3-24)$$

$$\Delta (T_{\text{om}}^{k} + \delta T_{\text{om}}) \Delta (\Phi_{\text{om}}^{k} + \delta \Phi_{\text{om}}) - (T_{\text{omf}}^{k} + \delta T_{\text{omf}}) [\Phi_{\text{om}}^{k} + \delta \Phi_{\text{om}} - \Phi_{\text{of}}^{k} - \delta \Phi_{\text{of}}$$

$$+ L_{\text{c}} \cdot g \cdot (|\rho_{\text{f}} - \rho_{\text{o}}|^{k} + \delta |\rho_{\text{f}} - \rho_{\text{o}}|)] + q_{\text{om}}^{k} + \delta q_{\text{om}}$$

$$= \frac{V_{\text{b}}}{\Delta t} [(\phi_{\text{m}} \rho_{\text{om}} S_{\text{om}})^{k} + \delta (\phi_{\text{m}} \rho_{\text{om}} S_{\text{om}}) - (\phi_{\text{m}} \rho_{\text{om}} S_{\text{om}})^{n}] \quad (3-25)$$

$$\Delta (T_{\text{wm}}^{k} + \delta T_{\text{wm}}) \Delta (\Phi_{\text{wm}}^{k} + \delta \Phi_{\text{wm}}) - (T_{\text{wmf}}^{k} + \delta T_{\text{wmf}}) [\Phi_{\text{wm}}^{k} + \delta \Phi_{\text{wm}} - \Phi_{\text{wf}}^{k} - \delta \Phi_{\text{wf}}$$

$$+ L_{\text{c}} \cdot g \cdot (|\rho_{\text{f}} - \rho_{\text{w}}|^{k} + \delta |\rho_{\text{f}} - \rho_{\text{w}}|)] + q_{\text{wm}}^{k} + \delta q_{\text{wm}}$$

$$= \frac{V_{\mathrm{b}}}{\Delta t} \big[(\phi_{\mathrm{m}} \rho_{\mathrm{wm}} S_{\mathrm{wm}})^k + \delta (\phi_{\mathrm{m}} \rho_{\mathrm{wm}} S_{\mathrm{wm}}) - (\phi_{\mathrm{m}} \rho_{\mathrm{wm}} S_{\mathrm{wm}})^n \big] \qquad (3-26)$$

$$\Delta (T_{\mathrm{gm}}^k + \delta T_{\mathrm{gm}}) \Delta (\Phi_{\mathrm{gm}}^k + \delta \Phi_{\mathrm{gm}}) + \Delta (T_{\mathrm{gdm}}^k + \delta T_{\mathrm{gdm}}) \Delta (\Phi_{\mathrm{om}}^k + \delta \Phi_{\mathrm{om}}) + q_{\mathrm{gm}}^k + \delta q_{\mathrm{gm}} + q_{\mathrm{gdm}}^k + \delta q_{\mathrm{gdm}}$$

$$- (T_{\mathrm{gmf}}^k + \delta T_{\mathrm{gmf}}) \big[\Phi_{\mathrm{gm}}^k + \delta \Phi_{\mathrm{gm}} - \Phi_{\mathrm{gf}}^k - \delta \Phi_{\mathrm{gf}} + L_{\mathrm{c}} \cdot g (|\rho_{\mathrm{f}} - \rho_{\mathrm{g}}|^k + \delta |\rho_{\mathrm{f}} - \rho_{\mathrm{g}}|) \big]$$

$$- (T_{\mathrm{gdmf}}^k + \delta T_{\mathrm{gdmf}}) \big[\Phi_{\mathrm{om}}^k + \delta \Phi_{\mathrm{om}} - \Phi_{\mathrm{of}}^k - \delta \Phi_{\mathrm{of}} + L_{\mathrm{c}} \cdot g (|\rho_{\mathrm{f}} - \rho_{\mathrm{o}}|^k + \delta |\rho_{\mathrm{f}} - \rho_{\mathrm{o}}|) \big]$$

$$= \frac{V_{\mathrm{b}}}{\Delta t} \big[(\phi_{\mathrm{m}} \rho_{\mathrm{gm}} S_{\mathrm{gm}})^k + \delta (\phi_{\mathrm{m}} \rho_{\mathrm{gm}} S_{\mathrm{gm}}) - (\phi_{\mathrm{m}} \rho_{\mathrm{gm}} S_{\mathrm{gm}})^n + (\phi_{\mathrm{m}} \rho_{\mathrm{gdm}} S_{\mathrm{om}})^k + \delta (\phi_{\mathrm{m}} \rho_{\mathrm{gdm}} S_{\mathrm{om}}) - (\phi_{\mathrm{m}} \rho_{\mathrm{gdm}} S_{\mathrm{om}})^n \big]$$

$$(3-27)$$

将式（3-27）展开，并略去 $\Delta (\delta T_{\mathrm{of}}) \Delta (\delta \Phi_{\mathrm{of}})$ 这样的二阶小量。

对于裂缝中的油方程，第 k 次迭代后的余项可由下式给出

$$R_{\mathrm{of}}^k \equiv \Delta T_{\mathrm{of}}^k \Delta \Phi_{\mathrm{of}}^k + T_{\mathrm{omf}}^k (\Phi_{\mathrm{om}}^k - \Phi_{\mathrm{of}}^k + L_{\mathrm{c}} \cdot g \cdot (|\rho_{\mathrm{f}} - \rho_{\mathrm{o}}|^k) + q_{\mathrm{of}}^k - \frac{V_{\mathrm{b}}}{\Delta t} \big[(\phi_{\mathrm{f}} \rho_{\mathrm{of}} S_{\mathrm{of}})^k - (\phi_{\mathrm{f}} \rho_{\mathrm{of}} S_{\mathrm{of}})^n \big]$$

这样，式（3-22）可写成带余项的形式

$$\Delta (\delta T_{\mathrm{of}}) \Delta \Phi_{\mathrm{of}}^k + \Delta T_{\mathrm{of}}^k \Delta (\delta \Phi_{\mathrm{of}}) + \delta T_{\mathrm{omf}} \cdot (\Phi_{\mathrm{om}} - \Phi_{\mathrm{of}} + L_{\mathrm{c}} \cdot g |\rho_{\mathrm{f}} - \rho_{\mathrm{o}}|)^k$$

$$+ T_{\mathrm{omf}}^k \cdot \delta (\Phi_{\mathrm{om}} - \Phi_{\mathrm{of}} + L_{\mathrm{c}} \cdot g |\rho_{\mathrm{f}} - \rho_{\mathrm{o}}|) + \delta q_{\mathrm{of}} = \frac{V_{\mathrm{b}}}{\Delta t} \delta (\phi_{\mathrm{f}} \rho_{\mathrm{of}} S_{\mathrm{of}}) - R_{\mathrm{of}}^k \qquad (3-28)$$

当迭代达到收敛时，$R_{\mathrm{of}}^k \rightarrow 0$，k 为迭代次数 $1, 2, \cdots$。

对于裂缝系统中的水方程，有

$$R_{\mathrm{wf}}^k = \Delta T_{\mathrm{wf}}^k \Delta \Phi_{\mathrm{wf}}^k + T_{\mathrm{wmf}}^k (\Phi_{\mathrm{wm}}^k - \Phi_{\mathrm{wf}}^k + L_{\mathrm{c}} \cdot g \cdot (|\rho_{\mathrm{f}} - \rho_{\mathrm{w}}|^k) + q_{\mathrm{wf}}^k - \frac{V_{\mathrm{b}}}{\Delta t} \big[(\phi_{\mathrm{f}} \rho_{\mathrm{wf}} S_{\mathrm{wf}})^k - (\phi_{\mathrm{f}} \rho_{\mathrm{wf}} S_{\mathrm{wf}})^n \big]$$

$$\Delta (\delta T_{\mathrm{wf}}) \Delta \Phi_{\mathrm{wf}}^k + \Delta T_{\mathrm{wf}}^k \Delta (\delta \Phi_{\mathrm{wf}}) + \delta T_{\mathrm{wmf}} \cdot (\Phi_{\mathrm{wm}} - \Phi_{\mathrm{wf}} + L_{\mathrm{c}} \cdot g |\rho_{\mathrm{f}} - \rho_{\mathrm{w}}|)^k$$

$$+ T_{\mathrm{wmf}}^k \cdot \delta (\Phi_{\mathrm{wm}} - \Phi_{\mathrm{wf}} + L_{\mathrm{c}} \cdot g |\rho_{\mathrm{f}} - \rho_{\mathrm{w}}|) + \delta q_{\mathrm{wf}} = \frac{V_{\mathrm{b}}}{\Delta t} \delta (\phi_{\mathrm{f}} \rho_{\mathrm{wf}} S_{\mathrm{wf}}) - R_{\mathrm{wf}}^k \qquad (3-29)$$

对于裂缝系统中的气方程，有

$$R_{\mathrm{gf}}^k = \Delta T_{\mathrm{gf}}^k \Delta \Phi_{\mathrm{gf}}^k + \Delta T_{\mathrm{gdf}}^k \Delta \Phi_{\mathrm{of}}^k + T_{\mathrm{gmf}}^k \big[\Phi_{\mathrm{gm}}^k - \Phi_{\mathrm{gf}}^k + L_{\mathrm{c}} \cdot g (|\rho_{\mathrm{f}} - \rho_{\mathrm{g}}|^k) \big]$$

$$+ T_{\mathrm{gdmf}}^k \big[\Phi_{\mathrm{om}}^k - \Phi_{\mathrm{of}}^k + L_{\mathrm{c}} \cdot g (|\rho_{\mathrm{f}} - \rho_{\mathrm{o}}|^k) + q_{\mathrm{gf}}^k + q_{\mathrm{gdf}}^k$$

$$- \frac{V_{\mathrm{b}}}{\Delta t} \big[(\phi_{\mathrm{f}} \rho_{\mathrm{gf}} S_{\mathrm{gf}})^k - (\phi_{\mathrm{f}} \rho_{\mathrm{gf}} S_{\mathrm{gf}})^n + (\phi_{\mathrm{f}} \rho_{\mathrm{gdf}} S_{\mathrm{of}})^k - (\phi_{\mathrm{f}} \rho_{\mathrm{gdf}} S_{\mathrm{of}})^n \big]$$

$$\Delta (\delta T_{\mathrm{gf}}) \Delta \Phi_{\mathrm{gf}}^k + \Delta T_{\mathrm{gf}}^k \Delta (\delta \Phi_{\mathrm{gf}}) + \Delta (\delta T_{\mathrm{gdf}}) \Delta \Phi_{\mathrm{of}}^k + \Delta T_{\mathrm{gdf}}^k \Delta (\delta \Phi_{\mathrm{of}}) + \delta q_{\mathrm{gf}} + \delta q_{\mathrm{gdf}}$$

$$+ \delta T_{\mathrm{gmf}} \cdot (\Phi_{\mathrm{gm}} - \Phi_{\mathrm{gf}} + L_{\mathrm{c}} \cdot g |\rho_{\mathrm{f}} - \rho_{\mathrm{g}}|)^k + T_{\mathrm{gmf}}^k \cdot \delta (\Phi_{\mathrm{gm}} - \Phi_{\mathrm{gf}} + L_{\mathrm{c}} \cdot g |\rho_{\mathrm{f}} - \rho_{\mathrm{g}}|)$$

$$+ \delta T_{\mathrm{gdmf}} \cdot (\Phi_{\mathrm{om}} - \Phi_{\mathrm{of}} + L_{\mathrm{c}} \cdot g |\rho_{\mathrm{f}} - \rho_{\mathrm{o}}|)^k + T_{\mathrm{gdmf}}^k \cdot \delta (\Phi_{\mathrm{om}} - \Phi_{\mathrm{of}} + L_{\mathrm{c}} \cdot g |\rho_{\mathrm{f}} - \rho_{\mathrm{o}}|)$$

$$= \frac{V_b}{\Delta t}\delta(\phi_f\rho_{gf}S_{gf} + \phi_f\rho_{gdf}S_{of}) - R_{gf}^k \qquad (3-30)$$

对于基质系统中的油气水方程,也可写出类似的形式。

写成通式,有

裂缝系统

$$RHS_{lf} = C_{lf1}\delta p_{of} + C_{lf2}\delta S_{wf} + C_{lf3}\delta S_{xf} - R_{lf}^k \qquad l = w,o,g \qquad (3-31)$$

基质系统

$$RHS_{lm} = C_{lm1}\delta p_{om} + C_{lm2}\delta S_{wm} + C_{lm3}\delta S_{xm} - R_{lm}^k \qquad l = w,o,g \qquad (3-32)$$

式(3-31)、式(3-32)中,对三相问题,$S_x = S_g$,求解变量为 δp_o、δS_w、δS_g,对两相问题,$S_x = p_s$(泡点压力),求解变量为 δp_o、δS_w、δS_s。为求解上面的方程,必须对其进行线性展开。

三、方程的线性展开

展开式中应用相容表达式 $\delta(ab) = a^{k+1}\delta b + b^k\delta a$

1. 方程右端项的展开

对裂缝系统中水方程右端作展开,有

$$RHS_{wf} = \frac{V_b}{\Delta t}\delta(\phi_f\rho_{wf}S_{wf}) - R_{wf}^k$$

$$= C_{wf1}\delta p_{of} + C_{wf2}\delta S_{wf} + C_{wf3}\delta S_{xf} - R_{wf}^k \qquad (3-33)$$

这里

$$C_{wf1} = \frac{V_b}{\Delta t}S_{wf}^k(\phi_f^{k+1}\rho'_{wf} + \rho_{wf}^k\phi_{rf}C_{rf})$$

$$C_{wf2} = \frac{V_b}{\Delta t}\phi_f^{k+1}(\rho_{wf}^{k+1} - S_{wf}^k\rho'_{wf}p'_{cwof})$$

$$C_{wf3} = 0$$

$$R_{wf}^k = \Delta T_{wf}^k\Delta\Phi_{wf}^k + T_{wmf}^k(\Phi_{wm}^k - \Phi_{wf}^k + L_c \cdot g \cdot (|\rho_f - \rho_w|^k)) + q_{wf}^k - \frac{V_b}{\Delta t}[(\phi_f\rho_{wf}S_{wf})^k - (\phi_f\rho_{wf}S_{wf})^n]$$

对裂缝系统中油方程右端作展开,有

$$RHS_{of} = \frac{V_b}{\Delta t}\delta(\phi_f\rho_{of}S_{of}) - R_{of}^k$$

$$= C_{of1}\delta p_{of} + C_{of2}\delta S_{wf} + C_{of3}\delta S_{xf} - R_{of}^k \qquad (3-34)$$

$$C_{of1} = \frac{V_b}{\Delta t}S_{of}^k(\phi_f^{k+1}\rho'_{of} + \rho_{of}^k\phi_{rf}C_{rf})$$

$$C_{of2} = -\frac{V_b}{\Delta t}\phi_f^{k+1}\rho_{of}^{k+1}$$

$$C_{of3} = \begin{cases} -\dfrac{V_b}{\Delta t}\phi_f^{k+1}\rho_{of}^{k+1} & \text{三相} \\[3mm] \dfrac{V_b}{\Delta t}\phi_f^{k+1}S_{of}^k \cdot \rho'_{of}(p_s) & \text{两相} \end{cases}$$

$$R_{of}^k = \Delta T_{of}^k \Delta \Phi_{of}^k + T_{omf}^k(\Phi_{om}^k - \Phi_{of}^k + L_c \cdot g \cdot (\mid\rho_f - \rho_o\mid^k) + q_{of}^k - \frac{V_b}{\Delta t}[(\phi_f\rho_{of}S_{of})^k - (\phi_f\rho_{of}S_{of})^n]$$

对裂缝系统中气方程右端作展开,有

$$RHS_{gf} = \frac{V_b}{\Delta t}[\delta(\phi_f\rho_{gf}S_{gf}) + \delta(\phi_f\rho_{gdf}S_{of})] - R_{gf}^k$$

$$= C_{gf1}\delta p_{of} + C_{gf2}\delta S_{wf} + C_{gf3}\delta S_{xf} - R_{gf}^k \qquad (3-35)$$

$$C_{gf1} = \frac{V_b}{\Delta t}[(\rho_{gf}S_{gf} + \rho_{gdf}S_{of})^k\phi_{rf}C_{rf} + \phi_f^{k+1}(S_{gf}^k\rho'_{gf} + S_{of}^k\rho'_{gdf})]$$

$$C_{gf2} = -\frac{V_b}{\Delta t}(\phi_f\rho_{gdf})^{k+1}$$

$$C_{gf3} = \begin{cases} \dfrac{V_b}{\Delta t}[\phi_f^{k+1}(\rho_{gf}^{k+1} + S_{gf}^k\rho'_{gt}p'_{cgof}) - (\phi_f\rho_{gdf})^{k+1}] & \text{三相} \\[3mm] \dfrac{V_b}{\Delta t}\phi_f^{k+1}S_o^k\rho'_{gdf}(p_s) & \text{两相} \end{cases}$$

$$R_{gf}^k = \Delta T_{gf}^k\Delta\Phi_{gf}^k + \Delta T_{gdf}^k\Delta\Phi_{of}^k + T_{gmf}^k[\Phi_{gm}^k - \Phi_{gf}^k + L_c \cdot g\mid\rho_f - \rho_g\mid^k]$$

$$+ T_{gdmf}^k[\Phi_{om}^k - \Phi_{of}^k + L_c \cdot g\mid\rho_f - \rho_o\mid^k] + q_{gf}^k + q_{gdf}^k$$

$$- \frac{V_b}{\Delta t}[(\phi_f\rho_{gf}S_{gf})^k - (\phi_f\rho_{gf}S_{gf})^n + (\phi_f\rho_{gdf}S_{of})^k - (\phi_f\rho_{gdf}S_{of})^n]$$

在上面的表达式中,$\rho'_l(l=o,g,w,gd)$是对压力的导数,$\rho'_{lt}(p_s)$是对饱和压力 p_s 的导数。对于基质系统中的油、气、水方程,也可将其右端项展开成类似式(3-33)至式(3-35)的形式。

2. 方程左端项的展开

式(3-28)至式(3-30)的左边也可用 δp_o,δS_w,δS_x 来展开。

以裂缝系统为例,式(3-28)至式(3-30)可表示成下面形式

$$M_{of} + N_{of} + \delta q_{of} = RHS_{of} \qquad (3-36)$$

$$M_{wf} + N_{wf} + \delta q_{wf} = RHS_{wf} \qquad (3-37)$$

$$M_{gf} + N_{gf} + \delta q_{gf} + \delta q_{gdf} = RHS_{gf} \qquad (3-38)$$

其中

$$M_{of} = \Delta T_{of}^{k}\Delta(\delta\varPhi_{of}) + T_{omf}^{k}\cdot\delta(\varPhi_{om} - \varPhi_{of} + L_c\cdot g\,|\rho_f - \rho_o|)$$

$$= \Delta T_{of}^{k}\Delta(\delta p_{of}) + T_{omf}^{k}\cdot\delta(p_{om} - p_{of} + L_c\cdot g\,|\rho_f - \rho_o|) \qquad(3-39)$$

$$M_{wf} = \Delta T_{wf}^{k}\Delta(\delta\varPhi_{wf}) + T_{wmf}^{k}\cdot\delta(\varPhi_{wm} - \varPhi_{wf} + L_c\cdot g\,|\rho_f - \rho_w|)$$

$$= \Delta T_{wf}^{k}\Delta(\delta p_{of}) - \Delta T_{wf}^{k}\Delta(p'_{cwo}\delta S_{wf}) + T_{wmf}^{k}\cdot\delta(p_{om} - p_{cwom} - p_{of} + p_{cwof} + L_c\cdot g\,|\rho_f - \rho_w|)$$

$$(3-40)$$

$$M_{gf} = \Delta T_{gf}^{k}\Delta(\delta\varPhi_{gf}) + \Delta T_{gdf}^{k}\Delta(\delta\varPhi_{of}) + T_{gmf}^{k}\cdot\delta(\varPhi_{gm} - \varPhi_{gf} + L_c\cdot g\,|\rho_f - \rho_g|)$$

$$+ T_{gdmf}^{k}\cdot\delta(\varPhi_{om} - \varPhi_{of} + L_c\cdot g\,|\rho_f - \rho_o|)$$

$$= (\Delta T_{gf}^{k} + \Delta T_{gdf}^{k})\Delta(\delta p_{of}) + \Delta T_{gf}^{k}\Delta(p'_{cgof}\delta S_g)$$

$$+ T_{gmf}^{k}\cdot\delta(p_{om} + p_{cogm} - p_{of} - p_{cogf} + L_c\cdot g\,|\rho_f - \rho_g|)$$

$$+ T_{gdmf}^{k}\cdot\delta(p_{om} - p_{of} + L_c\cdot g\,|\rho_f - \rho_o|) \qquad(3-41)$$

$$N_{of} = \Delta(\delta T_{of})\Delta\varPhi_{of}^{k} + \delta T_{omf}\cdot(\varPhi_{om} - \varPhi_{of} + L_c\cdot g\,|\rho_f - \rho_o|)^{k} \qquad(3-42)$$

$$N_{wf} = \Delta(\delta T_{wf})\Delta\varPhi_{wf}^{k} + \delta T_{wmf}\cdot(\varPhi_{wm} - \varPhi_{wf} + L_c\cdot g\,|\rho_f - \rho_w|)^{k} \qquad(3-43)$$

$$N_{gf} = \Delta(\delta T_{gf})\Delta\varPhi_{gf}^{k} + \Delta(\delta T_{gdf})\Delta\varPhi_{of}^{k} + \delta T_{gmf}\cdot(\varPhi_{gm} - \varPhi_{gf} + L_c\cdot g\,|\rho_f - \rho_g|)^{k}$$

$$+ \delta T_{gdmf}\cdot(\varPhi_{om} - \varPhi_{of} + L_c\cdot g\,|\rho_f - \rho_o|)^{k} \qquad(3-44)$$

其中

$$\Delta T_l\Delta(\delta x) = \sum_{6e} T_{lu}(\delta x_e - \delta x_i)$$

$$\Delta(\delta T_l)\Delta x^{k} = \sum_{6e}(\delta T)_{lu}(x_e^{k} - x_i^{k})$$

式中,i 表示本点下标,e 为邻点下标,$\sum\limits_{6e}$ 表示对上下左右前后六个邻点求和,u 表示传导率按上游权原则确定,即

$$\Delta T_l\Delta(\delta x) = (T_l)_{i,j,k-\frac{1}{2}}\delta x_{k-1} + (T_l)_{i,j-\frac{1}{2},k}\delta x_{j-1} + (T_l)_{i-\frac{1}{2},j,k}\delta x_{i-1}$$

$$+ (T_l)_{i,j,k+\frac{1}{2}}\delta x_{k+1} + (T_l)_{i,j+\frac{1}{2},k}\delta x_{j+1} + (T_l)_{i+\frac{1}{2},j,k}\delta x_{i+1}$$

$$- \left[(T_l)_{i,j,k-\frac{1}{2}} + (T_l)_{i,j-\frac{1}{2},k} + (T_l)_{i-\frac{1}{2},j,k} + (T_l)_{i,j,k+\frac{1}{2}}(T_l)_{i,j+\frac{1}{2},k} + (T_l)_{i+\frac{1}{2},j,k}\right]\delta x$$

$$\Delta(\delta T_l)\Delta x^{k} = (\delta T_l)_{i,j,k+\frac{1}{2}}(x_{k+1}^{k} - x^{k}) + (\delta T_l)_{i,j,k-\frac{1}{2}}(x_{k-1}^{k} - x^{k})$$

$$+ (\delta T_l)_{i,j+\frac{1}{2},k}(x_{j+1}^{k} - x^{k}) + (\delta T_l)_{i,j-\frac{1}{2},k}(x_{j-1}^{k} - x^{k})$$

$$+ (\delta T_l)_{i+\frac{1}{2},j,k}(x_{i+1}^{k} - x^{k}) + (\delta T_l)_{i-\frac{1}{2},j,k}(x_{i-1}^{k} - x^{k})$$

其中

$$\delta T_{\mathrm{w}} = \frac{\xi}{\mu_{\mathrm{w}}}(\rho_{\mathrm{w}}^{k+1} K'_{\mathrm{rw}}\delta S_{\mathrm{w}})$$

$$\delta T_{\mathrm{o}} = \begin{cases} \dfrac{\xi}{\mu_{\mathrm{o}}}[\rho_{\mathrm{o}}^{k+1}(K'_{\mathrm{row}}\delta S_{\mathrm{w}} + K'_{\mathrm{rog}}\delta S_{\mathrm{g}}) + K_{\mathrm{ro}}^{k}\rho'_{\mathrm{o}}\delta p_{\mathrm{o}}] & \text{三相} \\[2ex] \dfrac{\xi}{\mu_{\mathrm{o}}}[\rho_{\mathrm{o}}^{k+1}(K'_{\mathrm{row}}\delta S_{\mathrm{w}}) + K_{\mathrm{ro}}^{k}(\rho'_{\mathrm{o}}\delta p_{\mathrm{o}} + \rho'_{\mathrm{o}}(p_{\mathrm{s}})\delta p_{\mathrm{s}})] & \text{两相} \end{cases}$$

$$\delta T_{\mathrm{g}} = \frac{\xi}{\mu_{\mathrm{g}}}[\rho_{\mathrm{g}}^{k+1} K'_{\mathrm{rg}}\delta S_{\mathrm{g}} + K_{\mathrm{rg}}^{k}\rho'_{\mathrm{g}}\delta p_{\mathrm{g}}]$$

$$\delta T_{\mathrm{gd}} = \begin{cases} \dfrac{\xi}{\mu_{\mathrm{o}}}[\rho_{\mathrm{gd}}^{k+1}(K'_{\mathrm{row}}\delta S_{\mathrm{w}} + K'_{\mathrm{rog}}\delta S_{\mathrm{g}}) + K_{\mathrm{ro}}^{k}\rho'_{\mathrm{gd}}\delta p_{\mathrm{o}}] & \text{三相} \\[2ex] \dfrac{\xi}{\mu_{\mathrm{o}}}[\rho_{\mathrm{gd}}^{k+1}(K'_{\mathrm{row}}\delta S_{\mathrm{w}}) + K_{\mathrm{ro}}^{k}(\rho'_{\mathrm{gd}}\delta p_{\mathrm{o}} + \rho'_{\mathrm{gd}}(p_{\mathrm{s}})\delta p_{\mathrm{s}})] & \text{两相} \end{cases}$$

$$\delta T_{\mathrm{wmf}} = \frac{V_{\mathrm{b}}\sigma_{\mathrm{m}}K_{\mathrm{m}}}{\mu_{\mathrm{wm}}}(\rho_{\mathrm{wm}}^{k+1} K'_{\mathrm{rwm}}\delta S_{\mathrm{wm}})$$

$$\delta T_{\mathrm{omf}} = \begin{cases} \dfrac{V_{\mathrm{b}}\sigma_{\mathrm{m}}K_{\mathrm{m}}}{\mu_{\mathrm{om}}}[\rho_{\mathrm{om}}^{k+1}(K'_{\mathrm{rowm}}\delta S_{\mathrm{wm}} + K'_{\mathrm{rogm}}\delta S_{\mathrm{gm}}) + K_{\mathrm{rom}}^{k}\rho'_{\mathrm{om}}\delta p_{\mathrm{om}}] & \text{三相} \\[2ex] \dfrac{V_{\mathrm{b}}\sigma_{\mathrm{m}}K_{\mathrm{m}}}{\mu_{\mathrm{om}}}[\rho_{\mathrm{om}}^{k+1}(K'_{\mathrm{rowm}}\delta S_{\mathrm{wm}}) + K_{\mathrm{rom}}^{k}(\rho'_{\mathrm{om}}\delta p_{\mathrm{om}} + \rho'_{\mathrm{om}}(p_{\mathrm{sm}})\delta p_{\mathrm{sm}})] & \text{两相} \end{cases}$$

$$\delta T_{\mathrm{gmf}} = \frac{V_{\mathrm{b}}\sigma_{\mathrm{m}}K_{\mathrm{m}}}{\mu_{\mathrm{gm}}}[\rho_{\mathrm{gm}}^{k+1} K'_{\mathrm{rgm}}\delta S_{\mathrm{gm}} + K_{\mathrm{rgm}}^{k}\rho'_{\mathrm{gm}}\delta p_{\mathrm{gm}}]$$

$$\delta T_{\mathrm{gdmf}} = \begin{cases} \dfrac{V_{\mathrm{b}}\sigma_{\mathrm{m}}K_{\mathrm{m}}}{\mu_{\mathrm{om}}}[\rho_{\mathrm{gdm}}^{k+1}(K'_{\mathrm{rowm}}\delta S_{\mathrm{wm}} + K'_{\mathrm{rogm}}\delta S_{\mathrm{gm}}) + K_{\mathrm{rom}}^{k}\rho'_{\mathrm{gdm}}\delta p_{\mathrm{om}}] & \text{三相} \\[2ex] \dfrac{V_{\mathrm{b}}\sigma_{\mathrm{m}}K_{\mathrm{m}}}{\mu_{\mathrm{om}}}[\rho_{\mathrm{gdm}}^{k+1}(K'_{\mathrm{rowm}}\delta S_{\mathrm{wm}}) + K_{\mathrm{rom}}^{k}(\rho'_{\mathrm{gdm}}\delta p_{\mathrm{om}} + \rho'_{\mathrm{gdm}}p_{\mathrm{sm}}\delta p_{\mathrm{sm}})] & \text{两相} \end{cases}$$

其中 ξ 为绝对渗透率与几何因子的乘积,它与时间无关。K_{row} 为油水两相时油相相对渗透率,K_{rog} 为油气两相时油相相对渗透率,K'_{row} 和 K'_{rog} 分别是它们对 S_{w} 和 S_{g} 的导数,K'_{rw} 和 K'_{rg} 分别是 K_{rw} 和 K_{rg} 对 S_{w} 和 S_{g} 的导数。

对于基质系统中的油、气、水方程,也可将其左端项展开成类似式(3-36)至式(3-38)的形式。

3. 产量项的展开

以裂缝系统中水产量为例,有

$$(q_{\mathrm{wf}})_k = WI_k(p_k - p_{\mathrm{bh}k})\frac{k_{\mathrm{rwf}}\rho_{\mathrm{wf}}}{\mu_{\mathrm{wf}}}$$

其中,k 表示第 k 层,WI 为井指数,它是油井的几何因子与其绝对渗透率的乘积,典型的有

$$WI_k = \alpha \frac{K\Delta z_k}{\ln\left(\dfrac{r_e}{r_w}\right) + S - 0.5}$$

式中，$r_e = \sqrt{\Delta x \Delta y / \pi}$，$S$ 为表皮因子，α 为单位换算系数。p_{bhk} 为节点 k 井底流压。

$$\delta(q_{wf}) = \frac{WI}{\mu_{wf}}\delta(k_{rwf}\rho_{wf}\Delta p)$$

$$= \frac{WI}{\mu_{wf}}\{(k_{rwf}\Delta p)^k \delta\rho_{wf} + \rho_{wf}^{k+1}[k_{rwf}^k \delta(\Delta p) + \Delta p^{k+1}\delta k_{rwf}]\}$$

$$= \left(\frac{q_{wf}}{\rho_{wf}}\right)^k \delta\rho_{wf} + \left(\frac{q_{wf}}{\Delta p}\right)^k \delta(\Delta p) + \left(\frac{q_{wf}}{k_{rwf}}\right)^k \delta k_{rwf}$$

将其写为求解变量 δp_o，δS_w，δS_x，δp_{bh}（三相时，$S_x = S_g$，两相时，$S_x = p_s$）的形式，有

$$\delta q_{wf} = D_{wf1}\delta p_{of} + D_{wf2}\delta S_{wf} + D_{wf3}\delta S_{xf} + D_{wf4}\delta p_{bhf} \tag{3-45}$$

其中 $D_{wf1} = (q_{wf}/\Delta p)^k$，$D_{wf2} = (q_{wf}/K_{rwf})^k K'_{rwf}$

$D_{wf3} = 0$，$D_{wf4} = -(q_{wf}/\Delta p)^k$

对于油产量，有

$$\delta q_{of} = D_{of1}\delta p_{of} + D_{of2}\delta S_{wf} + D_{of3}\delta S_{xf} + D_{of4}\delta p_{bhf} \tag{3-46}$$

其中 $D_{of1} = (q_{of}/\rho_{of})^k \rho'_{of} + (q_{of}/\Delta p)^k$，$D_{of2} = (q_{of}/K_{rof})^k \cdot (\partial K_{rof}/\partial S_{wf})$

$$D_{of3} = \begin{cases} (q_{of}/K_{rof})^k \cdot (\partial K_{rof}/\partial S_{gf}) & \text{三相} \\ (q_{of}/\rho_{of})^k \cdot (\partial \rho_{of}/\partial p_{sf}) & \text{两相} \end{cases}$$

$D_{of4} = -(q_{of}/\Delta p)^k$

对于气产量，有

$$\delta(q_{gf} + q_{gdf}) = D_{gf1}\delta p_{of} + D_{gf2}\delta S_{wf} + D_{gf3}\delta S_{xf} + D_{gf4}\delta p_{bhf} \tag{3-47}$$

其中，$$D_{gf1} = \begin{cases} (q_{gf}/\rho_{gf})^k \rho'_{gf} + (q_{gdf}/\rho_{gdf})^k \rho'_{gdf} + (q_{gf} + q_{gdf})^k/\Delta p^k & \text{三相} \\ (q_{gdf}/\rho_{gdf})^k \rho'_{gdf} + (q_{gdf})^k/\Delta p^k & \text{两相} \end{cases}$$

$D_{gf2} = (q_{gdf}/k_{rof})^k \cdot (\partial K_{rgf}/\partial S_{wf})$

$$D_{gf3} = \begin{cases} (q_{gf}/K_{rgf})^k K'_{rgf} + (q_{gdf}/K_{rof})^k \cdot (\partial K_{rgf}/\partial S_{gf}) & \text{三相} \\ (q_{gdf}/\rho_{gdf})^k \cdot (\partial \rho_{gdf}/\partial p_{sf}) & \text{两相} \end{cases}$$

$$D_{gf4} = \begin{cases} -(q_{gf} + q_{gdf})^k/\Delta p^k & \text{三相} \\ -(q_{gdf})^k/\Delta p^k & \text{两相} \end{cases}$$

对于基质系统中的产量，仍可写出类似于式（3-45）至式（3-47）的形式。

这样，通过对产量项的展开，可以得到一个井矩阵 D，井矩阵的元素，取决于井的内边界条件。当一口井穿过多个网格（m 个网格）时，若给定全井产油量，则有

$$\delta q_o = \sum_{n=1}^{m} (D_{o1}\delta p_o + D_{o2}\delta S_w + D_{o3}\delta S_x + D_{o4}\delta p_{bh})_n = 0$$

若给定井底压力条件,则有 $\delta p_{bh} = 0$,于是无第四个变量 δp_{bh} 。

四、差分方程的求解

油藏中流动的代数方程组可以写成

$$J\delta x = -R$$

或写成分量形式,有

$$J1_{i,j,k}(\delta x)_{i,j,k-1} + J2_{i,j,k}(\delta x)_{i,j-1,k} + J3_{i,j,k}(\delta x)_{i-1,j,k} + J4_{i,j,k}(\delta x)_{i,j,k}$$
$$+ J5_{i,j,k}(\delta x)_{i+1,j,k} + J6_{i,j,k}(\delta x)_{i,j+1,k} + J7_{i,j,k}(\delta x)_{i,j,k+1} = R_{i,j,k} \quad (3-48)$$

式中 $(\delta x)_{i,j,k} = \begin{bmatrix} \delta p_{of} & \delta S_{wf} & \delta S_{xf} & \delta p_{om} & \delta S_{wm} & \delta S_{xm} \end{bmatrix}^T_{i,j,k}$

$$R_{i,j,k} = \begin{bmatrix} R_{of} & R_{wf} & R_{gf} & R_{om} & R_{wm} & R_{gm} \end{bmatrix}^T_{i,j,k}$$

式中,J 表示雅可比矩阵,其矩阵元素均为块矩阵,均是 6×6 的子矩阵。以分量 $J4_{i,j,k}$ 为例,将各项系数求出,可以得出

$$J4_{i,j,k} = \frac{\partial R_{i,j,k}}{\partial X_{i,j,k}} = \begin{bmatrix} \dfrac{\partial R_{ofi,j,k}}{\partial p_{ofi,j,k}} & \dfrac{\partial R_{ofi,j,k}}{\partial S_{wfi,j,k}} & \dfrac{\partial R_{ofi,j,k}}{\partial S_{xfi,j,k}} & \dfrac{\partial R_{ofi,j,k}}{\partial p_{omi,j,k}} & \dfrac{\partial R_{ofi,j,k}}{\partial S_{wmi,j,k}} & \dfrac{\partial R_{ofi,j,k}}{\partial S_{xmi,j,k}} \\[2mm] \dfrac{\partial R_{wfi,j,k}}{\partial p_{ofi,j,k}} & \dfrac{\partial R_{wfi,j,k}}{\partial S_{wfi,j,k}} & \dfrac{\partial R_{wfi,j,k}}{\partial S_{xfi,j,k}} & \dfrac{\partial R_{wfi,j,k}}{\partial p_{omi,j,k}} & \dfrac{\partial R_{wfi,j,k}}{\partial S_{wmi,j,k}} & \dfrac{\partial R_{wfi,j,k}}{\partial S_{xmi,j,k}} \\[2mm] \dfrac{\partial R_{gfi,j,k}}{\partial p_{ofi,j,k}} & \dfrac{\partial R_{gfi,j,k}}{\partial S_{wfi,j,k}} & \dfrac{\partial R_{gfi,j,k}}{\partial S_{xfi,j,k}} & \dfrac{\partial R_{gfi,j,k}}{\partial p_{omi,j,k}} & \dfrac{\partial R_{gfi,j,k}}{\partial S_{wmi,j,k}} & \dfrac{\partial R_{gfi,j,k}}{\partial S_{xmi,j,k}} \\[2mm] \dfrac{\partial R_{omi,j,k}}{\partial p_{ofi,j,k}} & \dfrac{\partial R_{omi,j,k}}{\partial S_{wfi,j,k}} & \dfrac{\partial R_{omi,j,k}}{\partial S_{xfi,j,k}} & \dfrac{\partial R_{omi,j,k}}{\partial p_{omi,j,k}} & \dfrac{\partial R_{omi,j,k}}{\partial S_{wmi,j,k}} & \dfrac{\partial R_{omi,j,k}}{\partial S_{xmi,j,k}} \\[2mm] \dfrac{\partial R_{wmi,j,k}}{\partial p_{ofi,j,k}} & \dfrac{\partial R_{wmi,j,k}}{\partial S_{wfi,j,k}} & \dfrac{\partial R_{wmi,j,k}}{\partial S_{xfi,j,k}} & \dfrac{\partial R_{wmi,j,k}}{\partial p_{omi,j,k}} & \dfrac{\partial R_{wmi,j,k}}{\partial S_{wmi,j,k}} & \dfrac{\partial R_{wmi,j,k}}{\partial S_{xmi,j,k}} \\[2mm] \dfrac{\partial R_{gmi,j,k}}{\partial p_{ofi,j,k}} & \dfrac{\partial R_{gmi,j,k}}{\partial S_{wfi,j,k}} & \dfrac{\partial R_{gmi,j,k}}{\partial S_{xfi,j,k}} & \dfrac{\partial R_{gmi,j,k}}{\partial p_{omi,j,k}} & \dfrac{\partial R_{gmi,j,k}}{\partial S_{wmi,j,k}} & \dfrac{\partial R_{gmi,j,k}}{\partial S_{xmi,j,k}} \end{bmatrix} \quad (3-49)$$

或写成

$$J4 = \begin{bmatrix} J4_{1,1} & J4_{1,2} & J4_{1,3} & J4_{1,4} & J4_{1,5} & J4_{1,6} \\ J4_{2,1} & J4_{2,2} & J4_{2,3} & J4_{2,4} & J4_{2,5} & J4_{2,6} \\ J4_{3,1} & J4_{3,2} & J4_{3,3} & J4_{3,4} & J4_{3,5} & J4_{3,6} \\ J4_{4,1} & J4_{4,2} & J4_{4,3} & J4_{4,4} & J4_{4,5} & J4_{4,6} \\ J4_{5,1} & J4_{5,2} & J4_{5,3} & J4_{5,4} & J4_{5,5} & J4_{5,6} \\ J4_{6,1} & J4_{6,2} & J4_{6,3} & J4_{6,4} & J4_{6,5} & J4_{6,6} \end{bmatrix} \quad (3-50)$$

$J1_{i,j,k}$、$J2_{i,j,k}$、$J3_{i,j,k}$、$J5_{i,j,k}$、$J6_{i,j,k}$、$J7_{i,j,k}$ 的形式与 $J4_{i,j,k}$ 相同,但分母中的下标分别与 δx 的下标对应。

在 $J4_{i,j,k}$ 中,第一行:

$$J4_{1,1} = \underbrace{- \sum_{6e} (T_{of})_u - (p_{of} - \gamma_{ogf} D) \cdot \sum_{6e} \left[\frac{\xi}{\mu_{of}} (K_{rof} \rho'_{of}) \right]_u}_{(1)} - \underbrace{T_{omf}}_{(2)} - \underbrace{C_{of1}}_{(3)}$$

$$J4_{1,2} = \underbrace{- (p_{of} - \gamma_{ogf} D) \cdot \sum_{6e} \left[\frac{\xi}{\mu_{of}} (\rho_{of} K'_{rowf}) \right]_u}_{(4)} - \underbrace{C_{of2}}_{(5)}$$

$$J4_{1,3} = \underbrace{- (p_{of} - \gamma_{ogf} D) \cdot \sum_{6e} \left[\frac{\xi}{\mu_{of}} (\rho_{of} K'_{rogf}) \right]_u}_{(6)} - \underbrace{C_{of3}}_{(7)}$$

$$J4_{1,4} = \underbrace{T_{omf} + (p_{om} - p_{of} + L_c \cdot g |\rho_f - \rho_o|) \cdot \frac{V_b \sigma_m K_m}{\mu_{om}} (K_{rom} \rho'_{om})}_{(8)}$$

$$J4_{1,5} = \underbrace{(p_{om} - p_{of} + L_c \cdot g |\rho_f - \rho_o|) \cdot \frac{V_b \sigma_m K_m}{\mu_{om}} (\rho_{om} K'_{rowm})}_{(9)}$$

$$J4_{1,6} = \underbrace{(p_{om} - p_{of} + L_c \cdot g |\rho_f - \rho_o|) \cdot \frac{V_b \sigma_m K_m}{\mu_{om}} (\rho_{om} K'_{rogm})}_{(10)}$$

其中各项参数团的物理意义为

参数团	物理意义
(1)	裂缝中油的流动项(裂缝压力变化引起)
(2)	裂缝—基质中油的交换项(裂缝压力变化引起)
(3)	裂缝中油的累积项(裂缝压力变化引起)
(4)	裂缝中油的流动项(裂缝含水饱和度变化引起)
(5)	裂缝中油的累积项(裂缝含水饱和度变化引起)
(6)	裂缝中油的流动项(裂缝含气饱和度变化引起)
(7)	裂缝中油的累积项(裂缝含气饱和度变化引起)
(8)	裂缝—基质中油的交换项(基质压力变化引起)
(9)	裂缝—基质中油的交换项(基质含水饱和度变化引起)
(10)	裂缝—基质中油的交换项(基质含气饱和度变化引起)

第二行：

$$J4_{2,1} = \underbrace{- \sum_{6e} (T_{wf})_u}_{(11)} \underbrace{- T_{wmf}}_{(12)} \underbrace{- C_{wf1}}_{(13)}$$

$$J4_{2,2} = \underbrace{p'_{cwof} \sum_{6e} (T_{wf})_u - (p_{of} - p_{cwof} - \gamma_{wf}D) \cdot \sum_{6e} \left[\frac{\xi}{\mu_{wf}} (K'_{rwf}\rho_{wf}) \right]_u}_{(14)} \underbrace{- C_{wf2}}_{(15)}$$

$$J4_{2,3} = \underbrace{- C_{wf3}}_{(16)}$$

$$J4_{2,4} = T_{wmf}$$

$$J4_{2,5} = \underbrace{(p_{om} - p_{cwom} - p_{of} + p_{cwof} + L_c \cdot g | \rho_f - \rho_w |) \cdot \frac{V_b \sigma_m K_m}{\mu_{wm}} (\rho_{wm} K'_{rwm})}_{(17)}$$

$$J4_{2,6} = 0$$

其中各项参数团的物理意义为

参数团	物理意义
（11）	裂缝中水的流动项（裂缝压力变化引起）
（12）	裂缝—基质中水的交换项（裂缝压力变化引起）
（13）	裂缝中水的累积项（裂缝压力变化引起）
（14）	裂缝中水的流动项（裂缝含水饱和度变化引起）
（15）	裂缝中水的累积项（裂缝含水饱和度变化引起）
（16）	裂缝中水的累积项（裂缝含气饱和度变化引起）
（17）	裂缝—基质中水的交换项（基质含水饱和度变化引起）

第三行：

$$J4_{3,1} = \underbrace{- \sum_{6e} (T_{gf} + T_{gdf})_u - (p_{of} + p_{cgof} - \gamma_{gf}D) \cdot \sum_{6e} \left[\frac{\xi}{\mu_{gf}} (K_{rgf}\rho'_{gf}) \right]_u - (p_{of} - \gamma_{ogf}D) \cdot \sum_{6e} \left[\frac{\xi}{\mu_{of}} (K_{rof}\rho'_{gdf}) \right]_u}_{(18)}$$

$$\underbrace{- T_{gmf} - T_{gdmf}}_{(19)} \underbrace{- C_{gf1}}_{(20)}$$

$$J4_{3,2} = \underbrace{- (p_{of} - \gamma_{ogf}D) \cdot \sum_{6e} \left[\frac{\xi}{\mu_{of}} (K'_{rowf}\rho_{gdf}) \right]_u}_{(21)} \underbrace{- C_{gf2}}_{(22)}$$

$$J4_{3,3} = \underbrace{-p'_{\text{cogf}} \sum_{6e}(T_{\text{gf}})_u - (p_{\text{of}} + p_{\text{cgof}} - \gamma_{\text{gf}}D) \cdot \sum_{6e}\left[\frac{\xi}{\mu_{\text{gf}}}(K'_{\text{rgf}}\rho_{\text{gf}})\right]_u - (p_{\text{of}} - \gamma_{\text{ogf}}D) \cdot \sum_{6e}\left[\frac{\xi}{\mu_{\text{of}}}(K'_{\text{rogf}}\rho_{\text{gdf}})\right]_u}_{(23)}$$

$$\underbrace{- C_{\text{gf}}}_{(24)}$$

$$J4_{3,4} = T_{\text{gmf}} + T_{\text{gdmf}} + (p_{\text{om}} + p_{\text{cogm}} - p_{\text{of}} - p_{\text{cogf}} + L_c \cdot g\,|\rho_f - \rho_g|) \cdot \frac{V_b \sigma_m K_m}{\mu_{\text{gm}}}(K_{\text{rgm}}\rho'_{\text{gm}}) \left.\phantom{\frac{V}{\mu}}\right\}$$

$$+ (p_{\text{om}} - p_{\text{of}} + L_c \cdot g\,|\rho_f - \rho_o|) \cdot \frac{V_b \sigma_m K_m}{\mu_{\text{om}}}(K_{\text{rom}}\rho'_{\text{gdm}}) \tag{25}$$

$$J4_{3,5} = \underbrace{(p_{\text{om}} - p_{\text{of}} + L_c \cdot g\,|\rho_f - \rho_o|) \cdot \frac{V_b \sigma_m K_m}{\mu_{\text{om}}}(K'_{\text{rowm}}\rho_{\text{gdm}})}_{(26)}$$

$$J4_{3,6} = (p_{\text{om}} + p_{\text{cogm}} - p_{\text{of}} - p_{\text{cogf}} + L_c \cdot g\,|\rho_f - \rho_g|) \cdot \frac{V_b \sigma_m K_m}{\mu_{\text{gm}}}(K'_{\text{rgm}}\rho_{\text{gm}}) \left.\phantom{\frac{V}{\mu}}\right\}$$

$$+ (p_{\text{om}} - p_{\text{of}} + L_c \cdot g\,|\rho_f - \rho_o|) \cdot \frac{V_b \sigma_m K_m}{\mu_{\text{om}}}(K'_{\text{rogm}}\rho_{\text{gdm}}) \tag{27}$$

其中各项参数团的物理意义为

参数团	物理意义
（18）	裂缝中自由气和溶解气的流动项（裂缝压力变化引起）
（19）	裂缝—基质中自由气和溶解气的交换项（裂缝压力变化引起）
（20）	裂缝中自由气和溶解气的累积项（裂缝压力变化引起）
（21）	裂缝中溶解气的流动项（裂缝含水饱和度变化引起）
（22）	裂缝中溶解气的累积项（裂缝含水饱和度变化引起）
（23）	裂缝中自由气和溶解气的流动项（裂缝含气饱和度变化引起）
（24）	裂缝中自由气和溶解气的累积项（裂缝含气饱和度变化引起）
（25）	裂缝—基质中自由气和溶解气的交换项（基质压力变化引起）
（26）	裂缝—基质中溶解气的交换项（基质含水饱和度变化引起）
（27）	裂缝—基质中自由气和溶解气的交换项（基质含气饱和度变化引起）

第四行：

$$J4_{4,1} = T_{\text{omf}}$$

$$J4_{4,2} = 0$$

$$J4_{4,3} = 0$$

$$J4_{4,4} = \underbrace{- \sum_{6e} (T_{om})_u - (p_{om} - \gamma_{ogm}D) \cdot \sum_{6e} \left[\frac{\xi}{\mu_{om}} (K_{rom}\rho'_{om}) \right]_u}_{(28)}$$

$$\underbrace{- T_{omf} - (p_{om} - p_{of} + L_c \cdot g \left| \rho_f - \rho_o \right|) \cdot \frac{V_b \sigma_m K_m}{\mu_{om}} (\rho'_{om} K_{rom})}_{(29)} - \underbrace{C_{om1}}_{(30)}$$

$$J4_{4,5} = \underbrace{- (p_{om} - \gamma_{ogm}D) \cdot \sum_{6e} \left[\frac{\xi}{\mu_{om}} (K'_{rowm}\rho_{om}) \right]_u}_{(31)}$$

$$\underbrace{- (p_{om} - p_{of} + L_c \cdot g \left| \rho_f - \rho_o \right|) \cdot \frac{V_b \sigma_m K_m}{\mu_{om}} (\rho_{om} K'_{rowm})}_{(32)} - \underbrace{C_{om2}}_{(33)}$$

$$J4_{4,6} = \underbrace{- (p_{om} - \gamma_{ogm}D) \cdot \sum_{6e} \left[\frac{\xi}{\mu_{om}} (K'_{rogm}\rho_{om}) \right]_u}_{(34)}$$

$$\underbrace{- (p_{om} - p_{of} + L_c \cdot g \left| \rho_f - \rho_o \right|) \cdot \frac{V_b \sigma_m K_m}{\mu_{om}} (\rho_{om} K'_{rogm})}_{(35)} - \underbrace{C_{om3}}_{(36)}$$

其中各项参数团的物理意义为

参数团	物理意义
(28)	基质中油的流动项(基质压力变化引起)
(29)	裂缝—基质中油的交换项(基质压力变化引起)
(30)	基质中油的累积项(基质压力变化引起)
(31)	基质中油的流动项(基质含水饱和度变化引起)
(32)	裂缝—基质中油的交换项(基质含水饱和度变化引起)
(33)	基质中油的累积项(基质含水饱和度变化引起)
(34)	基质中油的流动项(基质含气饱和度变化引起)
(35)	裂缝—基质中油的交换项(基质含气饱和度变化引起)
(36)	基质中油的累积项(基质含气饱和度变化引起)

第五行：

$$J4_{5,1} = T_{wmf}$$

$$J4_{5,2} = 0$$

$$J4_{5,3} = 0$$

$$J4_{5,4} = \underbrace{- \sum_{6e} (T_{wm})_u - T_{wmf}}_{(37)} - \underbrace{C_{wm1}}_{(38)}$$

$$J4_{5,5} = \underbrace{p'_{cwof} \sum_{6e} (T_{wm})_u - (p_{om} - p_{cwom} - \gamma_{wm}D) \cdot \sum_{6e} \left[\frac{\xi}{\mu_{wm}} (K'_{rwm}\rho_{wm}) \right]_u}_{(39)}$$

$$\underbrace{- (p_{om} - p_{cwom} - p_{of} + p_{cwof} + L_c \cdot g|\rho_f - \rho_w|) \cdot \frac{V_b \sigma_m K_m}{\mu_{wm}} (\rho_{wm} K'_{rwm})}_{(40)} - \underbrace{C_{wm2}}_{(41)}$$

$$J4_{5,6} = - \underbrace{C_{wm3}}_{(42)}$$

其中各项参数团的物理意义为

参数团	物理意义
（37）	基质中水的流动项（基质压力变化引起）
（38）	基质中水的累积项（基质压力变化引起）
（39）	基质中水的流动项（基质含水饱和度变化引起）
（40）	裂缝—基质中水的交换项（基质含水饱和度变化引起）
（41）	基质中水的累积项（基质含水饱和度变化引起）
（42）	基质中水的累积项（基质含气饱和度变化引起）

第六行：

$$J4_{6,1} = T_{gmf} + T_{gdmf}$$

$$J4_{6,2} = 0$$

$$J4_{6,3} = 0$$

$$J4_{6,4} = \underbrace{- \sum_{6e} (T_{gm} + T_{gdm})_u - (p_{om} + p_{cgom} - \gamma_{gm}D) \cdot \sum_{6e} \left[\frac{\xi}{\mu_{gm}} (K_{rgm}\rho'_{gm}) \right]_u - (p_{om} - \gamma_{ogm}D) \cdot \sum_{6e} \left[\frac{\xi}{\mu_{om}} (K_{rom}\rho'_{gdm}) \right]_u}_{(43)}$$

$$\left. \begin{array}{l} - T_{gmf} - T_{gdmf} - (p_{om} + p_{cogm} - p_{of} - p_{cogf} + L_c \cdot g|\rho_f - \rho_g|) \cdot \frac{V_b \sigma_m K_m}{\mu_{gm}} (K_{rgm}\rho'_{gm}) \\ \\ - (p_{om} - p_{of} + L_c \cdot g|\rho_f - \rho_o|) \cdot \frac{V_b \sigma_m K_m}{\mu_{om}} (K_{rom}\rho'_{gdm}) \end{array} \right\} (44)$$

$$- \underbrace{C_{gm1}}_{(45)}$$

$$J4_{6,5} = \underbrace{-(p_{om}-\gamma_{ogm}D)\cdot\sum_{6e}\left[\frac{\xi}{\mu_{om}}(K'_{rowm}\rho_{gdm})\right]_u}_{(46)} \quad \underbrace{-(p_{om}-p_{of}+L_c\cdot g\mid\rho_f-\rho_o\mid)\cdot\frac{V_b\sigma_mK_m}{\mu_{om}}(K'_{rowm}\rho_{gdm})}_{(47)}$$

$$\underbrace{-C_{gm2}}_{(48)}$$

$$J4_{6,6} = \underbrace{-p'_{cogm}\sum_{6e}(T_{gm})_u-(p_{om}+p_{cgom}-\gamma_{gm}D)\cdot\sum_{6e}\left[\frac{\xi}{\mu_{gm}}(K'_{rgm}\rho_{gm})\right]_u-(p_{om}-\gamma_{ogm}D)\cdot\sum_{6e}\left[\frac{\xi}{\mu_{om}}(K'_{rogm}\rho_{gdm})\right]_u}_{(49)}$$

$$\left.\begin{array}{l}-(p_{om}+p_{cogm}-p_{of}-p_{cogf}+L_c\cdot g\mid\rho_f-\rho_g\mid)\cdot\frac{V_b\sigma_mK_m}{\mu_{gm}}(K'_{rgm}\rho_{gm})\\[2mm]-(p_{om}-p_{of}+L_c\cdot g\mid\rho_f-\rho_o\mid)\cdot\frac{V_b\sigma_mK_m}{\mu_{om}}(K_{rogm}\rho_{gdm})\end{array}\right\}(50)$$

$$\underbrace{-C_{gm3}}_{(51)}$$

其中各项参数团的物理意义为

参数团	物理意义
（43）	基质中自由气和溶解气的流动项（基质压力变化引起）
（44）	裂缝—基质中自由气和溶解气的交换项（基质压力变化引起）
（45）	基质中自由气和溶解气的累积项（基质压力变化引起）
（46）	基质中溶解气的流动项（基质含水饱和度变化引起）
（47）	裂缝—基质中溶解气的交换项（基质含水饱和度变化引起）
（48）	基质中溶解气的累积项（基质含水饱和度变化引起）
（49）	基质中自由气和溶解气的流动项（基质含气饱和度变化引起）
（50）	裂缝—基质中自由气和溶解气的交换项（基质含气饱和度变化引起）
（51）	基质中自由气和溶解气的累积项（基质含气饱和度变化引起）

对于与井筒相连接的节点,裂缝系统、基质系统与井底压力 p_{bh} 的耦合向量为

$$H_{i,j,k} = \left[\begin{array}{ccccc}\dfrac{\partial R_{ofi,j,k}}{\partial p_{bhi,j}} & \dfrac{\partial R_{wfi,j,k}}{\partial p_{bhi,j}} & \dfrac{\partial R_{gfi,j,k}}{\partial p_{bhi,j}} & \dfrac{\partial R_{omi,j,k}}{\partial p_{bhi,j}} & \dfrac{\partial R_{wmi,j,k}}{\partial p_{bhi,j}} & \dfrac{\partial R_{gmi,j,k}}{\partial p_{bhi,j}}\end{array}\right]^T$$

井方程余项 R_w 与裂缝和基质系统未知量以及井底压力之间的耦合向量为

$$K_{i,j,k} = \left[\frac{\partial R_{\mathrm{w}i,j}}{\partial p_{\mathrm{ofi},j,k}} \quad \frac{\partial R_{\mathrm{w}i,j}}{\partial S_{\mathrm{wfi},j,k}} \quad \frac{\partial R_{\mathrm{w}i,j}}{\partial S_{\mathrm{xfi},j,k}} \quad \frac{\partial R_{\mathrm{w}i,j}}{\partial p_{\mathrm{omi},j,k}} \quad \frac{\partial R_{\mathrm{w}i,j}}{\partial S_{\mathrm{wmi},j,k}} \quad \frac{\partial R_{\mathrm{w}i,j}}{\partial S_{\mathrm{xmi},j,k}} \right]$$

$$L_{i,j} = \frac{\partial R_{\mathrm{w}i,j}}{\partial p_{\mathrm{bh}i,j}}$$

在以上表达式中,需要注意区分的是,R_{wf} 为裂缝中水方程的余项,R_{wm} 为基质中水方程的余项,R_{w} 为井方程的余项。

如图 3 – 1 所示的 27 节点的网格系统,可以获得如图 3 – 2 所示的加边矩阵方程。从形式上看,该方程左端为一个 $(27 + 2) \times (27 + 2)$ 的矩阵。实际上,对于矩阵中的每一个非零的 J 项,是一个 6×6 的子矩阵,每个子矩阵的 1、2、3、4、5、6 行,分别对应 δp_{of}、δS_{wf}、δS_{xf}、δp_{om}、δS_{wm}、δS_{xm} 的系数。这些系数分别由线性展开的裂缝系统和基质系统中的油、气、水方程获得。如果某一相或更多相在某个格块中没有发生流动,则子矩阵对应元素为零。这样,该方程左端实际上为一个 $(6 \times 27 + 2) \times (6 \times 27 + 2)$ 的矩阵。

从计算过程来看,以上双孔双渗模型中每个节点有 6 个未知量需要同时联立求解,内存占据较多,计算量也较大,这给模型的求解带来了困难。从实际应用来看,对于裂缝与基质间的渗透率级差大、生产时间长、模拟区块大、网格数较多等复杂碳酸盐岩油气藏,双孔双渗模型很难实现历史拟合与方案预测,因而需要根据实际情况对其进行简化和等效。

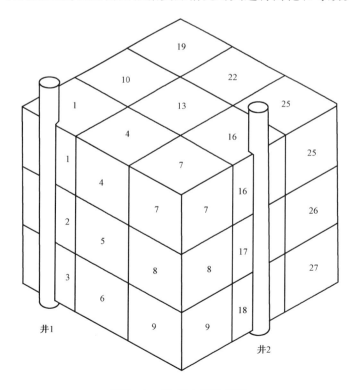

图 3 – 1　27 节点网格系统

$$[R_1\ R_2\ R_3\ R_4\ R_5\ R_6\ R_7\ R_8\ R_9\ R_{10}\ R_{11}\ R_{12}\ R_{13}\ R_{14}\ R_{15}\ R_{16}\ R_{17}\ R_{18}\ R_{19}\ R_{20}\ R_{21}\ R_{22}\ R_{23}\ R_{24}\ R_{25}\ R_{26}\ R_{27}\ RW_1\ RW_2]$$

$$=$$

$$[X_1\ X_2\ X_3\ X_4\ X_5\ X_6\ X_7\ X_8\ X_9\ X_{10}\ X_{11}\ X_{12}\ X_{13}\ X_{14}\ X_{15}\ X_{16}\ X_{17}\ X_{18}\ X_{19}\ X_{20}\ X_{21}\ X_{22}\ X_{23}\ X_{24}\ X_{25}\ X_{26}\ X_{27}\ XW_1\ XW_2]$$

$$\bullet$$

图3-2　方程的矩阵形式

— 73 —

第三节　碳酸盐岩油气藏双孔双渗数值模型的等效

一、碳酸盐岩油气藏数值模拟等效原理

式(3-48)所代表的三维三相矩阵方程十分巨大,为说明碳酸盐岩油气藏数值模拟等效原理,以一维油藏模型为基础构建矩阵方程进行分析。

对于一维油藏(图3-3),其流动的代数方程组为

$$b_i(\delta x)_{i-1} + c_i(\delta x)_i + d_i(\delta x)_{i+1} = R_i \qquad (3-51)$$

式中　b、c、d——雅可比矩阵,其阶次与相态的数目相关。

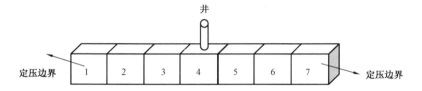

图3-3　均质油藏一维离散网格图

在图3-3所示的一维均质油藏中,假定网格系统由七个等距离的块中心网格组成,一口产量为 q 的井位于网格块4。在网格系统的两端,网格块1和网格块7中的压力 p_0 保持恒定。

1. 纯油藏渗流

在纯油相中,雅可比矩阵元素均为 2×2 的子矩阵,形式如下

$$b_i = \frac{\partial R_i}{\partial X_{i-1}} = \begin{bmatrix} \dfrac{\partial R_{ofi}}{\partial p_{ofi-1}} & \dfrac{\partial R_{ofi}}{\partial p_{omi-1}} \\[3mm] \dfrac{\partial R_{omi}}{\partial p_{ofi-1}} & \dfrac{\partial R_{omi}}{\partial p_{omi-1}} \end{bmatrix}$$

$$c_i = \frac{\partial R_i}{\partial X_i} = \begin{bmatrix} \dfrac{\partial R_{ofi}}{\partial p_{ofi}} & \dfrac{\partial R_{ofi}}{\partial p_{omi}} \\[3mm] \dfrac{\partial R_{omi}}{\partial p_{ofi}} & \dfrac{\partial R_{omi}}{\partial p_{omi}} \end{bmatrix}$$

$$d_i = \frac{\partial R_i}{\partial X_{i+1}} = \begin{bmatrix} \dfrac{\partial R_{ofi}}{\partial p_{ofi+1}} & \dfrac{\partial R_{ofi}}{\partial p_{omi+1}} \\[3mm] \dfrac{\partial R_{omi}}{\partial p_{ofi+1}} & \dfrac{\partial R_{omi}}{\partial p_{omi+1}} \end{bmatrix}$$

对压力未知的每个网格,都可以按式(3-51)写出方程。由于网格块 1 和网格 7 的压力是已知的,它不是未知量,因此,只需要求解网格块 2 至 6 的未知量。

图 3-2 所示的双孔双渗模型可用矩阵形式表示为

$$
\begin{bmatrix}
c_{11} & c_{12} & d_{11} & d_{12} & & & & & & \\
c_{21} & c_{22} & d_{21} & d_{22} & & & & & & \\
b_{11} & b_{12} & c_{11} & c_{12} & d_{11} & d_{12} & & & & \\
b_{21} & b_{22} & c_{21} & c_{22} & d_{21} & d_{22} & & & & \\
& & b_{11} & b_{12} & c_{11} & c_{12} & d_{11} & d_{12} & & \\
& & b_{21} & b_{22} & c_{21} & c_{22} & d_{21} & d_{22} & & \\
& & & & b_{11} & b_{12} & c_{11} & c_{12} & d_{11} & d_{12} \\
& & & & b_{21} & b_{22} & c_{21} & c_{22} & d_{21} & d_{22} \\
& & & & & & b_{11} & b_{12} & c_{11} & c_{12} \\
& & & & & & b_{21} & b_{22} & c_{21} & c_{22}
\end{bmatrix}
\cdot
\begin{bmatrix}
p_{f2}^{n+1} \\
p_{m2}^{n+1} \\
p_{f3}^{n+1} \\
p_{m3}^{n+1} \\
p_{f4}^{n+1} \\
p_{m4}^{n+1} \\
p_{f5}^{n+1} \\
p_{m5}^{n+1} \\
p_{f6}^{n+1} \\
p_{m6}^{n+1}
\end{bmatrix}
=
\begin{bmatrix}
g_1 p_{f2}^n - p_{f0} \\
g_2 p_{m2}^n - p_{m0} \cdot K_m / K_f \\
g_1 p_{f3}^n \\
g_2 p_{m3}^n \\
g_1 p_{f4}^n + q_{of}\mu_{of}/(K_f \Delta x) \\
g_2 p_{m4}^n + q_{om}\mu_{om}/(K_f \Delta x) \\
g_1 p_{f5}^n \\
g_2 p_{m5}^n \\
g_1 p_{f6}^n - p_{f0} \\
g_2 p_{m6}^n - p_{m0} \cdot K_m / K_f
\end{bmatrix}
\quad (3-52)
$$

式中

$$c_{11} = -2 - \frac{\sigma_m K_m}{K_f}\Delta x^2 - \frac{\Delta x^2 \mu_{of}}{K_f \Delta t}(\phi_f C_f)$$

$$c_{12} = \frac{\sigma_m K_m}{K_f}\Delta x^2$$

$$c_{21} = \frac{\sigma_m K_m}{K_f}\Delta x^2$$

$$c_{22} = -\frac{2K_m}{K_f} - \frac{\sigma_m K_m}{K_f}\Delta x^2 - \frac{\Delta x^2 \mu_{om}}{K_f \Delta t}(\phi_m C_m)$$

$$b_{11} = d_{11} = 1$$

$$b_{22} = d_{22} = \frac{K_m}{K_f}$$

$$b_{12} = b_{21} = d_{12} = d_{21} = 0$$

$$g_1 = -\frac{\Delta x^2 \mu_{of}}{K_f \Delta t}(\phi_f C_f)$$

$$g_2 = -\frac{\Delta x^2 \mu_{om}}{K_f \Delta t}(\phi_m C_m)$$

1) 双孔单渗模型的等效原理

由矩阵方程(3-52)可以看出,裂缝—基质渗透率级差 K_f/K_m 在方程系数中起着十分重要的作用。随着裂缝—基质渗透率级差的增大,K_m/K_f 一项的值越来越小,矩阵方程(3-52)左端系数 c_{22} 的第一项可以忽略,b_{22} 与 d_{22} 全可以忽略。

$$c_{22} = -\frac{\sigma_m K_m}{K_f}\Delta x^2 - \frac{\Delta x^2 \mu_{om}}{K_f \Delta t}(\phi_m C_m)$$

$$b_{22} = d_{22} = 0$$

同时,随着裂缝—基质渗透率级差的增大,K_m/K_f 一项的值越来越小,矩阵方程(3-52)右端 $p_{m0} \cdot K_m/K_f$,$q_{om}\mu_{om}/(K_f\Delta x)$ 可以忽略,于是矩阵方程(3-52)就等效成双孔单渗模型。

通过实际运算考察矩阵方程的等效。在图3-2所示的模型中,设孔隙度和渗透率均匀分布,$\phi_f = 0.002$,$\phi_m = 0.2$,$K_m = 1 \times 10^{-3} \mu m^2$,$\sigma_m = 0.012$,$\mu_o = 1 mPa \cdot s$,$C_f = C_m = 4 \times 10^{-4}/MPa$,$B_o = 1.0$,$q = 150 m^3/d$,$p_1 = 10 MPa$,$\Delta x = \Delta y = \Delta z = 100m$,$\Delta t = 10d$。

当 $K_f = 1$ 即 $K_f/K_m = 1$ 时,双孔双渗模型矩阵方程

$$
\begin{bmatrix}
-122.01 & 120 & 1 & 0 & 0 & 0 & 0 & 0 & 0 & 0 \\
120 & -122.93 & 0 & 1 & 0 & 0 & 0 & 0 & 0 & 0 \\
1 & 0 & -122.01 & 120 & 1 & 0 & 0 & 0 & 0 & 0 \\
0 & 1 & 120 & -122.93 & 0 & 1 & 0 & 0 & 0 & 0 \\
0 & 0 & 1 & 0 & -122.01 & 120 & 1 & 0 & 0 & 0 \\
0 & 0 & 0 & 1 & 120 & -122.93 & 0 & 1 & 0 & 0 \\
0 & 0 & 0 & 0 & 1 & 0 & -122.01 & 120 & 1 & 0 \\
0 & 0 & 0 & 0 & 0 & 1 & 120 & -122.93 & 0 & 1 \\
0 & 0 & 0 & 0 & 0 & 0 & 1 & 0 & -122.01 & 120 \\
0 & 0 & 0 & 0 & 0 & 0 & 0 & 1 & 120 & -122.93
\end{bmatrix}
\cdot
\begin{bmatrix}
p_{f2}^{n+1} \\
p_{m2}^{n+1} \\
p_{f3}^{n+1} \\
p_{m3}^{n+1} \\
p_{f4}^{n+1} \\
p_{m4}^{n+1} \\
p_{f5}^{n+1} \\
p_{m5}^{n+1} \\
p_{f6}^{n+1} \\
p_{m6}^{n+1}
\end{bmatrix}
=
\begin{bmatrix}
-10.093 \\
-19.259 \\
-0.093 \\
-9.259 \\
-8.588 \\
-0.079 \\
-0.093 \\
-9.259 \\
-10.093 \\
-19.259
\end{bmatrix}
$$

求解结果为

$$p^{n+1} = [\ 8.857 \quad 8.861 \quad 7.181 \quad 7.191 \quad 4.188 \quad 4.21 \quad 7.181 \quad 7.191 \quad 8.857 \quad 8.861 \ ]^T$$

双孔单渗模型矩阵方程

$$
\begin{bmatrix}
-122.01 & 120 & 1 & 0 & 0 & 0 & 0 & 0 & 0 & 0 \\
120 & -120.93 & 0 & 0 & 0 & 0 & 0 & 0 & 0 & 0 \\
1 & 0 & -122.01 & 120 & 1 & 0 & 0 & 0 & 0 & 0 \\
0 & 0 & 120 & -120.93 & 0 & 0 & 0 & 0 & 0 & 0 \\
0 & 0 & 1 & 0 & -122.01 & 120 & 1 & 0 & 0 & 0 \\
0 & 0 & 0 & 0 & 120 & -120.93 & 0 & 0 & 0 & 0 \\
0 & 0 & 0 & 0 & 1 & 0 & -122.01 & 120 & 1 & 0 \\
0 & 0 & 0 & 0 & 0 & 0 & 120 & -120.93 & 0 & 0 \\
0 & 0 & 0 & 0 & 0 & 0 & 1 & 0 & -122.01 & 120 \\
0 & 0 & 0 & 0 & 0 & 0 & 0 & 0 & 120 & -120.93
\end{bmatrix}
\cdot
\begin{bmatrix}
p_{f2}^{n+1} \\
p_{m2}^{n+1} \\
p_{f3}^{n+1} \\
p_{m3}^{n+1} \\
p_{f4}^{n+1} \\
p_{m4}^{n+1} \\
p_{f5}^{n+1} \\
p_{m5}^{n+1} \\
p_{f6}^{n+1} \\
p_{m6}^{n+1}
\end{bmatrix}
=
\begin{bmatrix}
-10.093 \\
-9.259 \\
-0.093 \\
-9.259 \\
17.269 \\
-9.259 \\
-0.093 \\
-9.259 \\
-10.093 \\
-9.259
\end{bmatrix}
$$

求解结果为

$$p^{n+1} = \begin{bmatrix} 8.936 & 8.944 & 6.885 & 6.909 & 1.943 & 2.005 & 6.885 & 6.909 & 8.936 & 8.944 \end{bmatrix}^T$$

可以看出，两个解之间还存在较大的差异。

当 $K_f = 1$ 即 $K_f/K_m = 25$ 时，双孔双渗模型矩阵方程

$$
\begin{bmatrix}
-6.8 & 4.8 & 1 & 0 & 0 & 0 & 0 & 0 & 0 & 0 \\
4.8 & -4.917 & 0 & 0.04 & 0 & 0 & 0 & 0 & 0 & 0 \\
1 & 0 & -6.8 & 4.8 & 1 & 0 & 0 & 0 & 0 & 0 \\
0 & 0.04 & 4.8 & -4.917 & 0 & 0.04 & 0 & 0 & 0 & 0 \\
0 & 0 & 1 & 0 & -6.8 & 4.8 & 1 & 0 & 0 & 0 \\
0 & 0 & 0 & 0.04 & 4.8 & -4.917 & 0 & 0.04 & 0 & 0 \\
0 & 0 & 0 & 0 & 1 & 0 & -6.8 & 4.8 & 1 & 0 \\
0 & 0 & 0 & 0 & 0 & 0.04 & 4.8 & -4.917 & 0 & 0.04 \\
0 & 0 & 0 & 0 & 0 & 0 & 1 & 0 & -6.8 & 4.8 \\
0 & 0 & 0 & 0 & 0 & 0 & 0 & 0.04 & 4.8 & -4.917
\end{bmatrix}
\cdot
\begin{bmatrix}
p_{f2}^{n+1} \\
p_{m2}^{n+1} \\
p_{f3}^{n+1} \\
p_{m3}^{n+1} \\
p_{f4}^{n+1} \\
p_{m4}^{n+1} \\
p_{f5}^{n+1} \\
p_{m5}^{n+1} \\
p_{f6}^{n+1} \\
p_{m6}^{n+1}
\end{bmatrix}
=
\begin{bmatrix}
-10.004 \\
-0.77 \\
-0.0037 \\
-0.37 \\
0.664 \\
-0.344 \\
-0.0037 \\
-0.37 \\
-10.004 \\
-0.77
\end{bmatrix}
$$

求解结果为

$$p^{n+1} = \begin{bmatrix} 9.713 & 9.715 & 9.416 & 9.421 & 9.089 & 9.105 & 9.416 & 9.421 & 9.713 & 9.715 \end{bmatrix}^T$$

双孔单渗模型矩阵方程

$$\begin{bmatrix} -6.8 & 4.8 & 1 & 0 & 0 & 0 & 0 & 0 & 0 & 0 \\ 4.8 & -4.837 & 0 & 0 & 0 & 0 & 0 & 0 & 0 & 0 \\ 1 & 0 & -6.8 & 4.8 & 1 & 0 & 0 & 0 & 0 & 0 \\ 0 & 0 & 4.8 & -4.837 & 0 & 0 & 0 & 0 & 0 & 0 \\ 0 & 0 & 1 & 0 & -6.8 & 4.8 & 1 & 0 & 0 & 0 \\ 0 & 0 & 0 & 0 & 4.8 & -4.837 & 0 & 0 & 0 & 0 \\ 0 & 0 & 0 & 0 & 1 & 0 & -6.8 & 4.8 & 1 & 0 \\ 0 & 0 & 0 & 0 & 0 & 0 & 4.8 & -4.837 & 0 & 0 \\ 0 & 0 & 0 & 0 & 0 & 0 & 1 & 0 & -6.8 & 4.8 \\ 0 & 0 & 0 & 0 & 0 & 0 & 0 & 0 & 4.8 & -4.837 \end{bmatrix} \cdot \begin{bmatrix} p_{f2}^{n+1} \\ p_{m2}^{n+1} \\ p_{f3}^{n+1} \\ p_{m3}^{n+1} \\ p_{f4}^{n+1} \\ p_{m4}^{n+1} \\ p_{f5}^{n+1} \\ p_{m5}^{n+1} \\ p_{f6}^{n+1} \\ p_{m6}^{n+1} \end{bmatrix} = \begin{bmatrix} -10.004 \\ -0.37 \\ -0.0037 \\ -0.37 \\ 0.691 \\ -0.37 \\ -0.0037 \\ -0.37 \\ -10.004 \\ -0.37 \end{bmatrix}$$

求解结果为

$$p^{n+1} = \begin{bmatrix} 9.704 & 9.706 & 9.396 & 9.401 & 9.066 & 9.073 & 9.396 & 9.401 & 9.704 & 9.706 \end{bmatrix}^T$$

此时,两个解之间已经非常接近。

矩阵方程求解结果表明,裂缝—基质渗透率级差 K_f / K_m 是双孔双渗模型等效为双孔单渗模型的关键因素,合适的渗透率级差下,双孔双渗模型可以等效为双孔单渗模型。

2)裂缝单一介质模型的等效原理

对于 $\phi_f \gg \phi_m$ 且 $K_f \gg K_m$ 的裂缝性碳酸盐岩油气藏,$\dfrac{\sigma_m K_m}{K_f} \to 0$,矩阵方程(3-52)左端系数 c_{11} 的第二项可以忽略,b_{22} 与 d_{22} 全可以忽略,c_{12}、c_{21}、c_{22} 各项也可以全部忽略。系数中涉及 ϕ_f 的地方用等效孔隙度 $\phi_t = \phi_f + \phi_m$ 代替,涉及 C_f 的地方用等效压缩系数 $C_t = \dfrac{\phi_m}{\phi_t} C_m + \dfrac{\phi_f}{\phi_t} C_f$ 代替,于是有

$$c_{11} = -2 - \frac{\Delta x^2 \mu_{of}}{K_f \Delta t}(\phi_t C_t)$$

$$c_{12} = c_{21} = 0$$

$$c_{2,2} = 0$$

$$b_{22} = d_{22} = 0$$

同时,矩阵方程(3-52)右端 $g_2 p_{m2}^n - p_{m0} \cdot K_m/K_f$ 及 $g_2 p_{m4}^n + q_{om}\mu_o/(K_f\Delta x)$ 均可以忽略,于是矩阵方程(3-52)就简化为

$$
\begin{bmatrix}
c_{11} & d_{11} & & & & & & & & \\
b_{11} & c_{11} & d_{11} & & & & & & & \\
& b_{11} & c_{11} & d_{11} & & & & & & \\
& & b_{11} & c_{11} & d_{11} & & & & & \\
& & & b_{11} & c_{11} & d_{11} & & & & \\
& & & & b_{11} & c_{11} & & & & \\
\end{bmatrix}
\cdot
\begin{bmatrix}
p_{f2}^{n+1} \\
p_{m2}^{n+1} \\
p_{f3}^{n+1} \\
p_{m3}^{n+1} \\
p_{f4}^{n+1} \\
p_{m4}^{n+1} \\
p_{f5}^{n+1} \\
p_{m5}^{n+1} \\
p_{f6}^{n+1} \\
p_{m6}^{n+1}
\end{bmatrix}
=
\begin{bmatrix}
g_1 p_{f2}^n - p_{f0} \\
0 \\
g_1 p_{f3}^n \\
0 \\
g_1 p_{f4}^n + q_{of}\mu_o/(K_f\Delta x) \\
0 \\
g_1 p_{f5}^n \\
0 \\
g_1 p_{f6}^n - p_{f0} \\
0
\end{bmatrix}
\tag{3-53}
$$

其中　$g_1 = -\dfrac{\Delta x^2 \mu_{of}}{K_f \Delta t}(\phi_t C_t)$

更进一步,式(3-53)可以等效为

$$
\begin{bmatrix}
c_{11} & d_{11} & & & \\
b_{11} & c_{11} & d_{11} & & \\
& b_{11} & c_{11} & d_{11} & \\
& & b_{11} & c_{11} & d_{11} \\
& & & b_{11} & c_{11}
\end{bmatrix}
\cdot
\begin{bmatrix}
p_2^{n+1} \\
p_3^{n+1} \\
p_4^{n+1} \\
p_5^{n+1} \\
p_6^{n+1}
\end{bmatrix}
=
\begin{bmatrix}
g_1 p_{f2}^n - p_{f0} \\
g_1 p_{f3}^n \\
g_1 p_{f4}^n + q_{of}\mu_o/(K_f\Delta x) \\
g_1 p_{f5}^n \\
g_1 p_{f6}^n - p_{f0}
\end{bmatrix}
\tag{3-54}
$$

实际上,由式(3-53)表示的双孔双渗模型矩阵方程已经等效为式(3-54)表示的裂缝单一介质模型矩阵方程。通过实际运算考察矩阵方程的等效。在图3-2所示的模型中,设 $K_m = 1 \times 10^{-3}\,\mu m^2$, $K_f = 500 \times 10^{-3}\,\mu m^2$, $\phi_f = 0.2$, $\phi_m = 0.002$,这样就满足了式(3-54)要求的 $\phi_f \gg \phi_m$ 且 $K_f \gg K_m$ 条件,其他参数与前相同。

此种情形下,双孔双渗模型矩阵方程

$$
\begin{bmatrix}
-2.242 & 0.24 & 1 & 0 & 0 & 0 & 0 & 0 & 0 & 0 \\
0.24 & -0.244 & 0 & 0.002 & 0 & 0 & 0 & 0 & 0 & 0 \\
1 & 0 & -2.242 & 0.24 & 1 & 0 & 0 & 0 & 0 & 0 \\
0 & 0.002 & 0.24 & -0.244 & 0 & 0.002 & 0 & 0 & 0 & 0 \\
0 & 0 & 1 & 0 & -2.242 & 0.24 & 1 & 0 & 0 & 0 \\
0 & 0 & 0 & 0.002 & 0.24 & -0.244 & 0 & 0.002 & 0 & 0 \\
0 & 0 & 0 & 0 & 1 & 0 & -2.242 & 0.24 & 1 & 0 \\
0 & 0 & 0 & 0 & 0 & 0.002 & 0.24 & -0.244 & 0 & 0.002 \\
0 & 0 & 0 & 0 & 0 & 0 & 1 & 0 & -2.242 & 0.24 \\
0 & 0 & 0 & 0 & 0 & 0 & 0 & 0.002 & 0.24 & -0.244
\end{bmatrix}
\cdot
\begin{bmatrix}
p_{f2}^{n+1} \\
p_{m2}^{n+1} \\
p_{f3}^{n+1} \\
p_{m3}^{n+1} \\
p_{f4}^{n+1} \\
p_{m4}^{n+1} \\
p_{f5}^{n+1} \\
p_{m5}^{n+1} \\
p_{f6}^{n+1} \\
p_{m6}^{n+1}
\end{bmatrix}
=
\begin{bmatrix}
-10.019 \\
-0.02 \\
-0.019 \\
-0.00019 \\
0.016 \\
-0.00012 \\
-0.019 \\
-0.00019 \\
-10.019 \\
-0.02
\end{bmatrix}
$$

求解结果为

$$p^{n+1} = [\,9.983 \quad 9.983 \quad 9.966 \quad 9.966 \quad 9.948 \quad 9.948 \quad 9.966 \quad 9.966 \quad 9.983 \quad 9.983 \quad]^T$$

分别对每一网格块的裂缝压力和基质压力取平均值,有

$$p^{n+1} = [\,9.983 \quad 9.966 \quad 9.948 \quad 9.966 \quad 9.983 \quad]^T$$

裂缝单一介质模型矩阵方程

$$
\begin{bmatrix}
-2.002 & 1 & 0 & 0 & 0 \\
1 & -2.002 & 1 & 0 & 0 \\
0 & 1 & -2.002 & 1 & 0 \\
0 & 0 & 1 & -2.002 & 1 \\
0 & 0 & 0 & 1 & -2.002
\end{bmatrix}
\cdot
\begin{bmatrix}
p_2^{n+1} \\
p_3^{n+1} \\
p_4^{n+1} \\
p_5^{n+1} \\
p_6^{n+1}
\end{bmatrix}
=
\begin{bmatrix}
-10.019 \\
-0.019 \\
-0.016 \\
-0.019 \\
-10.019
\end{bmatrix}
$$

求解结果为

$$p^{n+1} = [\,9.983 \quad 9.966 \quad 9.948 \quad 9.966 \quad 9.983 \quad]^T$$

可见,两者等效。

3)基质单一介质模型的等效原理

随着 K_f/K_m 的减小,裂缝所起的作用越来越弱,$\sigma_m \to 0$,矩阵方程(3-52)左端系数 c_{11} 第二项可以忽略,c_{12}、c_{21} 可以忽略,c_{22} 第二项也可以忽略,于是有

$$c_{11} = -2 - \frac{\Delta x^2 \mu_{of}}{K_f \Delta t}(\phi_f C_f)$$

$$c_{12} = c_{21} = 0$$

$$c_{22} = -\frac{2K_m}{K_f} - \frac{\Delta x^2 \mu_{om}}{K_f \Delta t}(\phi_m C_m)$$

$$b_{11} = d_{11} = 1$$

$$b_{22} = d_{22} = \frac{K_m}{K_f}$$

$$b_{12} = b_{21} = d_{12} = d_{21} = 0$$

矩阵方程(3-52)可简化为

$$
\begin{bmatrix}
c_{11} & & d_{11} & & & & & & & \\
& c_{22} & & d_{22} & & & & & & \\
b_{11} & & c_{11} & & d_{11} & & & & & \\
& b_{22} & & c_{22} & & d_{22} & & & & \\
& & b_{11} & & c_{11} & & d_{11} & & & \\
& & & b_{22} & & c_{22} & & d_{22} & & \\
& & & & b_{11} & & c_{11} & & d_{11} & \\
& & & & & b_{22} & & c_{22} & & d_{22} \\
& & & & & & b_{11} & & c_{11} & \\
& & & & & & & b_{22} & & c_{22}
\end{bmatrix}
\cdot
\begin{bmatrix}
p_{f2}^{n+1} \\
p_{m2}^{n+1} \\
p_{f3}^{n+1} \\
p_{m3}^{n+1} \\
p_{f4}^{n+1} \\
p_{m4}^{n+1} \\
p_{f5}^{n+1} \\
p_{m5}^{n+1} \\
p_{f6}^{n+1} \\
p_{m6}^{n+1}
\end{bmatrix}
=
\begin{bmatrix}
g_1 p_{f2}^n - p_{f0} \\
g_2 p_{m2}^n - p_{m0} \cdot K_m/K_f \\
g_1 p_{f3}^n \\
g_2 p_{m3}^n \\
g_1 p_{f4}^n + q_{of}\mu_o/(K_f \Delta x) \\
g_2 p_{m4}^n + q_{om}\mu_o/(K_f \Delta x) \\
g_1 p_{f5}^n \\
g_2 p_{m5}^n \\
g_1 p_{f6}^n - p_{f0} \\
g_2 p_{m6}^n - p_{m0} \cdot K_m/K_f
\end{bmatrix}
$$

$$(3-55)$$

式(3-55)中,c_{11} 对流动的贡献可以合并进入 c_{22} 中,即将 c_{22} 中涉及 ϕ_m 的地方均用等效孔隙度 $\phi_t = \phi_f + \phi_m$ 代替,涉及 K_m 的地方均用等效渗透率 $K_t = K_f + K_m$ 代替,涉及 C_m 的地方用等效压缩系数 $C_t = \frac{\phi_m}{\phi_t}C_m + \frac{\phi_f}{\phi_t}C_f$ 代替,于是式(3-55)可以等效为

$$
\begin{bmatrix}
c_{22e} & d_{11} & & & \\
b_{11} & c_{22e} & d_{11} & & \\
& b_{11} & c_{22e} & d_{11} & \\
& & b_{11} & c_{22e} & d_{11} \\
& & & b_{11} & c_{22e}
\end{bmatrix}
\cdot
\begin{bmatrix}
p_2^{n+1} \\
p_3^{n+1} \\
p_4^{n+1} \\
p_5^{n+1} \\
p_6^{n+1}
\end{bmatrix}
=
\begin{bmatrix}
g_2 p_{m2}^n - p_{m0} \cdot K_m/K_f \\
g_2 p_{m3}^n \\
g_2 p_{m4}^n + q_o \mu_o/(K_f \Delta x) \\
g_2 p_{m5}^n \\
g_2 p_{m6}^n - p_{m0} \cdot K_m/K_f
\end{bmatrix}
\tag{3-56}
$$

其中

$$
c_{22e} = -\frac{2K_t}{K_f} - \frac{\Delta x^2 \mu_{om}}{K_f \Delta t}(\phi_t C_t)
$$

这样,由式(3-55)表示的双孔双渗模型矩阵方程已经等效为式(3-56)表示的基质单一介质模型矩阵方程。通过实际运算考察矩阵方程的等效。

在图3-3所示的模型中,设 $K_m = 1 \times 10^{-3}\,\mu m^2$, $K_f = 1 \times 10^{-3}\,\mu m^2$, $\sigma_m = 0$,其他参数与前相同。

此种情形下,双孔双渗模型矩阵方程

$$
\begin{bmatrix}
-2.009 & 0 & 1 & 0 & 0 & 0 & 0 & 0 & 0 & 0 \\
0 & -2.926 & 0 & 1 & 0 & 0 & 0 & 0 & 0 & 0 \\
1 & 0 & -2.009 & 0 & 1 & 0 & 0 & 0 & 0 & 0 \\
0 & 1 & 0 & -2.926 & 0 & 1 & 0 & 0 & 0 & 0 \\
0 & 0 & 1 & 0 & -2.009 & 0 & 1 & 0 & 0 & 0 \\
0 & 0 & 0 & 1 & 0 & -2.926 & 0 & 1 & 0 & 0 \\
0 & 0 & 0 & 0 & 1 & 0 & -2.009 & 0 & 1 & 0 \\
0 & 0 & 0 & 0 & 0 & 1 & 0 & -2.926 & 0 & 1 \\
0 & 0 & 0 & 0 & 0 & 0 & 1 & 0 & -2.009 & 0 \\
0 & 0 & 0 & 0 & 0 & 0 & 0 & 1 & 0 & -2.926
\end{bmatrix}
\cdot
\begin{bmatrix}
p_{f2}^{n+1} \\
p_{m2}^{n+1} \\
p_{f3}^{n+1} \\
p_{m3}^{n+1} \\
p_{f4}^{n+1} \\
p_{m4}^{n+1} \\
p_{f5}^{n+1} \\
p_{m5}^{n+1} \\
p_{f6}^{n+1} \\
p_{m6}^{n+1}
\end{bmatrix}
=
\begin{bmatrix}
-10.093 \\
-19.259 \\
-0.093 \\
-9.259 \\
2.946 \\
5.064 \\
-0.093 \\
-9.259 \\
-10.093 \\
-19.259
\end{bmatrix}
$$

求解结果为

$$
p^{n+1} = \begin{bmatrix} 8.542 & 9.12 & 7.071 & 7.424 & 5.572 & 3.344 & 7.071 & 7.424 & 8.542 & 9.12 \end{bmatrix}^T
$$

分别对每一网格块的裂缝压力和基质压力取平均值,有

$$p^{n+1} = \begin{bmatrix} 8.831 & 7.2475 & 4.458 & 7.2475 & 8.831 \end{bmatrix}^T$$

基质单一介质模型矩阵方程

$$\begin{bmatrix} -2.468 & 1 & 0 & 0 & 0 \\ 1 & -2.468 & 1 & 0 & 0 \\ 0 & 1 & -2.468 & 1 & 0 \\ 0 & 0 & 0 & -2.468 & 1 \\ 0 & 0 & 0 & 1 & -2.468 \end{bmatrix} \cdot \begin{bmatrix} p_2^{n+1} \\ p_3^{n+1} \\ p_4^{n+1} \\ p_5^{n+1} \\ p_6^{n+1} \end{bmatrix} = \begin{bmatrix} -14.676 \\ -4.676 \\ -4.005 \\ -4.676 \\ -14.676 \end{bmatrix}$$

求解结果为

$$p^{n+1} = \begin{bmatrix} 8.861 & 7.19 & 4.205 & 7.19 & 8.861 \end{bmatrix}^T$$

可见,两者等效。

以上碳酸盐岩纯油藏渗流的双孔双渗模型的等效原理表明:对于裂缝—基质渗透率级差 K_f/K_m 很大且原油主要存在于断裂系统的裂缝型碳酸盐岩储层,在数值模拟过程中,可以忽略基质中的流动以及基质与裂缝之间的流体交换,将双孔双渗模型等效为裂缝单一介质模型;对于裂缝—基质渗透率级差 K_f/K_m 很小的孔隙型碳酸盐岩储层,在数值模拟过程中,可以忽略裂缝中的流动以及基质与裂缝之间的流体交换,将双孔双渗模型等效为基质单一介质模型;对于裂缝—基质渗透率级差 K_f/K_m 适中的裂缝—孔隙型碳酸盐岩储层,在数值模拟过程中,可以忽略基质中的流动,考虑基质与裂缝之间的流体交换,将双孔双渗模型等效为双孔单渗模型。

在等效裂缝单一介质模型中,其流动包括:(1)相邻格块间裂缝到裂缝的流动;(2)裂缝向井筒的流动。在等效基质单一介质模型中,其流动包括:(1)相邻格块间基质到基质的流动;(2)基质向井筒的流动。在等效双孔单渗模型中,其流动包括:(1)相邻格块间裂缝到裂缝的流动;(2)同一网格块内基质到裂缝的流动;(3)裂缝向井筒的流动。

2. 纯气藏渗流

在纯气相中,雅可比矩阵元素均为 2×2 的子矩阵,形式如下

$$b_i = \frac{\partial R_i}{\partial X_{i-1}} = \begin{bmatrix} \dfrac{\partial R_{gfi}}{\partial p_{gfi-1}} & \dfrac{\partial R_{gfi}}{\partial p_{gmi-1}} \\ \dfrac{\partial R_{gmi}}{\partial p_{gfi-1}} & \dfrac{\partial R_{gmi}}{\partial p_{gmi-1}} \end{bmatrix}$$

$$c_i = \frac{\partial R_i}{\partial X_i} = \begin{bmatrix} \dfrac{\partial R_{gfi}}{\partial p_{gfi}} & \dfrac{\partial R_{gfi}}{\partial p_{gmi}} \\[3mm] \dfrac{\partial R_{gmi}}{\partial p_{gfi}} & \dfrac{\partial R_{gmi}}{\partial p_{gmi}} \end{bmatrix}$$

$$d_i = \frac{\partial R_i}{\partial X_{i+1}} = \begin{bmatrix} \dfrac{\partial R_{gfi}}{\partial p_{gfi+1}} & \dfrac{\partial R_{gfi}}{\partial p_{gmi+1}} \\[3mm] \dfrac{\partial R_{gmi}}{\partial p_{gfi+1}} & \dfrac{\partial R_{gmi}}{\partial p_{gmi+1}} \end{bmatrix}$$

矩阵方程形式为

$$\begin{bmatrix} c_{11} & c_{12} & d_{11} & d_{12} & & & & & & \\ c_{21} & c_{22} & d_{21} & d_{22} & & & & & & \\ b_{11} & b_{12} & c_{11} & c_{12} & d_{11} & d_{12} & & & & \\ b_{21} & b_{22} & c_{21} & c_{22} & d_{21} & d_{22} & & & & \\ & & b_{11} & b_{12} & c_{11} & c_{12} & d_{11} & d_{12} & & \\ & & b_{21} & b_{22} & c_{21} & c_{22} & d_{21} & d_{22} & & \\ & & & & b_{11} & b_{12} & c_{11} & c_{12} & d_{11} & d_{12} \\ & & & & b_{21} & b_{22} & c_{21} & c_{22} & d_{21} & d_{22} \\ & & & & & & b_{11} & b_{12} & c_{11} & c_{12} \\ & & & & & & b_{21} & b_{22} & c_{21} & c_{22} \end{bmatrix} \cdot \begin{bmatrix} p_{f2}^{n+1} \\ p_{m2}^{n+1} \\ p_{f3}^{n+1} \\ p_{m3}^{n+1} \\ p_{f4}^{n+1} \\ p_{m4}^{n+1} \\ p_{f5}^{n+1} \\ p_{m5}^{n+1} \\ p_{f6}^{n+1} \\ p_{m6}^{n+1} \end{bmatrix} = \begin{bmatrix} g_1 p_{f2}^n - p_{f0} \\ g_2 p_{m2}^n - p_{m0} \cdot K_m/K_f \\ g_1 p_{f3}^n \\ g_2 p_{m3}^n \\ g_1 p_{f4}^n + q_{gf}\mu_{gf}/(K_f\Delta x) \\ g_2 p_{m4}^n + q_{gm}\mu_{gm}/(K_f\Delta x) \\ g_1 p_{f5}^n \\ g_2 p_{m5}^n \\ g_1 p_{f6}^n - p_{f0} \\ g_2 p_{m6}^n - p_{m0} \cdot K_m/K_f \end{bmatrix}$$

$$(3 - 57)$$

式中

$$c_{11} = -2 - \frac{\sigma_m K_m}{K_f}\Delta x^2 - \frac{\Delta x^2 \mu_{gf}}{K_f \Delta t}(\phi_f C_f)$$

$$c_{12} = \frac{\sigma_m K_m}{K_f}\Delta x^2$$

$$c_{21} = \frac{\sigma_m K_m}{K_f}\Delta x^2$$

$$c_{22} = -\frac{2K_m}{K_f} - \frac{\sigma_m K_m}{K_f}\Delta x^2 - \frac{\Delta x^2 \mu_{gm}}{K_f \Delta t}(\phi_m C_m)$$

$$b_{11} = d_{11} = 1$$

$$b_{22} = d_{22} = \frac{K_m}{K_f}$$

$$b_{12} = b_{21} = d_{12} = d_{21} = 0$$

$$g_1 = -\frac{\Delta x^2 \mu_{gf}}{K_f \Delta t}(\phi_f C_f)$$

$$g_2 = -\frac{\Delta x^2 \mu_{gm}}{K_f \Delta t}(\phi_m C_m)$$

1）双孔单渗模型的等效原理

从矩阵方程(3 - 57)可以看出,裂缝—基质渗透率级差 K_f/K_m 在方程系数中起着十分重要的作用。随着裂缝—基质渗透率级差的增大,K_m/K_f 一项的值越来越小,矩阵方程(3 - 57)左端系数 c_{22} 中 $-2K_m/K_f$ 可以忽略,b_{22} 与 d_{22} 全可以忽略,即

$$c_{22} = -\frac{\sigma_m K_m}{K_f}\Delta x^2 - \frac{\Delta x^2 \mu_{gm}}{K_f \Delta t}(\phi_m C_m), b_{22} = d_{22} = 0$$

同时,矩阵方程(3 - 57)右端 $p_{m0} \cdot K_m/K_f$, $q_{gm}\mu_{gm}/(K_f \Delta x)$ 可以忽略,于是矩阵方程(3 - 57)就等效成双孔单渗模型。

2）裂缝单一介质模型的等效原理

对于 $\phi_f >> \phi_m$ 且 $K_f >> K_m$ 的裂缝性碳酸盐岩油气藏,$\dfrac{\sigma_m K_m}{K_f} \to 0$,矩阵方程(3 - 57)左端系数 c_{11} 中 $-\sigma_m \Delta x^2 K_m/K_f$ 可以忽略,b_{22} 与 d_{22} 全可以忽略,c_{12}、c_{21}、c_{22} 各项也可以全部忽略,且系数中涉及 ϕ_f 的地方用等效孔隙度 $\phi_t = \phi_f + \phi_m$ 代替,涉及 C_f 的地方用等效压缩 C_t 代替,于是有

$$c_{11} = -2 - \frac{\Delta x^2 \mu_{gf}}{K_f \Delta t}(\phi_t C_t), \quad c_{12} = c_{21} = 0, c_{2,2} = 0, b_{22} = d_{22} = 0$$

同时,矩阵方程(3 - 57)右端 $g_2 p_{m2}^n - p_{m0} \cdot K_m/K_f$ 及 $g_2 p_{m4}^n + q_{gm}\mu_g/(K_f \Delta x)$ 等均可以忽略,于是矩阵方程(3 - 57)就等效为裂缝单一介质模型。

3）基质单一介质模型的等效原理

随着 K_f/K_m 的减小,裂缝所起的作用越来越弱,$\sigma_m \to 0$,矩阵方程(3 - 57)左端系数 c_{11} 中 $-\sigma_m \Delta x^2 K_m/K_f$ 可以忽略,c_{22} 中 $-\sigma_m \Delta x^2 K_m/K_f$ 也可以忽略,c_{12}、c_{21} 可以全忽略,于是有

$$c_{11} = -2 - \frac{\Delta x^2 \mu_{gf}}{K_f \Delta t}(\phi_f C_f), \quad c_{22} = -\frac{2K_m}{K_f} - \frac{\Delta x^2 \mu_{gm}}{K_f \Delta t}(\phi_m C_m)$$

$$c_{12} = c_{21} = 0, b_{11} = d_{11} = 1$$

$$b_{22} = d_{22} = \frac{K_m}{K_f}, b_{12} = b_{21} = d_{12} = d_{21} = 0$$

c_{11} 对流动的贡献可以合并进入 c_{22} 中,即 $c_{22e} = -\dfrac{2K_t}{K_f} - \dfrac{\Delta x^2 \mu_{gm}}{K_f \Delta t}(\phi_t C_t)$,其中 K_t, ϕ_t 分别为

等效渗透率和等效孔隙度，$K_t = K_f + K_m$，$\phi_t = \phi_f + \phi_m$，C_t 为等效压缩系数，于是矩阵方程（3 - 57）就等效为基质单一介质模型。

以上碳酸盐岩纯气藏渗流的双孔双渗模型（3 - 57）的等效原理表明：对于裂缝—基质渗透率级差 K_f/K_m 很大且原油主要存在于断裂系统的裂缝型碳酸盐岩储层，可以将双孔双渗模型等效为裂缝单一介质模型；对于裂缝—基质渗透率级差 K_f/K_m 很小的孔隙型碳酸盐岩储层，可以将双孔双渗模型等效为基质单一介质模型；对于裂缝—基质渗透率级差 K_f/K_m 适中的裂缝—孔隙型碳酸盐岩储层，可以将双孔双渗模型等效为双孔单渗模型。

3. 油气两相流

在油气两相流中，雅可比矩阵元素均为 4×4 的子矩阵，形式如下

$$b_i = \frac{\partial R_i}{\partial X_{i-1}} = \begin{bmatrix} \dfrac{\partial R_{ofi}}{\partial p_{ofi-1}} & \dfrac{\partial R_{ofi}}{\partial S_{gfi-1}} & \dfrac{\partial R_{ofi}}{\partial p_{omi-1}} & \dfrac{\partial R_{ofi}}{\partial S_{gmi-1}} \\[2ex] \dfrac{\partial R_{gfi}}{\partial p_{ofi-1}} & \dfrac{\partial R_{gfi}}{\partial S_{gfi-1}} & \dfrac{\partial R_{gfi}}{\partial p_{omi-1}} & \dfrac{\partial R_{gfi}}{\partial S_{gmi-1}} \\[2ex] \dfrac{\partial R_{omi}}{\partial p_{ofi-1}} & \dfrac{\partial R_{omi}}{\partial S_{gfi-1}} & \dfrac{\partial R_{omi}}{\partial p_{omi-1}} & \dfrac{\partial R_{omi}}{\partial S_{gmi-1}} \\[2ex] \dfrac{\partial R_{gmi}}{\partial p_{ofi-1}} & \dfrac{\partial R_{gmi}}{\partial S_{gfi-1}} & \dfrac{\partial R_{gmi}}{\partial p_{omi-1}} & \dfrac{\partial R_{gmi}}{\partial S_{gmi-1}} \end{bmatrix}$$

$$c_i = \frac{\partial R_i}{\partial X_i} = \begin{bmatrix} \dfrac{\partial R_{ofi}}{\partial p_{ofi}} & \dfrac{\partial R_{ofi}}{\partial S_{gfi}} & \dfrac{\partial R_{ofi}}{\partial p_{omi}} & \dfrac{\partial R_{ofi}}{\partial S_{gmi}} \\[2ex] \dfrac{\partial R_{gfi}}{\partial p_{ofi}} & \dfrac{\partial R_{gfi}}{\partial S_{gfi}} & \dfrac{\partial R_{gfi}}{\partial p_{omi}} & \dfrac{\partial R_{gfi}}{\partial S_{gmi}} \\[2ex] \dfrac{\partial R_{omi}}{\partial p_{ofi}} & \dfrac{\partial R_{omi}}{\partial S_{gfi}} & \dfrac{\partial R_{omi}}{\partial p_{omi}} & \dfrac{\partial R_{omi}}{\partial S_{gmi}} \\[2ex] \dfrac{\partial R_{gmi}}{\partial p_{ofi}} & \dfrac{\partial R_{gmi}}{\partial S_{gfi}} & \dfrac{\partial R_{gmi}}{\partial p_{omi}} & \dfrac{\partial R_{gmi}}{\partial S_{gmi}} \end{bmatrix}$$

$$d_i = \frac{\partial R_i}{\partial X_{i+1}} = \begin{bmatrix} \dfrac{\partial R_{ofi}}{\partial p_{ofi+1}} & \dfrac{\partial R_{ofi}}{\partial S_{gfi+1}} & \dfrac{\partial R_{ofi}}{\partial p_{omi+1}} & \dfrac{\partial R_{ofi}}{\partial S_{gmi+1}} \\[2ex] \dfrac{\partial R_{gfi}}{\partial p_{ofi+1}} & \dfrac{\partial R_{gfi}}{\partial S_{gfi+1}} & \dfrac{\partial R_{gfi}}{\partial p_{omi+1}} & \dfrac{\partial R_{gfi}}{\partial S_{gmi+1}} \\[2ex] \dfrac{\partial R_{omi}}{\partial p_{ofi+1}} & \dfrac{\partial R_{omi}}{\partial S_{gfi+1}} & \dfrac{\partial R_{omi}}{\partial p_{omi+1}} & \dfrac{\partial R_{omi}}{\partial S_{gmi+1}} \\[2ex] \dfrac{\partial R_{gmi}}{\partial p_{ofi+1}} & \dfrac{\partial R_{gmi}}{\partial S_{gfi+1}} & \dfrac{\partial R_{gmi}}{\partial p_{omi+1}} & \dfrac{\partial R_{gmi}}{\partial S_{gmi+1}} \end{bmatrix}$$

矩阵方程形式为

$$
\begin{bmatrix}
c_{11} & c_{12} & c_{13} & c_{14} & d_{11} & d_{12} & d_{13} & d_{14} \\
c_{21} & c_{22} & c_{23} & c_{24} & d_{21} & d_{22} & d_{23} & d_{24} \\
c_{31} & c_{32} & c_{33} & c_{34} & d_{31} & d_{32} & d_{33} & d_{34} \\
c_{41} & c_{42} & c_{43} & c_{44} & d_{41} & d_{42} & d_{43} & d_{44} \\
b_{11} & b_{12} & b_{13} & b_{14} & c_{11} & c_{12} & c_{13} & c_{14} & d_{11} & d_{12} & d_{13} & d_{14} \\
b_{21} & b_{22} & b_{23} & b_{24} & c_{21} & c_{22} & c_{23} & c_{24} & d_{21} & d_{22} & d_{23} & d_{24} \\
b_{31} & b_{32} & b_{33} & b_{34} & c_{31} & c_{32} & c_{33} & c_{34} & d_{31} & d_{32} & d_{33} & d_{34} \\
b_{41} & b_{42} & b_{43} & b_{44} & c_{41} & c_{42} & c_{43} & c_{44} & d_{41} & d_{42} & d_{43} & d_{44} \\
 & & & & b_{11} & b_{12} & b_{13} & b_{14} & c_{11} & c_{12} & c_{13} & c_{14} & d_{11} & d_{12} & d_{13} & d_{14} \\
 & & & & b_{21} & b_{22} & b_{23} & b_{24} & c_{21} & c_{22} & c_{23} & c_{24} & d_{21} & d_{22} & d_{23} & d_{24} \\
 & & & & b_{31} & b_{32} & b_{33} & b_{34} & c_{31} & c_{32} & c_{33} & c_{34} & d_{31} & d_{32} & d_{33} & d_{34} \\
 & & & & b_{41} & b_{42} & b_{43} & b_{44} & c_{41} & c_{42} & c_{43} & c_{44} & d_{41} & d_{42} & d_{43} & d_{44} \\
 & & & & & & & & b_{11} & b_{12} & b_{13} & b_{14} & c_{11} & c_{12} & c_{13} & c_{14} & d_{11} & d_{12} & d_{13} & d_{14} \\
 & & & & & & & & b_{21} & b_{22} & b_{23} & b_{24} & c_{21} & c_{22} & c_{23} & c_{24} & d_{21} & d_{22} & d_{23} & d_{24} \\
 & & & & & & & & b_{31} & b_{32} & b_{33} & b_{34} & c_{31} & c_{32} & c_{33} & c_{34} & d_{31} & d_{32} & d_{33} & d_{34} \\
 & & & & & & & & b_{41} & b_{42} & b_{43} & b_{44} & c_{41} & c_{42} & c_{43} & c_{44} & d_{41} & d_{42} & d_{43} & d_{44} \\
 & & & & & & & & & & & & b_{11} & b_{12} & b_{13} & b_{14} & c_{11} & c_{12} & c_{13} & c_{14} \\
 & & & & & & & & & & & & b_{21} & b_{22} & b_{23} & b_{24} & c_{21} & c_{22} & c_{23} & c_{24} \\
 & & & & & & & & & & & & b_{31} & b_{32} & b_{33} & b_{34} & c_{31} & c_{32} & c_{33} & c_{34} \\
 & & & & & & & & & & & & b_{41} & b_{42} & b_{43} & b_{44} & c_{41} & c_{42} & c_{43} & c_{44}
\end{bmatrix}
\cdot
\begin{bmatrix}
p_{of2}^{n+1} \\
S_{gf2}^{n+1} \\
p_{om2}^{n+1} \\
S_{gm2}^{n+1} \\
p_{of3}^{n+1} \\
S_{gf3}^{n+1} \\
p_{om3}^{n+1} \\
S_{gm3}^{n+1} \\
p_{of4}^{n+1} \\
S_{gf4}^{n+1} \\
p_{om4}^{n+1} \\
S_{gm4}^{n+1} \\
p_{of5}^{n+1} \\
S_{gf5}^{n+1} \\
p_{om5}^{n+1} \\
S_{gm5}^{n+1} \\
p_{of6}^{n+1} \\
S_{gf6}^{n+1} \\
p_{om6}^{n+1} \\
S_{gm6}^{n+1}
\end{bmatrix}
=
\begin{bmatrix}
g_{1(2)}+g_{01} \\
g_{2(2)}+g_{02} \\
g_{3(2)}+g_{03} \\
g_{4(2)}+g_{04} \\
g_{1(3)} \\
g_{2(3)} \\
g_{3(3)} \\
g_{4(3)} \\
g_{1(4)} \\
g_{2(4)} \\
g_{3(4)} \\
g_{4(4)} \\
g_{1(5)} \\
g_{2(5)} \\
g_{3(5)} \\
g_{4(5)} \\
g_{1(5)}+g_{01} \\
g_{2(5)}+g_{02} \\
g_{3(5)}+g_{03} \\
g_{4(5)}+g_{04}
\end{bmatrix}
\tag{3-58}
$$

系数 c_{ij}：

$$c_{11} = -2 - \frac{K_m}{K_f} \cdot \frac{\sigma_m K_{rom}}{K_{rof}} \Delta x^2 - \frac{\Delta x^2 \mu_o}{K_f K_{rof} \Delta t} (S_{of} \phi_{rf} C_{rf})$$

$$c_{12} = -\frac{2 p_{of} K'_{rogf}}{K_{rof}} + \frac{\Delta x^2 \mu_o \phi_f}{K_f K_{rof} \Delta t}$$

$$c_{13} = \frac{K_m}{K_f} \cdot \frac{\sigma_m K_{rom}}{K_{rof}} \Delta x^2$$

$$c_{14} = (p_{om} - p_{of}) \frac{K_m}{K_f} \cdot \frac{\Delta x^2 \sigma_m K'_{rogm}}{K_{rof}}$$

$$c_{21} = -2 \left(\frac{\mu_o}{\mu_g} \cdot \frac{K_{rgf} \rho_g}{K_{rof} \rho_o} + \frac{\rho_{gd}}{\rho_o} \right) - \frac{K_m}{K_f} \cdot \frac{\mu_o}{\mu_g} \cdot \frac{\sigma_m K_{rgm} \rho_g}{K_{rof} \rho_o} \cdot \Delta x^2 - \frac{K_m}{K_f} \cdot \frac{\sigma_m K_{rom} \rho_{gd}}{K_{rof} \rho_o} \cdot \Delta x^2$$
$$- \frac{\Delta x^2 \mu_o}{K_f K_{rof} \rho_o \Delta t} [(\rho_g S_{gf} + \rho_{gd} S_{of}) \phi_{rf} C_{rf}]$$

$$c_{22} = -p'_{cogf} \frac{\mu_o}{\mu_g} \cdot \frac{2 K_{rgf} \rho_g}{K_{rof} \rho_o} - (p_{of} + p_{cogf}) \frac{\mu_o}{\mu_g} \cdot \frac{2 K'_{rgf} \rho_g}{K_{rof} \rho_o} - p_{of} \cdot \frac{2 K'_{rogf} \rho_{gd}}{K_{rof} \rho_o}$$
$$- \frac{\Delta x^2 \mu_o}{K_f K_{rof} \rho_o \Delta t} (\phi_f \rho_g - \phi_f \rho_{gd})$$

$$c_{23} = \frac{K_m}{K_f} \cdot \frac{\mu_o}{\mu_g} \cdot \frac{\sigma_m K_{rgm} \rho_g}{K_{rof} \rho_o} \Delta x^2 + \frac{K_m}{K_f} \cdot \frac{\sigma_m K_{rom} \rho_{gd}}{K_{rof} \rho_o} \Delta x^2$$

$$c_{24} = (p_{om} + p_{cogm} - p_{of} - p_{cogf}) \frac{K_m}{K_f} \frac{\mu_o}{\mu_g} \cdot \frac{\sigma_m}{K_{rof} \rho_o} (K'_{rgm} \rho_g) \Delta x^2$$
$$+ (p_{om} - p_{of}) \frac{K_m}{K_f} \cdot \frac{\sigma_m}{K_{rof} \rho_o} (K'_{rogm} \rho_{gd}) \Delta x^2$$

$$c_{31} = \frac{K_m}{K_f} \cdot \frac{\sigma_m K_{rom}}{K_{rof}} \cdot \Delta x^2$$

$$c_{32} = 0$$

$$c_{33} = -\frac{K_m}{K_f} \cdot \frac{2 K_{rom}}{K_{rof}} - \frac{K_m}{K_f} \cdot \frac{\sigma_m K_{rom}}{K_{rof}} \cdot \Delta x^2 - \frac{\Delta x^2 \mu_o}{K_f K_{rof} \Delta t} (S_{om} \phi_{rm} C_{rm})$$

$$c_{34} = -p_{om} \frac{K_m}{K_f} \cdot \frac{2 K'_{rogm}}{K_{rof}} - (p_{om} - p_{of}) \frac{K_m}{K_f} \cdot \frac{\sigma_m K'_{rogm}}{K_{rof}} \Delta x^2 + \frac{\Delta x^2 \mu_o \phi_m}{K_f K_{rof} \Delta t}$$

$$c_{41} = \frac{K_m}{K_f} \frac{\mu_o}{\mu_g} \cdot \frac{\sigma_m K_{rgm} \rho_g}{K_{rof} \rho_o} \Delta x^2 + \frac{K_m}{K_f} \cdot \frac{\sigma_m K_{rom} \rho_{gd}}{K_{rof} \rho_o} \Delta x^2$$

$$c_{42} = 0$$

$$c_{43} = -2\frac{K_{\mathrm{m}}}{K_{\mathrm{f}}} \cdot \left(\frac{\mu_{\mathrm{o}}}{\mu_{\mathrm{g}}}\frac{K_{\mathrm{rgm}}\rho_{\mathrm{g}}}{K_{\mathrm{rof}}\rho_{\mathrm{o}}} + \frac{K_{\mathrm{rom}}\rho_{\mathrm{gd}}}{K_{\mathrm{rof}}\rho_{\mathrm{o}}}\right) - \frac{K_{\mathrm{m}}}{K_{\mathrm{f}}}\frac{\mu_{\mathrm{o}}}{\mu_{\mathrm{g}}} \cdot \frac{\sigma_{\mathrm{m}}K_{\mathrm{rgm}}\rho_{\mathrm{g}}}{K_{\mathrm{rof}}\rho_{\mathrm{o}}}\Delta x^2 - \frac{K_{\mathrm{m}}}{K_{\mathrm{f}}} \cdot \frac{\sigma_{\mathrm{m}}K_{\mathrm{rom}}\rho_{\mathrm{gdm}}}{K_{\mathrm{rof}}\rho_{\mathrm{o}}}\Delta x^2$$

$$- \frac{\Delta x^2\mu_{\mathrm{o}}}{K_{\mathrm{f}}K_{\mathrm{rof}}\rho_{\mathrm{o}}\Delta t}\left[\left(\rho_{\mathrm{g}}S_{\mathrm{gm}} + \rho_{\mathrm{gd}}S_{\mathrm{om}}\right)\phi_{\mathrm{rm}}C_{\mathrm{rm}}\right]$$

$$c_{44} = -p'_{\mathrm{cogm}}\frac{K_{\mathrm{m}}}{K_{\mathrm{f}}}\frac{\mu_{\mathrm{o}}}{\mu_{\mathrm{g}}} \cdot \frac{2K_{\mathrm{rgm}}\rho_{\mathrm{g}}}{K_{\mathrm{rof}}\rho_{\mathrm{o}}} - \left(p_{\mathrm{om}} + p_{\mathrm{cgom}}\right)\frac{K_{\mathrm{m}}}{K_{\mathrm{f}}}\frac{\mu_{\mathrm{o}}}{\mu_{\mathrm{g}}} \cdot \frac{2K'_{\mathrm{rgm}}\rho_{\mathrm{g}}}{K_{\mathrm{rof}}\rho_{\mathrm{o}}} - p_{\mathrm{om}}\frac{K_{\mathrm{m}}}{K_{\mathrm{f}}} \cdot \frac{2K'_{\mathrm{rogm}}\rho_{\mathrm{gd}}}{K_{\mathrm{rof}}\rho_{\mathrm{o}}}$$

$$- \left(p_{\mathrm{om}} + p_{\mathrm{cogm}} - p_{\mathrm{of}} - p_{\mathrm{cogf}}\right)\frac{K_{\mathrm{m}}}{K_{\mathrm{f}}}\frac{\mu_{\mathrm{o}}}{\mu_{\mathrm{g}}} \cdot \frac{\Delta x^2\sigma_{\mathrm{m}}}{K_{\mathrm{rof}}\rho_{\mathrm{o}}}\left(K'_{\mathrm{rgm}}\rho_{\mathrm{g}}\right)$$

$$- \left(p_{\mathrm{om}} - p_{\mathrm{of}}\right)\frac{K_{\mathrm{m}}}{K_{\mathrm{f}}} \cdot \frac{\Delta x^2\sigma_{\mathrm{m}}}{K_{\mathrm{rof}}\rho_{\mathrm{o}}}\left(K'_{\mathrm{rogm}}\rho_{\mathrm{gd}}\right)$$

$$- \frac{\Delta x^2\mu_{\mathrm{o}}\left(\phi_{\mathrm{m}}\rho_{\mathrm{g}} - \phi_{\mathrm{m}}\rho_{\mathrm{gd}}\right)}{K_{\mathrm{f}}K_{\mathrm{rof}}\rho_{\mathrm{o}}\Delta t}$$

系数 b_{ij} , d_{ij} :

$$b_{11} = d_{11} = 1, b_{12} = d_{12} = p_{\mathrm{of}}K'_{\mathrm{rogf}}/K_{\mathrm{rof}}$$

$$b_{13} = d_{13} = 0, b_{14} = d_{14} = 0$$

$$b_{21} = d_{21} = \left(\frac{\mu_{\mathrm{o}}}{\mu_{\mathrm{g}}} \cdot \frac{K_{\mathrm{rgf}}\rho_{\mathrm{g}}}{K_{\mathrm{rof}}\rho_{\mathrm{o}}} + \frac{\rho_{\mathrm{gd}}}{\rho_{\mathrm{o}}}\right)$$

$$b_{22} = d_{22} = p'_{\mathrm{cogf}}\frac{\mu_{\mathrm{o}}}{\mu_{\mathrm{g}}} \cdot \frac{K_{\mathrm{rgf}}\rho_{\mathrm{g}}}{K_{\mathrm{rof}}\rho_{\mathrm{o}}} + \left(p_{\mathrm{of}} + p_{\mathrm{cgof}}\right)\frac{\mu_{\mathrm{o}}}{\mu_{\mathrm{g}}} \cdot \frac{K'_{\mathrm{rgf}}\rho_{\mathrm{gf}}}{K_{\mathrm{rof}}\rho_{\mathrm{o}}} + p_{\mathrm{of}} \cdot \frac{\left(K'_{\mathrm{rogf}}\rho_{\mathrm{gd}}\right)}{K_{\mathrm{rof}}\rho_{\mathrm{o}}}$$

$$b_{23} = d_{23} = 0, b_{24} = d_{24} = 0$$

$$b_{31} = d_{31} = 0, b_{32} = d_{32} = 0$$

$$b_{33} = d_{33} = \frac{K_{\mathrm{m}}}{K_{\mathrm{f}}} \cdot \frac{K_{\mathrm{rom}}}{K_{\mathrm{rof}}}, b_{34} = d_{34} = p_{\mathrm{om}}\frac{K_{\mathrm{m}}}{K_{\mathrm{f}}} \cdot \frac{K'_{\mathrm{rogm}}}{K_{\mathrm{rof}}}$$

$$b_{41} = d_{41} = 0, b_{42} = d_{42} = 0$$

$$b_{43} = d_{43} = \frac{K_{\mathrm{m}}}{K_{\mathrm{f}}} \cdot \left(\frac{\mu_{\mathrm{o}}}{\mu_{\mathrm{g}}}\frac{K_{\mathrm{rgm}}\rho_{\mathrm{g}}}{K_{\mathrm{rof}}\rho_{\mathrm{o}}} + \frac{K_{\mathrm{rom}}\rho_{\mathrm{gd}}}{K_{\mathrm{rof}}\rho_{\mathrm{o}}}\right)$$

$$b_{44} = d_{44} = p'_{\mathrm{cogm}}\frac{K_{\mathrm{m}}}{K_{\mathrm{f}}}\frac{\mu_{\mathrm{o}}}{\mu_{\mathrm{g}}} \cdot \frac{K_{\mathrm{rgm}}\rho_{\mathrm{g}}}{K_{\mathrm{rof}}\rho_{\mathrm{o}}} + \left(p_{\mathrm{om}} + p_{\mathrm{cgom}}\right)\frac{K_{\mathrm{m}}}{K_{\mathrm{f}}}\frac{\mu_{\mathrm{o}}}{\mu_{\mathrm{g}}} \cdot \frac{K'_{\mathrm{rgm}}\rho_{\mathrm{g}}}{K_{\mathrm{rof}}\rho_{\mathrm{o}}} + p_{\mathrm{of}}\frac{K_{\mathrm{m}}}{K_{\mathrm{f}}} \cdot \frac{K'_{\mathrm{rogm}}\rho_{\mathrm{gd}}}{K_{\mathrm{rof}}\rho_{\mathrm{o}}}$$

右端项(不考虑产量项的影响):

$$g_{1(2)} = -\frac{\Delta x^2\mu_{\mathrm{o}}}{K_{\mathrm{f}}K_{\mathrm{rof}}\Delta t}\left(S_{\mathrm{of}}\phi_{\mathrm{rf}}C_{\mathrm{rf}}\right)p_{\mathrm{of2}}^n + \frac{\Delta x^2\mu_{\mathrm{o}}}{K_{\mathrm{f}}K_{\mathrm{rof}}\Delta t}\phi_{\mathrm{f}} \cdot S_{\mathrm{gf2}}^n + c_{14}S_{\mathrm{gm2}}^n$$

$$g_{2(2)} = -\frac{\Delta x^2\mu_{\mathrm{o}}}{K_{\mathrm{f}}K_{\mathrm{rof}}\rho_{\mathrm{o}}\Delta t}\left[\left(\rho_{\mathrm{g}}S_{\mathrm{gf}} + \rho_{\mathrm{gd}}S_{\mathrm{of}}\right)\phi_{\mathrm{rf}}C_{\mathrm{rf}}\right]p_{\mathrm{of2}}^n - \frac{\Delta x^2\mu_{\mathrm{o}}}{K_{\mathrm{f}}K_{\mathrm{rof}}\rho_{\mathrm{o}}\Delta t}\left(\phi_{\mathrm{f}}\rho_{\mathrm{g}} - \phi_{\mathrm{f}}\rho_{\mathrm{gd}}\right)S_{\mathrm{gf2}}^n + c_{24}S_{\mathrm{gm2}}^n$$

$$g_{3(2)} = -\frac{\Delta x^2 \mu_o}{K_f K_{rof} \Delta t}(S_{om}\phi_{rm}C_{rm})p_{om2}^n + \left[\frac{\Delta x^2 \mu_o \phi_m}{K_f K_{rof} \Delta t} - (p_{om} - p_{of})\frac{K_m}{K_f} \cdot \frac{\sigma_m K'_{rogm}}{K_{rof}}\Delta x^2\right]S_{gm2}^2$$

$$g_{4(2)} = -\frac{\Delta x^2 \mu_o}{K_f K_{rof}\rho_o \Delta t}\left[(\rho_g S_{gm} + \rho_{gd}S_{om})\phi_{rm}C_{rm}\right]p_{om2}^n - \left[\frac{\Delta x^2 \mu_o}{K_f K_{rof}\rho_o \Delta t}(\phi_m \rho_g - \phi_m \rho_{gd})\right.$$

$$+ (p_{om} + p_{cogm} - p_{of} - p_{cogf})\frac{K_m}{K_f} \cdot \frac{\mu_o}{\mu_g} \cdot \frac{\Delta x^2 \sigma_m}{K_{rof}\rho_o}(K'_{rgm}\rho_g)$$

$$\left. + (p_{om} - p_{of})\frac{K_m}{K_f} \cdot \frac{\Delta x^2 \sigma_m}{K_{rof}\rho_o}(K'_{rogm}\rho_{gd})\right]S_{gm2}^n$$

$$g_{01} = -p_{of0} - \frac{p_{of}K'_{rogf}}{K_{rof}}S_{gf0}$$

$$g_{02} = -\left(\frac{\mu_o}{\mu_g} \cdot \frac{K_{rgf}\rho_g}{K_{rof}\rho_o} + \frac{\rho_{gd}}{\rho_o}\right)P_{of0} - \left[p'_{cogf}\frac{\mu_o}{\mu_g} \cdot \frac{K_{rgf}\rho_g}{K_{rof}\rho_o} + (p_{of} + p_{cgof})\frac{\mu_o}{\mu_g} \cdot \frac{K'_{rgf}\rho_g}{K_{rof}\rho_o}\right.$$

$$\left. + p_{of} \cdot \frac{K'_{rogf}\rho_{gd}}{K_{rof}\rho_o}\right] \cdot S_{gf0}$$

$$g_{03} = -\frac{K_m}{K_f} \cdot \frac{K_{rom}}{K_{rof}}p_{om0} - p_{om}\frac{K_m}{K_f} \cdot \frac{K'_{rogm}}{K_{rof}}S_{gm0}$$

$$g_{04} = -\left[p'_{cogm}\frac{K_m}{K_f}\frac{\mu_o}{\mu_g} \cdot \frac{K_{rgm}\rho_g}{K_{rof}\rho_o} + (p_{om} + p_{cgom})\frac{K_m}{K_f}\frac{\mu_o}{\mu_g} \cdot \frac{K'_{rgm}\rho_g}{K_{rof}\rho_o} + p_{of}\frac{K_m}{K_f} \cdot \frac{K'_{rogm}\rho_{gdm}}{K_{rof}\rho_o}\right] \cdot S_{gm0}$$

$$- \frac{K_m}{K_f} \cdot \left(\frac{\mu_o}{\mu_g}\frac{K_{rgm}\rho_g}{K_{rof}\rho_o} + \frac{K_{rom}\rho_{gd}}{K_{rof}\rho_o}\right)p_{om0}$$

$g_{1(3)}$，$g_{2(3)}$，…等形式与 $g_{1(2)}$，$g_{2(2)}$ 相同，只是节点编号对应括号中的数字。

1）双孔单渗模型的等效原理

在上述矩阵方程（3 – 58）中，随着裂缝—基质渗透率级差的增大，K_m/K_f 一项的值越来越小，矩阵系数中，涉及以下基质流动的参数团可以忽略

$$\frac{K_m}{K_f} \cdot \frac{K_{rom}}{K_{rof}}, p_{om}\frac{K_m}{K_f} \cdot \frac{K'_{rogm}}{K_{rof}}, \frac{K_m}{K_f} \cdot \left(\frac{\mu_o}{\mu_g}\frac{K_{rgm}\rho_g}{K_{rof}\rho_o} + \frac{K_{rom}\rho_{gd}}{K_{rof}\rho_o}\right),$$

$$p'_{cogm}\frac{K_m}{K_f}\frac{\mu_o}{\mu_g} \cdot \frac{K_{rgm}\rho_g}{K_{rof}\rho_o} + (p_{om} + p_{cgom})\frac{K_m}{K_f}\frac{\mu_o}{\mu_g} \cdot \frac{K'_{rgm}\rho_g}{K_{rof}\rho_o} + p_{om}\frac{K_m}{K_f} \cdot \frac{K'_{rogm}\rho_{gd}}{K_{rof}\rho_o}$$

于是有

$$c_{33} = -\frac{K_m}{K_f} \cdot \frac{\sigma_m K_{rom}}{K_{rof}} \cdot \Delta x^2 - \frac{\Delta x^2 \mu_o}{K_f K_{rof} \Delta t}(S_{om}\phi_{rm}C_{rm})$$

$$c_{34} = -(p_{om} - p_{of})\frac{K_m}{K_f} \cdot \frac{\sigma_m K'_{rogm}}{K_{rof}}\Delta x^2 + \frac{\Delta x^2 \mu_o \phi_m}{K_f K_{rof} \Delta t}$$

$$c_{43} = -\frac{K_m}{K_f}\frac{\mu_o}{\mu_g} \cdot \frac{\sigma_m K_{rgm}\rho_g}{K_{rof}\rho_o}\Delta x^2 - \frac{K_m}{K_f} \cdot \frac{\sigma_m K_{rom}\rho_{gdm}}{K_{rof}\rho_o}\Delta x^2 - \frac{\Delta x^2 \mu_o}{K_f K_{rof}\rho_o \Delta t}\left[(\rho_g S_{gm} + \rho_{gd}S_{om})\phi_{rm}C_{rm}\right]$$

$$c_{44} = -(p_{om} + p_{cogm} - p_{of} - p_{cogf})\frac{K_m}{K_f}\frac{\mu_o}{\mu_g} \cdot \frac{\Delta x^2 \sigma_m}{K_{rof}\rho_o}(K'_{rgm}\rho_g) - (p_{om} - p_{of})\frac{K_m}{K_f} \cdot \frac{\Delta x^2 \sigma_m}{K_{rof}\rho_o}(K_{rogm}\rho_{gd})$$

$$- \frac{\Delta x^2 \mu_o}{K_f K_{rof}\rho_o \Delta t}(\phi_m\rho_g - \phi_m\rho_{gd})$$

$$b_{33} = d_{33} = 0, b_{34} = d_{34} = 0$$

$$b_{43} = d_{43} = 0, b_{44} = d_{44} = 0$$

$$g_{03} = 0, \qquad g_{04} = 0$$

其余参数不变,这样就将双孔双渗模型等效成双孔单渗模型。

2)裂缝单一介质模型的等效原理

对于 $\phi_f > > \phi_m$ 且 $K_f > > K_m$ 的裂缝性碳酸盐岩油气藏,涉及以下基质流动的参数团可以忽略

$$\frac{K_m}{K_f} \cdot \frac{K_{rom}}{K_{rof}}, p_{of}\frac{K_m}{K_f} \cdot \frac{K'_{rogm}}{K_{rof}}, \frac{K_m}{K_f} \cdot \left(\frac{\mu_o}{\mu_g}\frac{K_{rgm}\rho_g}{K_{rof}\rho_o} + \frac{K_{rom}\rho_{gd}}{K_{rof}\rho_o}\right),$$

$$p'_{cogm}\frac{K_m}{K_f}\frac{\mu_o}{\mu_g} \cdot \frac{K_{rgm}\rho_g}{K_{rof}\rho_o} + (p_{om} + p_{cgom})\frac{K_m}{K_f}\frac{\mu_o}{\mu_g} \cdot \frac{K'_{rgm}\rho_g}{K_{rof}\rho_o} + p_{of}\frac{K_m}{K_f} \cdot \frac{K'_{rogm}\rho_{gd}}{K_{rof}\rho_o}$$

涉及以下基质—裂缝流体交换的参数团可以忽略

$$\frac{K_m}{K_f} \cdot \frac{\sigma_m K_{rom}}{K_{rof}} \cdot \Delta x^2, (p_{om} - p_{of})\frac{K_m}{K_f} \cdot \frac{\sigma_m K'_{rogm}}{K_{rof}}\Delta x^2,$$

$$\frac{K_m}{K_f}\frac{\mu_o}{\mu_g} \cdot \frac{\sigma_m K_{rgm}\rho_g}{K_{rof}\rho_o}\Delta x^2 + \frac{K_m}{K_f} \cdot \frac{\sigma_m K_{rom}\rho_{gd}}{K_{rof}\rho_o}\Delta x^2,$$

$$(p_{om} + p_{cogm} - p_{of} - p_{cogf})\frac{K_m}{K_f}\frac{\mu_o}{\mu_g} \cdot \frac{\Delta x^2 \sigma_m}{K_{rof}\rho_o}(K'_{rgm}\rho_g) + (p_{om} - p_{of})\frac{K_m}{K_f} \cdot \frac{\Delta x^2 \sigma_m}{K_{rof}\rho_o}(K'_{rogm}\rho_{gd})$$

涉及以下基质中累积项的参数团可以忽略

$$\frac{\Delta x^2 \mu_o}{K_f K_{rof}\Delta t}(S_{om}\phi_{rm}C_{rm}), \frac{\Delta x^2 \mu_o \phi_m}{K_f K_{rof}\Delta t},$$

$$\frac{\Delta x^2 \mu_o}{K_f K_{rof}\rho_o \Delta t}[(\rho_g S_{gm} + \rho_{gd}S_{om})\phi_{rm}C_{rm}], \frac{\Delta x^2 \mu_o}{K_f K_{rof}\rho_o \Delta t}(\phi_m\rho_g - \phi_m\rho_{gd})$$

于是有

$$c_{11} = -2 - \frac{\Delta x^2 \mu_o}{K_f K_{rof}\Delta t}(S_{of}\phi_{rt}C_{rt})$$

$$c_{12} = -\frac{2p_{of}K'_{rogf}}{K_{rof}} + \frac{\Delta x^2 \mu_o \phi_t}{K_f K_{rof}\Delta t}$$

$$c_{21} = -2\left(\frac{\mu_o}{\mu_g} \cdot \frac{K_{rgf}\rho_g}{K_{rof}\rho_o} + \frac{\rho_{gd}}{\rho_o}\right) - \frac{\Delta x^2 \mu_o}{K_f K_{rof}\rho_o \Delta t}\left[(\rho_g S_{gf} + \rho_{gd}S_{of})\phi_{rt}C_{rt}\right]$$

$$c_{22} = -p'_{cogf}\frac{\mu_o}{\mu_g} \cdot \frac{2K_{rgf}\rho_g}{K_{rof}\rho_o} - (p_{of} + p_{cogf})\frac{\mu_o}{\mu_g} \cdot \frac{2K'_{rgf}\rho_g}{K_{rof}\rho_o} - p_{of} \cdot \frac{2K'_{rogf}\rho_{gd}}{K_{rof}\rho_o}$$

$$- \frac{\Delta x^2 \mu_o(\phi_t\rho_g - \phi_t\rho_{gd})}{K_f K_{rof}\rho_o \Delta t}$$

$$b_{11} = d_{11} = 1, b_{12} = d_{12} = p_{of}K'_{rogf}/K_{rof}$$

$$b_{21} = d_{21} = \left(\frac{\mu_o}{\mu_g} \cdot \frac{K_{rgf}\rho_g}{K_{rof}\rho_o} + \frac{\rho_{gd}}{\rho_o}\right)$$

$$b_{22} = d_{22} = p'_{cogf}\frac{\mu_o}{\mu_g} \cdot \frac{K_{rgf}\rho_g}{K_{rof}\rho_o} + (p_{of} + p_{cgof})\frac{\mu_o}{\mu_g} \cdot \frac{K'_{rgf}\rho_{gf}}{K_{rof}\rho_o} + p_{of} \cdot \frac{(K'_{rogf}\rho_{gd})}{K_{rof}\rho_o}$$

$$g_{1(2)} = -\frac{\Delta x^2 \mu_o}{K_f K_{rof}\Delta t}(S_{of}\phi_{rt}C_{rt})p_{of2}^n + \frac{\Delta x^2 \mu_o}{K_f K_{rof}\Delta t}\phi_t \cdot S_{gf2}^n$$

$$g_{2(2)} = -\frac{\Delta x^2 \mu_o}{K_f K_{rof}\rho_o \Delta t}\left[(\rho_g S_{gf} + \rho_{gd}S_{of})\phi_{rt}C_{rt}\right]p_{of2}^n - \frac{\Delta x^2 \mu_o}{K_f K_{rof}\rho_o \Delta t}(\phi_t\rho_g - \phi_t\rho_{gd})S_{gf2}^n$$

$$g_{01} = -p_{of0} - \frac{p_{of}K'_{rogf}}{K_{rof}}S_{gf0}$$

$$g_{02} = -\left(\frac{\mu_o}{\mu_g} \cdot \frac{K_{rgf}\rho_g}{K_{rof}\rho_o} + \frac{\rho_{gd}}{\rho_o}\right)p_{of0} - \left[p'_{cogf}\frac{\mu_o}{\mu_g} \cdot \frac{K_{rgf}\rho_g}{K_{rof}\rho_o} + (p_{of} + p_{cgof})\frac{\mu_o}{\mu_g} \cdot \frac{K'_{rgf}\rho_g}{K_{rof}\rho_o}\right.$$

$$\left. + p_{of} \cdot \frac{K'_{rogf}\rho_{gd}}{K_{rof}\rho_o}\right] \cdot S_{gf0}$$

其中,$\phi_t = \phi_f + \phi_m$ 为等效孔隙度;C_{rt} 为裂缝和基质系统的等效压缩系数。

这样就将双孔双渗模型等效成裂缝单一介质模型。

3)基质单一介质模型的等效原理

随着 K_f/K_m 的减小,裂缝所起的作用越来越弱,$\sigma_m \to 0$,涉及以下基质—裂缝流体交换的参数团可以忽略

$$\frac{K_m}{K_f} \cdot \frac{\sigma_m K_{rom}}{K_{rof}} \cdot \Delta x^2 , (p_{om} - p_{of})\frac{K_m}{K_f} \cdot \frac{\sigma_m K'_{rogm}}{K_{rof}}\Delta x^2 ,$$

$$\frac{K_m}{K_f}\frac{\mu_o}{\mu_g} \cdot \frac{\sigma_m K_{rgm}\rho_g}{K_{rof}\rho_o}\Delta x^2 + \frac{K_m}{K_f} \cdot \frac{\sigma_m K_{rom}\rho_{gd}}{K_{rof}\rho_o}\Delta x^2$$

此外,裂缝中的流动项和累积项的贡献可以合并进入基质中,于是有

$$c_{11} = -2 - \frac{\Delta x^2 \mu_o}{K_t K_{rom}\Delta t}(S_{om}\phi_{rt}C_{rt})$$

$$c_{12} = -\frac{2p_{om}K'_{rogm}}{K_{rom}} + \frac{\Delta x^2 \mu_o \phi_t}{K_t K_{rom} \Delta t}$$

$$c_{21} = -2\left(\frac{\mu_o}{\mu_g} \frac{K_{rgm}\rho_g}{K_{rom}\rho_o} + \frac{\rho_{gd}}{\rho_o}\right) - \frac{\Delta x^2 \mu_o}{K_t K_{rom}\rho_o \Delta t}\left[(\rho_g S_{gm} + \rho_{gd} S_{om})\phi_{rt} C_{rt}\right]$$

$$c_{22} = -p'_{cogm}\frac{\mu_o}{\mu_g} \cdot \frac{2K_{rgm}\rho_g}{K_{rom}\rho_o} - (p_{om} + p_{cgom})\frac{\mu_o}{\mu_g} \cdot \frac{2K'_{rgm}\rho_g}{K_{rom}\rho_o} - p_{om} \cdot \frac{2K'_{rogm}\rho_{gd}}{K_{rom}\rho_o}$$

$$\qquad - \frac{\Delta x^2 \mu_o (\phi_t \rho_g - \phi_t \rho_{gd})}{K_t K_{rom}\rho_o \Delta t}$$

$$b_{11} = d_{11} = 1, b_{12} = d_{12} = p_{om}\frac{K'_{rogm}}{K_{rom}}$$

$$b_{21} = d_{21} = \frac{\mu_o}{\mu_g}\frac{K_{rgm}\rho_g}{K_{rom}\rho_o} + \frac{\rho_{gd}}{\rho_o}$$

$$b_{22} = d_{22} = p'_{cogm}\frac{\mu_o}{\mu_g} \cdot \frac{K_{rgm}\rho_g}{K_{rom}\rho_o} + (p_{om} + p_{cgom})\frac{\mu_o}{\mu_g} \cdot \frac{K'_{rgm}\rho_g}{K_{rom}\rho_o} + p_{om}\frac{K'_{rogm}\rho_{gd}}{K_{rom}\rho_o}$$

$$g_{1(2)} = -\frac{\Delta x^2 \mu_o}{K_t K_{rom}\Delta t}(S_{om}\phi_{rt} C_{rt})p_{om2}^n - \frac{\Delta x^2 \mu_o \phi_t}{K_t K_{rom}\Delta t}S_{gm2}^2$$

$$g_{2(2)} = -\frac{\Delta x^2 \mu_o}{K_t K_{rom}\rho_o \Delta t}\left[(\rho_g S_{gm} + \rho_{gd} S_{om})\phi_{rt} C_{rt}\right]p_{om2}^n - \frac{\Delta x^2 \mu_o}{K_t K_{rom}\rho_o \Delta t}(\phi_t \rho_g - \phi_t \rho_{gd})S_{gm2}^n$$

$$g_{01} = -p_{om0} - p_{om}\frac{K'_{rogm}}{K_{rom}}S_{gm0}$$

$$g_{02} = -\left[p'_{cogm}\frac{\mu_o}{\mu_g} \cdot \frac{K_{rgm}\rho_g}{K_{rom}\rho_o} + (p_{om} + p_{cgom})\frac{\mu_o}{\mu_g} \cdot \frac{K'_{rgm}\rho_g}{K_{rom}\rho_o} + p_{om}\frac{K'_{rogm}\rho_{gdm}}{K_{rom}\rho_o}\right] \cdot S_{gm0}$$

$$\qquad - \left(\frac{\mu_o}{\mu_g}\frac{K_{rgm}\rho_g}{K_{rom}\rho_o} + \frac{K_{rom}\rho_{gd}}{K_{rom}\rho_o}\right)p_{om0}$$

其中，$\phi_t = \phi_f + \phi_m$ 为等效孔隙度，$K_t = K_f + K_m$ 为等效渗透率，C_{rt} 为裂缝和基质系统的等效压缩系数。

这样就将双孔双渗模型等效成基质单一介质模型。

以上碳酸盐岩油气两相渗流的双孔双渗模型[式（3-58）]的等效原理表明：对于裂缝—基质渗透率级差 K_f/K_m 很大且原油主要存在于断裂系统的裂缝型碳酸盐岩储层，可以将双孔双渗模型等效为裂缝单一介质模型；对于裂缝—基质渗透率级差 K_f/K_m 很小的孔隙型碳酸盐岩储层，可以将双孔双渗模型等效为基质单一介质模型；对于裂缝—基质渗透率级差 K_f/K_m 适中的裂缝—孔隙型碳酸盐岩储层，可以将双孔双渗模型等效为双孔单渗模型。

4. 油水两相流

在油水两相流中，雅可比矩阵元素均为 4×4 的子矩阵，形式如下

$$b_i = \frac{\partial R_i}{\partial X_{i-1}} = \begin{bmatrix} \dfrac{\partial R_{ofi}}{\partial p_{ofi-1}} & \dfrac{\partial R_{ofi}}{\partial S_{wfi-1}} & \dfrac{\partial R_{ofi}}{\partial p_{omi-1}} & \dfrac{\partial R_{ofi}}{\partial S_{wmi-1}} \\[2.2ex] \dfrac{\partial R_{wfi}}{\partial p_{ofi-1}} & \dfrac{\partial R_{wfi}}{\partial S_{wfi-1}} & \dfrac{\partial R_{wfi}}{\partial p_{omi-1}} & \dfrac{\partial R_{wfi}}{\partial S_{wmi-1}} \\[2.2ex] \dfrac{\partial R_{omi}}{\partial p_{ofi-1}} & \dfrac{\partial R_{omi}}{\partial S_{wfi-1}} & \dfrac{\partial R_{omi}}{\partial p_{omi-1}} & \dfrac{\partial R_{omi}}{\partial S_{wmi-1}} \\[2.2ex] \dfrac{\partial R_{wmi}}{\partial p_{ofi-1}} & \dfrac{\partial R_{wmi}}{\partial S_{wfi-1}} & \dfrac{\partial R_{wmi}}{\partial p_{omi-1}} & \dfrac{\partial R_{wmi}}{\partial S_{wmi-1}} \end{bmatrix}$$

$$c_i = \frac{\partial R_i}{\partial X_i} = \begin{bmatrix} \dfrac{\partial R_{ofi}}{\partial p_{ofi}} & \dfrac{\partial R_{ofi}}{\partial S_{wfi}} & \dfrac{\partial R_{ofi}}{\partial p_{omi}} & \dfrac{\partial R_{ofi}}{\partial S_{wmi}} \\[2.2ex] \dfrac{\partial R_{wfi}}{\partial p_{ofi}} & \dfrac{\partial R_{wfi}}{\partial S_{wfi}} & \dfrac{\partial R_{wfi}}{\partial p_{omi}} & \dfrac{\partial R_{wfi}}{\partial S_{wmi}} \\[2.2ex] \dfrac{\partial R_{omi}}{\partial p_{ofi}} & \dfrac{\partial R_{omi}}{\partial S_{wfi}} & \dfrac{\partial R_{omi}}{\partial p_{omi}} & \dfrac{\partial R_{omi}}{\partial S_{wmi}} \\[2.2ex] \dfrac{\partial R_{wmi}}{\partial p_{ofi}} & \dfrac{\partial R_{wmi}}{\partial S_{wfi}} & \dfrac{\partial R_{wmi}}{\partial p_{omi}} & \dfrac{\partial R_{wmi}}{\partial S_{wmi}} \end{bmatrix}$$

$$d_i = \frac{\partial R_i}{\partial X_{i+1}} = \begin{bmatrix} \dfrac{\partial R_{ofi}}{\partial p_{ofi+1}} & \dfrac{\partial R_{ofi}}{\partial S_{wfi+1}} & \dfrac{\partial R_{ofi}}{\partial p_{omi+1}} & \dfrac{\partial R_{ofi}}{\partial S_{wmi+1}} \\[2.2ex] \dfrac{\partial R_{wfi}}{\partial p_{ofi+1}} & \dfrac{\partial R_{wfi}}{\partial S_{wfi+1}} & \dfrac{\partial R_{wfi}}{\partial p_{omi+1}} & \dfrac{\partial R_{wfi}}{\partial S_{wmi+1}} \\[2.2ex] \dfrac{\partial R_{omi}}{\partial p_{ofi+1}} & \dfrac{\partial R_{omi}}{\partial S_{wfi+1}} & \dfrac{\partial R_{omi}}{\partial p_{omi+1}} & \dfrac{\partial R_{omi}}{\partial S_{wmi+1}} \\[2.2ex] \dfrac{\partial R_{wmi}}{\partial p_{ofi+1}} & \dfrac{\partial R_{wmi}}{\partial S_{wfi+1}} & \dfrac{\partial R_{wmi}}{\partial p_{omi+1}} & \dfrac{\partial R_{wmi}}{\partial S_{wmi+1}} \end{bmatrix}$$

矩阵方程形式与式(3-58)相同,需将 S_{gf} 变为 S_{wf}。

系数 c_{ij}:

$$c_{11} = -2 - \frac{K_m}{K_f} \cdot \frac{\sigma_m K_{rom}}{K_{rof}} \Delta x^2 - \frac{\Delta x^2 \mu_o}{K_f K_{rof} \Delta t}(S_{of}\phi_{rf}C_{rf})$$

$$c_{12} = \frac{-2p_{of}K'_{rowf}}{K_{rof}} + \frac{\Delta x^2 \mu_o}{K_f K_{rof} \Delta t}\phi_f$$

$$c_{13} = \frac{K_m}{K_f} \cdot \frac{\sigma_m K_{rom}}{K_{rof}} \Delta x^2$$

$$c_{14} = (p_{om} - p_{of})\frac{K_m}{K_f} \cdot \frac{\Delta x^2 \sigma_m}{K_{rof}}(K'_{rowm})$$

$$c_{21} = -\frac{\mu_{\mathrm{o}}}{\mu_{\mathrm{w}}} \cdot \frac{2K_{\mathrm{rwf}}\rho_{\mathrm{w}}}{K_{\mathrm{rof}}\rho_{\mathrm{o}}} - \frac{K_{\mathrm{m}}}{K_{\mathrm{f}}} \frac{\mu_{\mathrm{o}}}{\mu_{\mathrm{w}}} \cdot \frac{\sigma_{\mathrm{m}}K_{\mathrm{rwm}}\rho_{\mathrm{w}}}{K_{\mathrm{rof}}\rho_{\mathrm{o}}} \Delta x^2 - \frac{\Delta x^2 \mu_{\mathrm{o}}}{K_{\mathrm{f}}K_{\mathrm{rof}}\rho_{\mathrm{o}}\Delta t} S_{\mathrm{wf}}\rho_{\mathrm{w}}\phi_{\mathrm{rf}}C_{\mathrm{rf}}$$

$$c_{22} = p'_{\mathrm{cwof}}\frac{\mu_{\mathrm{o}}}{\mu_{\mathrm{w}}}\frac{2K_{\mathrm{rwf}}\rho_{\mathrm{w}}}{K_{\mathrm{rof}}\rho_{\mathrm{o}}} - (p_{\mathrm{of}} - p_{\mathrm{cwof}})\frac{\mu_{\mathrm{o}}}{\mu_{\mathrm{w}}} \cdot \frac{2K'_{\mathrm{rwf}}\rho_{\mathrm{w}}}{K_{\mathrm{rof}}\rho_{\mathrm{o}}} - \frac{\Delta x^2 \mu_{\mathrm{o}}}{K_{\mathrm{f}}K_{\mathrm{rof}}\rho_{\mathrm{o}}\Delta t}\phi_{\mathrm{f}}\rho_{\mathrm{w}}$$

$$c_{23} = \frac{K_{\mathrm{m}}}{K_{\mathrm{f}}}\frac{\mu_{\mathrm{o}}}{\mu_{\mathrm{w}}} \cdot \frac{\sigma_{\mathrm{m}}K_{\mathrm{rwm}}\rho_{\mathrm{w}}}{K_{\mathrm{rof}}\rho_{\mathrm{o}}}\Delta x^2$$

$$c_{24} = (p_{\mathrm{om}} - p_{\mathrm{cwom}} - p_{\mathrm{of}} + p_{\mathrm{cwof}})\frac{K_{\mathrm{m}}}{K_{\mathrm{f}}}\frac{\mu_{\mathrm{o}}}{\mu_{\mathrm{w}}} \cdot \frac{\Delta x^2 \sigma_{\mathrm{m}}}{K_{\mathrm{rof}}\rho_{\mathrm{o}}}(\rho_{\mathrm{w}}K'_{\mathrm{rwm}})$$

$$c_{31} = \frac{K_{\mathrm{m}}}{K_{\mathrm{f}}} \cdot \frac{\sigma_{\mathrm{m}}K_{\mathrm{rom}}}{K_{\mathrm{rof}}} \cdot \Delta x^2$$

$$c_{32} = 0$$

$$c_{33} = -\frac{K_{\mathrm{m}}}{K_{\mathrm{f}}} \cdot \frac{2K_{\mathrm{rom}}}{K_{\mathrm{rof}}} - \frac{K_{\mathrm{m}}}{K_{\mathrm{f}}} \cdot \frac{\sigma_{\mathrm{m}}K_{\mathrm{rom}}}{K_{\mathrm{rof}}} \cdot \Delta x^2 - \frac{\Delta x^2 \mu_{\mathrm{o}}}{K_{\mathrm{f}}K_{\mathrm{rof}}\Delta t}(S_{\mathrm{om}}\phi_{\mathrm{rm}}C_{\mathrm{rm}})$$

$$c_{34} = -2p_{\mathrm{om}}\frac{K_{\mathrm{m}}}{K_{\mathrm{f}}} \cdot \frac{K'_{\mathrm{rowm}}}{K_{\mathrm{rof}}} - (p_{\mathrm{om}} - p_{\mathrm{of}})\frac{K_{\mathrm{m}}}{K_{\mathrm{f}}} \cdot \frac{\Delta x^2 \sigma_{\mathrm{m}}}{K_{\mathrm{rof}}}(K'_{\mathrm{rowm}}) + \frac{\Delta x^2 \mu_{\mathrm{o}}}{K_{\mathrm{f}}K_{\mathrm{rof}}\Delta t}\phi_{\mathrm{m}}$$

$$c_{41} = \frac{K_{\mathrm{m}}}{K_{\mathrm{f}}}\frac{\mu_{\mathrm{o}}}{\mu_{\mathrm{w}}} \cdot \frac{\sigma_{\mathrm{m}}K_{\mathrm{rwm}}\rho_{\mathrm{w}}}{K_{\mathrm{rof}}\rho_{\mathrm{o}}}\Delta x^2$$

$$c_{42} = 0$$

$$c_{43} = -\frac{K_{\mathrm{m}}}{K_{\mathrm{f}}}\frac{\mu_{\mathrm{o}}}{\mu_{\mathrm{w}}} \cdot \frac{2K_{\mathrm{rwm}}\rho_{\mathrm{w}}}{K_{\mathrm{rof}}\rho_{\mathrm{o}}} - \frac{K_{\mathrm{m}}}{K_{\mathrm{f}}}\frac{\mu_{\mathrm{o}}}{\mu_{\mathrm{w}}} \cdot \frac{\sigma_{\mathrm{m}}K_{\mathrm{rwm}}\rho_{\mathrm{w}}}{K_{\mathrm{rof}}\rho_{\mathrm{o}}}\Delta x^2 - \frac{\Delta x^2 \mu_{\mathrm{o}}}{K_{\mathrm{f}}K_{\mathrm{rof}}\rho_{\mathrm{o}}\Delta t} S_{\mathrm{wm}}\rho_{\mathrm{w}}\phi_{\mathrm{rm}}C_{\mathrm{rm}}$$

$$c_{44} = p'_{\mathrm{cwof}}\frac{K_{\mathrm{m}}}{K_{\mathrm{f}}}\frac{\mu_{\mathrm{o}}}{\mu_{\mathrm{w}}} \cdot \frac{2K_{\mathrm{rwm}}\rho_{\mathrm{w}}}{K_{\mathrm{rof}}\rho_{\mathrm{o}}} - (p_{\mathrm{om}} - p_{\mathrm{cwom}})\frac{K_{\mathrm{m}}}{K_{\mathrm{f}}}\frac{\mu_{\mathrm{o}}}{\mu_{\mathrm{w}}} \cdot \frac{2K'_{\mathrm{rwm}}\rho_{\mathrm{w}}}{K_{\mathrm{rof}}\rho_{\mathrm{o}}}$$

$$- (p_{\mathrm{om}} - p_{\mathrm{cwom}} - p_{\mathrm{of}} + p_{\mathrm{cwof}})\frac{K_{\mathrm{m}}}{K_{\mathrm{f}}}\frac{\mu_{\mathrm{o}}}{\mu_{\mathrm{w}}} \cdot \frac{\Delta x^2 \sigma_{\mathrm{m}}}{K_{\mathrm{rof}}\rho_{\mathrm{o}}}(\rho_{\mathrm{w}}K'_{\mathrm{rwm}}) - \frac{\Delta x^2 \mu_{\mathrm{o}}}{K_{\mathrm{f}}K_{\mathrm{rof}}\rho_{\mathrm{o}}\Delta t}\phi_{\mathrm{m}}\rho_{\mathrm{w}}$$

系数 b_{ij}、d_{ij}：

$$b_{11} = d_{11} = 1, b_{12} = d_{12} = p_{\mathrm{of}}K'_{\mathrm{rowf}}/K_{\mathrm{rof}}$$

$$b_{13} = d_{13} = 0, b_{14} = d_{14} = 0$$

$$b_{21} = d_{21} = \frac{\mu_{\mathrm{o}}}{\mu_{\mathrm{w}}} \cdot \frac{K_{\mathrm{rwf}}\rho_{\mathrm{w}}}{K_{\mathrm{rof}}\rho_{\mathrm{o}}}$$

$$b_{22} = d_{22} = -p'_{\mathrm{cwof}}\frac{\mu_{\mathrm{o}}}{\mu_{\mathrm{w}}}\frac{K_{\mathrm{rwf}}\rho_{\mathrm{w}}}{K_{\mathrm{rof}}\rho_{\mathrm{o}}} + (p_{\mathrm{of}} - p_{\mathrm{cwof}})\frac{\mu_{\mathrm{o}}}{\mu_{\mathrm{w}}} \cdot \frac{K'_{\mathrm{rwf}}\rho_{\mathrm{w}}}{K_{\mathrm{rof}}\rho_{\mathrm{o}}}$$

$$b_{23} = d_{23} = 0, b_{24} = d_{24} = 0$$

$$b_{31} = d_{31} = 0, b_{32} = d_{32} = 0$$

$$b_{33} = d_{33} = \frac{K_m}{K_f} \cdot \frac{K_{rom}}{K_{rof}}, b_{34} = d_{34} = p_{om}\frac{K_m}{K_f} \cdot \frac{K'_{rowm}}{K_{rof}}$$

$$b_{41} = d_{41} = 0, b_{42} = d_{42} = 0$$

$$b_{43} = d_{43} = \frac{K_m}{K_f}\frac{\mu_o}{\mu_w} \cdot \frac{K_{rwm}\rho_w}{K_{rof}\rho_o}$$

$$b_{44} = d_{44} = -p'_{cwof}\frac{K_m}{K_f}\frac{\mu_o}{\mu_w} \cdot \frac{K_{rwm}\rho_w}{K_{rof}\rho_o} + (p_{om} - p_{cwom})\frac{K_m}{K_f}\frac{\mu_o}{\mu_w} \cdot \frac{K'_{rwm}\rho_w}{K_{rof}\rho_o}$$

右端项(不考虑产量项的影响):

$$g_{1(2)} = -\frac{\Delta x^2 \mu_o}{K_f K_{rof}\Delta t}(S_{of}\phi_{rf}C_{rf})p_{of2}^n + \frac{\Delta x^2 \mu_o}{K_f K_{rof}\Delta t}\phi_f S_{wf2}^n + c_{14}S_{wm2}^n$$

$$g_{2(2)} = -\frac{\Delta x^2 \mu_o}{K_f K_{rof}\rho_o\Delta t}S_{wf}\rho_w\phi_{rf}C_{rf}p_{of2}^n - \frac{\Delta x^2 \mu_o\phi_f\rho_w}{K_f K_{rof}\rho_o\Delta t}S_{wf2}^n + c_{24}S_{wm2}^n$$

$$g_{3(2)} = -\frac{\Delta x^2 \mu_o}{K_f K_{rof}\Delta t}(S_{om}\phi_{rm}C_{rm})p_{om2}^n + \left[\frac{\Delta x^2 \mu_o}{K_f K_{rof}\Delta t}\phi_m - (p_{om} - p_{of})\frac{K_m}{K_f} \cdot \frac{\Delta x^2 \sigma_m}{K_{rof}}(K'_{rowm})\right]S_{wm2}^n$$

$$g_{4(2)} = -\frac{\Delta x^2 \mu_o}{K_f K_{rof}\rho_o\Delta t}S_{wm}\rho_w\phi_{rm}C_{rm}p_{om2}^n - \left[(p_{om} - p_{cwom})\frac{K_m}{K_f}\frac{\mu_o}{\mu_w} \cdot \frac{2K'_{rwm}\rho_w}{K_{rof}\rho_o}\right.$$
$$\left. - (p_{om} - p_{cwom} - p_{of} + p_{cwof})\frac{K_m}{K_f}\frac{\mu_o}{\mu_w} \cdot \frac{\Delta x^2 \sigma_m}{K_{rof}\rho_o}(\rho_w K'_{rwm}) - \frac{\Delta x^2 \mu_o\phi_m\rho_w}{K_f K_{rof}\rho_o\Delta t}\right]S_{wm2}^n$$

$$g_{01} = -p_{of0} - \frac{p_{of}K'_{rowf}}{K_{rof}}S_{wf0}$$

$$g_{02} = -\frac{\mu_o}{\mu_w} \cdot \frac{K_{rwf}\rho_w}{K_{rof}\rho_o}p_{of0} + \left[p'_{cwof}\frac{\mu_o}{\mu_w}\frac{K_{rwf}\rho_w}{K_{rof}\rho_o} - (p_{of} - p_{cwof})\frac{\mu_o}{\mu_w} \cdot \frac{K'_{rwf}\rho_w}{K_{rof}\rho_o}\right]S_{wf0}$$

$$g_{03} = -\frac{K_m}{K_f} \cdot \frac{K_{rom}}{K_{rof}}p_{om0} - p_{om}\frac{K_m}{K_f} \cdot \frac{K'_{rowm}}{K_{rof}}S_{wm0}$$

$$g_{04} = -\frac{K_m}{K_f}\frac{\mu_o}{\mu_w} \cdot \frac{K_{rwm}\rho_w}{K_{rof}\rho_o}p_{om0} + \left[p'_{cwof}\frac{K_m}{K_f}\frac{\mu_o}{\mu_w} \cdot \frac{K_{rwm}\rho_w}{K_{rof}\rho_o} - (p_{om} - p_{cwom})\frac{K_m}{K_f}\frac{\mu_o}{\mu_w} \cdot \frac{K'_{rwm}\rho_w}{K_{rof}\rho_o}\right]S_{wm0}$$

对以上各参数进行分析,仍可得出类似于油气两相流的等效介质数值模拟原理,即对于裂缝—基质渗透率级差 K_f/K_m 很大且原油主要存在于断裂系统的裂缝型碳酸盐岩储层,可以将双孔双渗模型等效为裂缝单一介质模型;对于裂缝—基质渗透率级差 K_f/K_m 很小的孔隙型碳酸盐岩储层,可以将双孔双渗模型等效为基质单一介质模型;对于裂缝—基质渗透率级差 K_f/K_m 适中的裂缝—孔隙型碳酸盐岩储层,可以将双孔双渗模型等效为双孔单渗模型。

5. 油气水三相流

在油气水三相流中,雅可比矩阵元素均为 6×6 的子矩阵,形式如下

$$b_i = \frac{\partial R_i}{\partial X_{i-1}} = \begin{bmatrix} \dfrac{\partial R_{ofi}}{\partial p_{ofi-1}} & \dfrac{\partial R_{ofi}}{\partial S_{wfi-1}} & \dfrac{\partial R_{ofi}}{\partial S_{xfi-1}} & \dfrac{\partial R_{ofi}}{\partial p_{omi-1}} & \dfrac{\partial R_{ofi}}{\partial S_{wmi-1}} & \dfrac{\partial R_{ofi}}{\partial S_{xmi-1}} \\[2mm] \dfrac{\partial R_{wfi}}{\partial p_{ofi-1}} & \dfrac{\partial R_{wfi}}{\partial S_{wfi-1}} & \dfrac{\partial R_{wfi}}{\partial S_{xfi-1}} & \dfrac{\partial R_{wfi}}{\partial p_{omi-1}} & \dfrac{\partial R_{wfi}}{\partial S_{wmi-1}} & \dfrac{\partial R_{wfi}}{\partial S_{xmi-1}} \\[2mm] \dfrac{\partial R_{gfi}}{\partial p_{ofi-1}} & \dfrac{\partial R_{gfi}}{\partial S_{wfi-1}} & \dfrac{\partial R_{gfi}}{\partial S_{xfi-1}} & \dfrac{\partial R_{gfi}}{\partial p_{omi-1}} & \dfrac{\partial R_{gfi}}{\partial S_{wmi-1}} & \dfrac{\partial R_{gfi}}{\partial S_{xmi-1}} \\[2mm] \dfrac{\partial R_{omi}}{\partial p_{ofi-1}} & \dfrac{\partial R_{omi}}{\partial S_{wfi-1}} & \dfrac{\partial R_{omi}}{\partial S_{xfi-1}} & \dfrac{\partial R_{omi}}{\partial p_{omi-1}} & \dfrac{\partial R_{omi}}{\partial S_{wmi-1}} & \dfrac{\partial R_{omi}}{\partial S_{xmi-1}} \\[2mm] \dfrac{\partial R_{wmi}}{\partial p_{ofi-1}} & \dfrac{\partial R_{wmi}}{\partial S_{wfi-1}} & \dfrac{\partial R_{wmi}}{\partial S_{xfi-1}} & \dfrac{\partial R_{wmi}}{\partial p_{omi-1}} & \dfrac{\partial R_{wmi}}{\partial S_{wmi-1}} & \dfrac{\partial R_{wmi}}{\partial S_{xmi-1}} \\[2mm] \dfrac{\partial R_{gmi}}{\partial p_{ofi-1}} & \dfrac{\partial R_{gmi}}{\partial S_{wfi-1}} & \dfrac{\partial R_{gmi}}{\partial S_{xfi-1}} & \dfrac{\partial R_{gmi}}{\partial p_{omi-1}} & \dfrac{\partial R_{gmi}}{\partial S_{wmi-1}} & \dfrac{\partial R_{gmi}}{\partial S_{xmi-1}} \end{bmatrix}$$

$$c_i = \frac{\partial R_i}{\partial X_i} = \begin{bmatrix} \dfrac{\partial R_{ofi}}{\partial p_{ofi}} & \dfrac{\partial R_{ofi}}{\partial S_{wfi}} & \dfrac{\partial R_{ofi}}{\partial S_{xfi}} & \dfrac{\partial R_{ofi}}{\partial p_{omi}} & \dfrac{\partial R_{ofi}}{\partial S_{wmi}} & \dfrac{\partial R_{ofi}}{\partial S_{xmi}} \\[2mm] \dfrac{\partial R_{wfi}}{\partial p_{ofi}} & \dfrac{\partial R_{wfi}}{\partial S_{wfi}} & \dfrac{\partial R_{wfi}}{\partial S_{xfi}} & \dfrac{\partial R_{wfi}}{\partial p_{omi}} & \dfrac{\partial R_{wfi}}{\partial S_{wmi}} & \dfrac{\partial R_{wfi}}{\partial S_{xmi}} \\[2mm] \dfrac{\partial R_{gfi}}{\partial p_{ofi}} & \dfrac{\partial R_{gfi}}{\partial S_{wfi}} & \dfrac{\partial R_{gfi}}{\partial S_{xfi}} & \dfrac{\partial R_{gfi}}{\partial p_{omi}} & \dfrac{\partial R_{gfi}}{\partial S_{wmi}} & \dfrac{\partial R_{gfi}}{\partial S_{xmi}} \\[2mm] \dfrac{\partial R_{omi}}{\partial p_{ofi}} & \dfrac{\partial R_{omi}}{\partial S_{wfi}} & \dfrac{\partial R_{omi}}{\partial S_{xfi}} & \dfrac{\partial R_{omi}}{\partial p_{omi}} & \dfrac{\partial R_{omi}}{\partial S_{wmi}} & \dfrac{\partial R_{omi}}{\partial S_{xmi}} \\[2mm] \dfrac{\partial R_{wmi}}{\partial p_{ofi}} & \dfrac{\partial R_{wmi}}{\partial S_{wfi}} & \dfrac{\partial R_{wmi}}{\partial S_{xfi}} & \dfrac{\partial R_{wmi}}{\partial p_{omi}} & \dfrac{\partial R_{wmi}}{\partial S_{wmi}} & \dfrac{\partial R_{wmi}}{\partial S_{xmi}} \\[2mm] \dfrac{\partial R_{gmi}}{\partial p_{ofi}} & \dfrac{\partial R_{gmi}}{\partial S_{wfi}} & \dfrac{\partial R_{gmi}}{\partial S_{xfi}} & \dfrac{\partial R_{gmi}}{\partial p_{omi}} & \dfrac{\partial R_{gmi}}{\partial S_{wmi}} & \dfrac{\partial R_{gmi}}{\partial S_{xmi}} \end{bmatrix}$$

$$d_i = \frac{\partial R_i}{\partial X_{i+1}} = \begin{bmatrix} \dfrac{\partial R_{ofi}}{\partial p_{ofi+1}} & \dfrac{\partial R_{ofi}}{\partial S_{wfi+1}} & \dfrac{\partial R_{ofi}}{\partial S_{xfi+1}} & \dfrac{\partial R_{ofi}}{\partial p_{omi+1}} & \dfrac{\partial R_{ofi}}{\partial S_{wmi+1}} & \dfrac{\partial R_{ofi}}{\partial S_{xmi+1}} \\[2mm] \dfrac{\partial R_{wfi}}{\partial p_{ofi+1}} & \dfrac{\partial R_{wfi}}{\partial S_{wfi+1}} & \dfrac{\partial R_{wfi}}{\partial S_{xfi+1}} & \dfrac{\partial R_{wfi}}{\partial p_{omi+1}} & \dfrac{\partial R_{wfi}}{\partial S_{wmi+1}} & \dfrac{\partial R_{wfi}}{\partial S_{xmi+1}} \\[2mm] \dfrac{\partial R_{gfi}}{\partial p_{ofi+1}} & \dfrac{\partial R_{gfi}}{\partial S_{wfi+1}} & \dfrac{\partial R_{gfi}}{\partial S_{xfi+1}} & \dfrac{\partial R_{gfi}}{\partial p_{omi+1}} & \dfrac{\partial R_{gfi}}{\partial S_{wmi+1}} & \dfrac{\partial R_{gfi}}{\partial S_{xmi+1}} \\[2mm] \dfrac{\partial R_{omi}}{\partial p_{ofi+1}} & \dfrac{\partial R_{omi}}{\partial S_{wfi+1}} & \dfrac{\partial R_{omi}}{\partial S_{xfi+1}} & \dfrac{\partial R_{omi}}{\partial p_{omi+1}} & \dfrac{\partial R_{omi}}{\partial S_{wmi+1}} & \dfrac{\partial R_{omi}}{\partial S_{xmi+1}} \\[2mm] \dfrac{\partial R_{wmi}}{\partial p_{ofi+1}} & \dfrac{\partial R_{wmi}}{\partial S_{wfi+1}} & \dfrac{\partial R_{wmi}}{\partial S_{xfi+1}} & \dfrac{\partial R_{wmi}}{\partial p_{omi+1}} & \dfrac{\partial R_{wmi}}{\partial S_{wmi+1}} & \dfrac{\partial R_{wmi}}{\partial S_{xmi+1}} \\[2mm] \dfrac{\partial R_{gmi}}{\partial p_{ofi+1}} & \dfrac{\partial R_{gmi}}{\partial S_{wfi+1}} & \dfrac{\partial R_{gmi}}{\partial S_{xfi+1}} & \dfrac{\partial R_{gmi}}{\partial p_{omi+1}} & \dfrac{\partial R_{gmi}}{\partial S_{wmi+1}} & \dfrac{\partial R_{gmi}}{\partial S_{xmi+1}} \end{bmatrix}$$

矩阵方程形式见式(3-59)

$$
\begin{bmatrix}
g_{1(2)}+g_{01} \\
g_{2(2)}+g_{02} \\
g_{3(2)}+g_{03} \\
g_{4(2)}+g_{04} \\
g_{5(2)}+g_{05} \\
g_{6(2)}+g_{06} \\
g_{1(3)} \\
g_{2(3)} \\
g_{3(3)} \\
g_{4(3)} \\
g_{5(3)} \\
g_{6(3)} \\
g_{1(4)} \\
g_{2(4)} \\
g_{3(4)} \\
g_{4(4)} \\
g_{5(4)} \\
g_{6(4)} \\
g_{1(5)} \\
g_{2(5)} \\
g_{3(5)} \\
g_{4(5)} \\
g_{5(5)} \\
g_{6(5)} \\
g_{1(6)}+g_{01} \\
g_{2(6)}+g_{02} \\
g_{3(6)}+g_{03} \\
g_{4(6)}+g_{04} \\
g_{5(6)}+g_{05} \\
g_{6(6)}+g_{06}
\end{bmatrix}
=
\mathbf{M} \cdot
\begin{bmatrix}
p_{of2}^{n+1} \\
S_{wf2}^{n+1} \\
S_{gf2}^{n+1} \\
p_{om2}^{n+1} \\
S_{gm2}^{n+1} \\
S_{gf2}^{n+1} \\
p_{of3}^{n+1} \\
S_{wf3}^{n+1} \\
S_{gf3}^{n+1} \\
p_{om3}^{n+1} \\
S_{gm3}^{n+1} \\
S_{gf3}^{n+1} \\
p_{of4}^{n+1} \\
S_{wf4}^{n+1} \\
S_{gf4}^{n+1} \\
p_{om4}^{n+1} \\
S_{gm4}^{n+1} \\
S_{gf4}^{n+1} \\
p_{of5}^{n+1} \\
S_{wf5}^{n+1} \\
S_{gf5}^{n+1} \\
p_{om5}^{n+1} \\
S_{gm5}^{n+1} \\
S_{gf5}^{n+1} \\
p_{of6}^{n+1} \\
S_{wf6}^{n+1} \\
S_{gf6}^{n+1} \\
p_{om6}^{n+1} \\
S_{gm6}^{n+1} \\
S_{gf6}^{n+1}
\end{bmatrix}
\tag{3-59}
$$

其中 $\mathbf{M}$ 为分块三对角矩阵，各 6×6 子块为 b_{ij}、c_{ij}、d_{ij}（$i,j=1,\cdots,6$）：

$$
\mathbf{M}=
\begin{bmatrix}
c_{ij} & d_{ij} & & & \\
b_{ij} & c_{ij} & d_{ij} & & \\
 & b_{ij} & c_{ij} & d_{ij} & \\
 & & b_{ij} & c_{ij} & d_{ij} \\
 & & & b_{ij} & c_{ij}
\end{bmatrix}
$$

系数 c_{ij}：

$$c_{11} = -2 - \frac{K_m}{K_f} \cdot \frac{\sigma_m K_{rom}}{K_{rof}} \Delta x^2 - \frac{\Delta x^2 \mu_o}{K_f K_{rof} \Delta t} (S_{of} \phi_{rf} C_{rf})$$

$$c_{12} = \frac{-2p_{of} K'_{rowf}}{K_{rof}} + \frac{\Delta x^2 \mu_o}{K_f K_{rof} \Delta t} \phi_f$$

$$c_{13} = -\frac{2p_{of} K'_{rogf}}{K_{rof}} + \frac{\Delta x^2 \mu_o}{K_f K_{rof} \Delta t} \phi_f$$

$$c_{14} = \frac{K_m}{K_f} \cdot \frac{\sigma_m K_{rom}}{K_{rof}} \Delta x^2$$

$$c_{15} = (p_{om} - p_{of}) \frac{K_m}{K_f} \cdot \frac{\Delta x^2 \sigma_m}{K_{rof}} (K'_{rowm})$$

$$c_{16} = (p_{om} - p_{of}) \frac{K_m}{K_f} \cdot \frac{\Delta x^2 \sigma_m K'_{rogm}}{K_{rof}}$$

$$c_{21} = -\frac{\mu_o}{\mu_w} \cdot \frac{2K_{rwf}\rho_w}{K_{rof}\rho_o} - \frac{K_m}{K_f} \frac{\mu_o}{\mu_w} \cdot \frac{\sigma_m K_{rwm}\rho_w}{K_{rof}\rho_o} \Delta x^2 - \frac{\Delta x^2 \mu_o}{K_f K_{rof}\rho_o \Delta t} S_{wf}\rho_w \phi_{rf} C_{rf}$$

$$c_{22} = p'_{cwof} \frac{\mu_o}{\mu_w} \frac{2K_{rwf}\rho_w}{K_{rof}\rho_o} - (p_{of} - p_{cwof}) \frac{\mu_o}{\mu_w} \cdot \frac{2K'_{rwf}\rho_w}{K_{rof}\rho_o} - \frac{\Delta x^2 \mu_o}{K_f K_{rof}\rho_o \Delta t} \phi_f \rho_w$$

$$c_{23} = 0$$

$$c_{24} = \frac{K_m}{K_f} \frac{\mu_o}{\mu_w} \cdot \frac{\sigma_m K_{rwm}\rho_w}{K_{rof}\rho_o} \Delta x^2$$

$$c_{25} = (p_{om} - p_{cwom} - p_{of} + p_{cwof}) \frac{K_m}{K_f} \frac{\mu_o}{\mu_w} \cdot \frac{\Delta x^2 \sigma_m}{K_{rof}\rho_o} (\rho_w K'_{rwm})$$

$$c_{26} = 0$$

$$c_{31} = -2 \left(\frac{\mu_o}{\mu_g} \cdot \frac{K_{rgf}\rho_g}{K_{rof}\rho_o} + \frac{\rho_{gd}}{\rho_o} \right) - \frac{K_m}{K_f} \cdot \frac{\mu_o}{\mu_g} \cdot \frac{\sigma_m K_{rgm}\rho_g}{K_{rof}\rho_o} \cdot \Delta x^2 - \frac{K_m}{K_f} \cdot \frac{\sigma_m K_{rom}\rho_{gd}}{K_{rof}\rho_o} \cdot \Delta x^2$$
$$- \frac{\Delta x^2 \mu_o}{K_f K_{rof}\rho_o \Delta t} \left[(\rho_g S_{gf} + \rho_{gd} S_{of}) \phi_{rf} C_{rf} \right]$$

$$c_{32} = -p_{of} \cdot \frac{2K'_{rowf}\rho_{gd}}{K_{rof}\rho_o} + \frac{\Delta x^2 \mu_o \phi_f \rho_{gd}}{K_f K_{rof}\rho_o \Delta t}$$

$$c_{33} = -p'_{cogf} \frac{\mu_o}{\mu_g} \cdot \frac{2K_{rgf}\rho_g}{K_{rof}\rho_o} - (p_{of} + p_{cogf}) \frac{\mu_o}{\mu_g} \cdot \frac{2K'_{rgf}\rho_g}{K_{rof}\rho_o} - p_{of} \cdot \frac{2K'_{rogf}\rho_{gd}}{K_{rof}\rho_o}$$
$$- \frac{\Delta x^2 \mu_o}{K_f K_{rof}\rho_o \Delta t} (\phi_f \rho_g - \phi_f \rho_{gd})$$

$$c_{34} = \frac{K_\mathrm{m}}{K_\mathrm{f}} \cdot \frac{\mu_\mathrm{o}}{\mu_\mathrm{g}} \cdot \frac{\sigma_\mathrm{m} K_\mathrm{rgm} \rho_\mathrm{g}}{K_\mathrm{rof} \rho_\mathrm{o}} \Delta x^2 + \frac{K_\mathrm{m}}{K_\mathrm{f}} \cdot \frac{\sigma_\mathrm{m} K_\mathrm{rom} \rho_\mathrm{gd}}{K_\mathrm{rof} \rho_\mathrm{o}} \Delta x^2$$

$$c_{35} = (p_\mathrm{om} - p_\mathrm{of}) \frac{K_\mathrm{m}}{K_\mathrm{f}} \cdot \frac{\Delta x^2 \sigma_\mathrm{m}}{K_\mathrm{rof} \rho_\mathrm{o}} (K'_\mathrm{rowm} \rho_\mathrm{gd})$$

$$c_{36} = (p_\mathrm{om} + p_\mathrm{cogm} - p_\mathrm{of} - p_\mathrm{cogf}) \frac{K_\mathrm{m}}{K_\mathrm{f}} \frac{\mu_\mathrm{o}}{\mu_\mathrm{g}} \cdot \frac{\sigma_\mathrm{m}}{K_\mathrm{rof} \rho_\mathrm{o}} (K'_\mathrm{rgm} \rho_\mathrm{g}) \Delta x^2$$

$$+ (p_\mathrm{om} - p_\mathrm{of}) \frac{K_\mathrm{m}}{K_\mathrm{f}} \cdot \frac{\sigma_\mathrm{m}}{K_\mathrm{rof} \rho_\mathrm{o}} (K'_\mathrm{rogm} \rho_\mathrm{gdm}) \Delta x^2$$

$$c_{41} = \frac{K_\mathrm{m}}{K_\mathrm{f}} \cdot \frac{\sigma_\mathrm{m} K_\mathrm{rom}}{K_\mathrm{rof}} \cdot \Delta x^2$$

$$c_{42} = 0$$

$$c_{43} = 0$$

$$c_{44} = -\frac{K_\mathrm{m}}{K_\mathrm{f}} \cdot \frac{2 K_\mathrm{rom}}{K_\mathrm{rof}} - \frac{K_\mathrm{m}}{K_\mathrm{f}} \cdot \frac{\sigma_\mathrm{m} K_\mathrm{rom}}{K_\mathrm{rof}} \cdot \Delta x^2 - \frac{\Delta x^2 \mu_\mathrm{o}}{K_\mathrm{f} K_\mathrm{rof} \Delta t} (S_\mathrm{om} \phi_\mathrm{rm} C_\mathrm{rm})$$

$$c_{45} = -2 p_\mathrm{om} \frac{K_\mathrm{m}}{K_\mathrm{f}} \cdot \frac{K'_\mathrm{rowm}}{K_\mathrm{rof}} - (p_\mathrm{om} - p_\mathrm{of}) \frac{K_\mathrm{m}}{K_\mathrm{f}} \cdot \frac{\Delta x^2 \sigma_\mathrm{m}}{K_\mathrm{rof}} (K'_\mathrm{rowm}) + \frac{\Delta x^2 \mu_\mathrm{o} \phi_\mathrm{m}}{K_\mathrm{f} K_\mathrm{rof} \Delta t}$$

$$c_{46} = -p_\mathrm{om} \frac{K_\mathrm{m}}{K_\mathrm{f}} \cdot \frac{2 K'_\mathrm{rogm}}{K_\mathrm{rof}} - (p_\mathrm{om} - p_\mathrm{of}) \frac{K_\mathrm{m}}{K_\mathrm{f}} \cdot \frac{\sigma_\mathrm{m} K'_\mathrm{rogm}}{K_\mathrm{rof}} \Delta x^2 + \frac{\Delta x^2 \mu_\mathrm{o} \phi_\mathrm{m}}{K_\mathrm{f} K_\mathrm{rof} \Delta t}$$

$$c_{51} = \frac{K_\mathrm{m}}{K_\mathrm{f}} \frac{\mu_\mathrm{o}}{\mu_\mathrm{w}} \cdot \frac{\sigma_\mathrm{m} K_\mathrm{rwm} \rho_\mathrm{w}}{K_\mathrm{rof} \rho_\mathrm{o}} \Delta x^2$$

$$c_{52} = 0$$

$$c_{53} = 0$$

$$c_{54} = -\frac{K_\mathrm{m}}{K_\mathrm{f}} \frac{\mu_\mathrm{o}}{\mu_\mathrm{w}} \cdot \frac{2 K_\mathrm{rwm} \rho_\mathrm{w}}{K_\mathrm{rof} \rho_\mathrm{o}} - \frac{K_\mathrm{m}}{K_\mathrm{f}} \frac{\mu_\mathrm{o}}{\mu_\mathrm{w}} \cdot \frac{\sigma_\mathrm{m} K_\mathrm{rwm} \rho_\mathrm{w}}{K_\mathrm{rof} \rho_\mathrm{o}} \Delta x^2 - \frac{\Delta x^2 \mu_\mathrm{o}}{K_\mathrm{f} K_\mathrm{rof} \rho_\mathrm{o} \Delta t} S_\mathrm{wm} \rho_\mathrm{w} \phi_\mathrm{rm} C_\mathrm{rm}$$

$$c_{55} = p'_\mathrm{cwof} \frac{K_\mathrm{m}}{K_\mathrm{f}} \frac{\mu_\mathrm{o}}{\mu_\mathrm{w}} \cdot \frac{2 K_\mathrm{rwm} \rho_\mathrm{w}}{K_\mathrm{rof} \rho_\mathrm{o}} - (p_\mathrm{om} - p_\mathrm{cwom}) \frac{K_\mathrm{m}}{K_\mathrm{f}} \frac{\mu_\mathrm{o}}{\mu_\mathrm{w}} \cdot \frac{2 K'_\mathrm{rwm} \rho_\mathrm{w}}{K_\mathrm{rof} \rho_\mathrm{o}}$$

$$- (p_\mathrm{om} - p_\mathrm{cwom} - p_\mathrm{of} + p_\mathrm{cwof}) \frac{K_\mathrm{m}}{K_\mathrm{f}} \frac{\mu_\mathrm{o}}{\mu_\mathrm{w}} \cdot \frac{\Delta x^2 \sigma_\mathrm{m}}{K_\mathrm{rof} \rho_\mathrm{o}} (\rho_\mathrm{w} K'_\mathrm{rwm}) - \frac{\Delta x^2 \mu_\mathrm{o}}{K_\mathrm{f} K_\mathrm{rof} \rho_\mathrm{o} \Delta t} \phi_\mathrm{m} \rho_\mathrm{w}$$

$$c_{56} = 0$$

$$c_{61} = \frac{K_\mathrm{m}}{K_\mathrm{f}} \frac{\mu_\mathrm{o}}{\mu_\mathrm{g}} \cdot \frac{\sigma_\mathrm{m} K_\mathrm{rgm} \rho_\mathrm{g}}{K_\mathrm{rof} \rho_\mathrm{o}} \Delta x^2 + \frac{K_\mathrm{m}}{K_\mathrm{f}} \cdot \frac{\sigma_\mathrm{m} K_\mathrm{rom} \rho_\mathrm{gd}}{K_\mathrm{rof} \rho_\mathrm{o}} \Delta x^2$$

$$c_{62} = 0$$

$$c_{63} = 0$$

$$c_{64} = -2\frac{K_{\mathrm{m}}}{K_{\mathrm{f}}} \cdot \left(\frac{\mu_{\mathrm{o}}}{\mu_{\mathrm{g}}}\frac{K_{\mathrm{rgm}}\rho_{\mathrm{g}}}{K_{\mathrm{rof}}\rho_{\mathrm{o}}} + \frac{K_{\mathrm{rom}}\rho_{\mathrm{gd}}}{K_{\mathrm{rof}}\rho_{\mathrm{o}}}\right) - \frac{K_{\mathrm{m}}}{K_{\mathrm{f}}}\frac{\mu_{\mathrm{o}}}{\mu_{\mathrm{g}}} \cdot \frac{\sigma_{\mathrm{m}}K_{\mathrm{rgm}}\rho_{\mathrm{gm}}}{K_{\mathrm{rof}}\rho_{\mathrm{o}}}\Delta x^2 - \frac{K_{\mathrm{m}}}{K_{\mathrm{f}}} \cdot \frac{\sigma_{\mathrm{m}}K_{\mathrm{rom}}\rho_{\mathrm{gdm}}}{K_{\mathrm{rof}}\rho_{\mathrm{o}}}\Delta x^2$$

$$- \frac{\Delta x^2\mu_{\mathrm{o}}}{K_{\mathrm{f}}K_{\mathrm{rof}}\rho_{\mathrm{o}}\Delta t}\left[(\rho_{\mathrm{g}}S_{\mathrm{gm}} + \rho_{\mathrm{gd}}S_{\mathrm{om}})\phi_{\mathrm{rm}}C_{\mathrm{rm}}\right]$$

$$c_{65} = -p_{\mathrm{om}}\frac{K_{\mathrm{m}}}{K_{\mathrm{f}}} \cdot \frac{2K'_{\mathrm{rowm}}\rho_{\mathrm{gd}}}{K_{\mathrm{rof}}\rho_{\mathrm{o}}} - (p_{\mathrm{om}} - p_{\mathrm{of}})\frac{K_{\mathrm{m}}}{K_{\mathrm{f}}} \cdot \frac{\Delta x^2\sigma_{\mathrm{m}}}{K_{\mathrm{rof}}\rho_{\mathrm{o}}}(K'_{\mathrm{rowm}}\rho_{\mathrm{gd}}) + \frac{\Delta x^2\mu_{\mathrm{o}}\phi_{\mathrm{m}}\rho_{\mathrm{gd}}}{K_{\mathrm{f}}K_{\mathrm{rof}}\rho_{\mathrm{o}}\Delta t}$$

$$c_{66} = -p'_{\mathrm{cogm}}\frac{K_{\mathrm{m}}}{K_{\mathrm{f}}}\frac{\mu_{\mathrm{o}}}{\mu_{\mathrm{g}}} \cdot \frac{2K_{\mathrm{rgm}}\rho_{\mathrm{g}}}{K_{\mathrm{rof}}\rho_{\mathrm{o}}} - (p_{\mathrm{om}} + p_{\mathrm{cgom}})\frac{K_{\mathrm{m}}}{K_{\mathrm{f}}}\frac{\mu_{\mathrm{o}}}{\mu_{\mathrm{g}}} \cdot \frac{2K'_{\mathrm{rgm}}\rho_{\mathrm{g}}}{K_{\mathrm{rof}}\rho_{\mathrm{o}}} - p_{\mathrm{om}}\frac{K_{\mathrm{m}}}{K_{\mathrm{f}}} \cdot \frac{2K'_{\mathrm{rogm}}\rho_{\mathrm{gd}}}{K_{\mathrm{rof}}\rho_{\mathrm{o}}}$$

$$- (p_{\mathrm{om}} + p_{\mathrm{cogm}} - p_{\mathrm{of}} - p_{\mathrm{cogf}})\frac{K_{\mathrm{m}}}{K_{\mathrm{f}}}\frac{\mu_{\mathrm{o}}}{\mu_{\mathrm{g}}} \cdot \frac{\Delta x^2\sigma_{\mathrm{m}}}{K_{\mathrm{rof}}\rho_{\mathrm{o}}}(K'_{\mathrm{rgm}}\rho_{\mathrm{g}}) - (p_{\mathrm{om}} - p_{\mathrm{of}})\frac{K_{\mathrm{m}}}{K_{\mathrm{f}}} \cdot \frac{\Delta x^2\sigma_{\mathrm{m}}}{K_{\mathrm{rof}}\rho_{\mathrm{o}}}(K'_{\mathrm{rogm}}\rho_{\mathrm{gd}})$$

$$- \frac{\Delta x^2\mu_{\mathrm{o}}}{K_{\mathrm{f}}K_{\mathrm{rof}}\rho_{\mathrm{o}}\Delta t}(\phi_{\mathrm{m}}\rho_{\mathrm{g}} - \phi_{\mathrm{m}}\rho_{\mathrm{gd}})$$

系数 b_{ij}，d_{ij}：

$$b_{11} = d_{11} = 1, b_{12} = d_{12} = p_{\mathrm{of}}K'_{\mathrm{rowf}}/K_{\mathrm{rof}}$$

$$b_{13} = d_{13} = p_{\mathrm{of}}K'_{\mathrm{rogf}}/K_{\mathrm{rof}}$$

$$b_{14} = d_{14} = 0$$

$$b_{15} = d_{15} = 0$$

$$b_{16} = d_{16} = 0$$

$$b_{21} = d_{21} = \frac{\mu_{\mathrm{o}}}{\mu_{\mathrm{w}}} \cdot \frac{K_{\mathrm{rwf}}\rho_{\mathrm{w}}}{K_{\mathrm{rof}}\rho_{\mathrm{o}}}$$

$$b_{22} = d_{22} = -p'_{\mathrm{cwof}}\frac{\mu_{\mathrm{o}}}{\mu_{\mathrm{w}}}\frac{K_{\mathrm{rwf}}\rho_{\mathrm{w}}}{K_{\mathrm{rof}}\rho_{\mathrm{o}}} + (p_{\mathrm{of}} - p_{\mathrm{cwof}})\frac{\mu_{\mathrm{o}}}{\mu_{\mathrm{w}}} \cdot \frac{K'_{\mathrm{rwf}}\rho_{\mathrm{w}}}{K_{\mathrm{rof}}\rho_{\mathrm{o}}}$$

$$b_{23} = d_{23} = 0$$

$$b_{24} = d_{24} = 0$$

$$b_{25} = d_{25} = 0$$

$$b_{26} = d_{26} = 0$$

$$b_{31} = d_{31} = \left(\frac{\mu_{\mathrm{o}}}{\mu_{\mathrm{g}}} \cdot \frac{K_{\mathrm{rgf}}\rho_{\mathrm{g}}}{K_{\mathrm{rof}}\rho_{\mathrm{o}}} + \frac{\rho_{\mathrm{gd}}}{\rho_{\mathrm{o}}}\right)$$

$$b_{32} = d_{32} = p_{\mathrm{of}} \cdot \frac{K'_{\mathrm{rowf}}\rho_{\mathrm{gd}}}{K_{\mathrm{rof}}\rho_{\mathrm{o}}}$$

$$b_{33} = d_{33} = p'_{\text{cogf}} \frac{\mu_o}{\mu_g} \cdot \frac{K_{\text{rgf}}\rho_g}{K_{\text{rof}}\rho_o} + (p_{\text{of}} + p_{\text{cgof}}) \frac{\mu_o}{\mu_g} \cdot \frac{K'_{\text{rgf}}\rho_{gf}}{K_{\text{rof}}\rho_o} + p_{\text{of}} \cdot \frac{(K'_{\text{rogf}}\rho_{gd})}{K_{\text{rof}}\rho_o}$$

$$b_{34} = d_{34} = 0$$

$$b_{35} = 0$$

$$b_{36} = d_{36} = 0$$

$$b_{41} = d_{41} = 0$$

$$b_{42} = d_{42} = 0$$

$$b_{43} = d_{43} = 0$$

$$b_{44} = d_{44} = \frac{K_m}{K_f} \cdot \frac{K_{\text{rom}}}{K_{\text{rof}}}$$

$$b_{45} = d_{45} = p_{\text{om}} \frac{K_m}{K_f} \cdot \frac{K'_{\text{rowm}}}{K_{\text{rof}}}$$

$$b_{46} = d_{46} = p_{\text{om}} \frac{K_m}{K_f} \cdot \frac{K'_{\text{rogm}}}{K_{\text{rof}}}$$

$$b_{51} = d_{51} = 0$$

$$b_{52} = d_{52} = 0$$

$$b_{53} = d_{53} = 0$$

$$b_{54} = d_{54} = \frac{K_m}{K_f} \frac{\mu_o}{\mu_w} \cdot \frac{K_{\text{rwm}}\rho_w}{K_{\text{rof}}\rho_o}$$

$$b_{55} = d_{55} = -p'_{\text{cwof}} \frac{K_m}{K_f} \frac{\mu_o}{\mu_w} \cdot \frac{K_{\text{rwm}}\rho_w}{K_{\text{rof}}\rho_o} + (p_{\text{om}} - p_{\text{cwom}}) \frac{K_m}{K_f} \frac{\mu_o}{\mu_w} \cdot \frac{K'_{\text{rwm}}\rho_w}{K_{\text{rof}}\rho_o}$$

$$b_{56} = d_{56} = 0$$

$$b_{61} = d_{61} = 0$$

$$b_{62} = d_{62} = 0$$

$$b_{63} = d_{63} = 0$$

$$b_{64} = d_{64} = \frac{K_m}{K_f} \cdot \left(\frac{\mu_o}{\mu_g} \frac{K_{\text{rgm}}\rho_g}{K_{\text{rof}}\rho_o} + \frac{K_{\text{rom}}\rho_{gd}}{K_{\text{rof}}\rho_o} \right)$$

$$b_{65} = d_{65} = p_{\text{om}} \frac{K_m}{K_f} \cdot \frac{K'_{\text{rowm}}\rho_{gd}}{K_{\text{rof}}\rho_o}$$

$$b_{66} = d_{66} = p'_{\text{cogm}} \frac{K_m}{K_f} \frac{\mu_o}{\mu_g} \cdot \frac{K_{\text{rgm}}\rho_g}{K_{\text{rof}}\rho_o} + (p_{\text{om}} + p_{\text{cgom}}) \frac{K_m}{K_f} \frac{\mu_o}{\mu_g} \cdot \frac{K'_{\text{rgm}}\rho_g}{K_{\text{rof}}\rho_o} + p_{\text{om}} \frac{K_m}{K_f} \cdot \frac{K'_{\text{rogm}}\rho_{gd}}{K_{\text{rof}}\rho_o}$$

右端项（不考虑产量项的影响）：

$$g_{1(2)} = -\frac{\Delta x^2 \mu_o S_{of} \phi_{rf} C_{rf}}{K_f K_{rof} \Delta t} p_{of2}^n + \frac{\Delta x^2 \mu_o \phi_f}{K_f K_{rof} \Delta t} S_{wf2}^n + \frac{\Delta x^2 \mu_o \phi_f}{K_f K_{rof} \Delta t} S_{gf2}^n + c_{15} S_{wm2}^n + c_{16} S_{gm2}^n$$

$$g_{2(2)} = -\frac{\Delta x^2 \mu_o S_{wf} \rho_w \phi_f C_{rf}}{K_f K_{rof} \rho_o \Delta t} p_{of2}^n - \frac{\Delta x^2 \mu_o \phi_f \rho_w}{K_f K_{rof} \rho_o \Delta t} S_{wf2}^n + c_{25} S_{wm2}^n$$

$$g_{3(2)} = -\frac{\Delta x^2 \mu_o (\rho_g S_{gf} + \rho_{gd} S_{of}) \phi_{rf} C_{rf}}{K_f K_{rof} \rho_o \Delta t} p_{of2}^n + \frac{\Delta x^2 \mu_o \phi_f \rho_{gd}}{K_f K_{rof} \rho_o \Delta t} S_{wf2}^n$$
$$- \frac{\Delta x^2 \mu_o}{K_f K_{rof} \rho_o \Delta t} (\phi_f \rho_g - \phi_f \rho_{gd}) S_{gf2}^n + c_{35} S_{wm2}^n + c_{36} S_{gm2}^n$$

$$g_{4(2)} = -\frac{\Delta x^2 \mu_o S_{om} \phi_{rm} C_{rm}}{K_f K_{rof} \Delta t} p_{om2}^n - \left[(p_{om} - p_{of}) \frac{K_m}{K_f} \cdot \frac{\Delta x^2 \sigma_m}{K_{rof}} (K'_{rowm}) - \frac{\Delta x^2 \mu_o}{K_f K_{rof} \Delta t} \phi_m \right] S_{wm2}^n$$
$$- \left[(p_{om} - p_{of}) \frac{K_m}{K_f} \cdot \frac{\sigma_m K'_{rogm}}{K_{rof}} \Delta x^2 - \frac{\Delta x^2 \mu_o \phi_m}{K_f k_{rof} \Delta t} \right] S_{gm2}^n$$

$$g_{5(2)} = -\frac{\Delta x^2 \mu_o S_{wm} \rho_w \phi_{rm} C_{rm}}{K_f K_{rof} \rho_o \Delta t} p_{om2}^n - \left[(p_{om} - p_{cwom} - p_{of} + p_{cwof}) \frac{K_m}{K_f} \frac{\mu_o}{\mu_w} \cdot \frac{\Delta x^2 \sigma_m}{K_{rof} \rho_o} (\rho_w K'_{rwm}) \right.$$
$$\left. + \frac{\Delta x^2 \mu_o}{K_f K_{rof} \rho_o \Delta t} \phi_m \rho_w \right] S_{wm2}^n$$

$$g_{6(2)} = -\frac{\Delta x^2 \mu_o (\rho_g S_{gm} + \rho_{gd} S_{om}) \phi_{rm} C_{rm}}{K_f K_{rof} \rho_o \Delta t} p_{om2}^n + \frac{\Delta x^2 \mu_o \phi_f \rho_{gd}}{K_f K_{rof} \rho_o \Delta t} S_{wm2}^n$$
$$- \left[(p_{om} + p_{cogm} - p_{of} - p_{cogf}) \frac{K_m}{K_f} \frac{\mu_o}{\mu_g} \cdot \frac{\Delta x^2 \sigma_m}{K_{rof} \rho_o} (K'_{rgm} \rho_g) \right.$$
$$\left. + (p_{om} - p_{of}) \frac{K_m}{K_f} \cdot \frac{\Delta x^2 \sigma_m}{K_{rof} \rho_o} (K'_{rogm} \rho_{gd}) + \frac{\Delta x^2 \mu_o}{K_f K_{rof} \rho_o \Delta t} (\phi_m \rho_g - \phi_m \rho_{gd}) \right] S_{gm2}^n$$

$$g_{01} = -p_{of0} - \frac{p_{of} K'_{rowf}}{K_{rof}} S_{wf0} - \frac{p_{of} K'_{rogf}}{K_{rof}} S_{gf0}$$

$$g_{02} = -\frac{\mu_o}{\mu_w} \cdot \frac{K_{rwf} \rho_w}{K_{rof} \rho_o} p_{of0} + \left[p'_{cwof} \frac{\mu_o}{\mu_w} \frac{K_{rwf} \rho_w}{K_{rof} \rho_o} - (p_{of} - p_{cwof}) \frac{\mu_o}{\mu_w} \cdot \frac{K'_{rwf} \rho_w}{K_{rof} \rho_o} \right] S_{wf0}$$

$$g_{03} = -\left(\frac{\mu_o}{\mu_g} \cdot \frac{K_{rgf} \rho_g}{K_{rof} \rho_o} + \frac{\rho_{gd}}{\rho_o} \right) p_{of0} - p_{of} \cdot \frac{K'_{rowf} \rho_{gd}}{K_{rof} \rho_o} S_{wf0}$$
$$- \left[p'_{cogf} \frac{\mu_o}{\mu_g} \cdot \frac{K_{rgf} \rho_g}{K_{rof} \rho_o} + (p_{of} + p_{cgof}) \frac{\mu_o}{\mu_g} \cdot \frac{K'_{rgf} \rho_g}{K_{rof} \rho_o} + p_{of} \cdot \frac{K'_{rogf} \rho_{gd}}{K_{rof} \rho_o} \right] \cdot S_{gf0}$$

$$g_{04} = -\frac{K_m}{K_f} \cdot \frac{K_{rom}}{K_{rof}} p_{om0} - p_{om} \frac{K_m}{K_f} \cdot \frac{K'_{rowm}}{K_{rof}} S_{wm0} - p_{om} \frac{K_m}{K_f} \cdot \frac{K'_{rogm}}{K_{rof}} S_{gm0}$$

$$g_{05} = -\frac{K_m}{K_f}\frac{\mu_o}{\mu_w} \cdot \frac{K_{rwm}\rho_w}{K_{rof}\rho_o}p_{om0} + \left[p'_{cwof}\frac{K_m}{K_f}\frac{\mu_o}{\mu_w} \cdot \frac{K_{rwm}\rho_w}{K_{rof}\rho_o} - (p_{om} - p_{cwom})\frac{K_m}{K_f}\frac{\mu_o}{\mu_w} \cdot \frac{K'_{rwm}\rho_w}{K_{rof}\rho_o} \right]S_{wm0}$$

$$g_{06} = -\frac{K_m}{K_f} \cdot \left(\frac{\mu_o}{\mu_g}\frac{K_{rgm}\rho_g}{K_{rof}\rho_o} + \frac{K_{rom}\rho_{gd}}{K_{rof}\rho_o} \right)p_{om0} - p_{om}\frac{K_m}{K_f} \cdot \frac{K'_{rowm}\rho_{gd}}{K_{rof}\rho_o}S_{wm0}$$

$$- \left[p'_{cogm}\frac{K_m}{K_f}\frac{\mu_o}{\mu_g} \cdot \frac{K_{rgm}\rho_g}{K_{rof}\rho_o} + (p_{om} + p_{cgom})\frac{K_m}{K_f}\frac{\mu_o}{\mu_g} \cdot \frac{K'_{rgm}\rho_g}{K_{rof}\rho_o} + p_{om}\frac{K_m}{K_f} \cdot \frac{K'_{rogm}\rho_{gdm}}{K_{rof}\rho_o} \right] \cdot S_{gm0}$$

1）双孔单渗模型的等效原理

在矩阵方程(3-59)中，随着裂缝—基质渗透率级差的增大，K_m/K_f 一项的值越来越小，矩阵系数中，涉及以下基质流动的参数团可以忽略

$$\frac{K_m}{K_f} \cdot \frac{K_{rom}}{K_{rof}}, p_{om}\frac{K_m}{K_f} \cdot \frac{K'_{rowm}}{K_{rof}}, p_{om}\frac{K_m}{K_f} \cdot \frac{K'_{rogm}}{K_{rof}},$$

$$\frac{K_m}{K_f}\frac{\mu_o}{\mu_w} \cdot \frac{K_{rwm}\rho_w}{K_{rof}\rho_o}, p'_{cwof}\frac{K_m}{K_f}\frac{\mu_o}{\mu_w} \cdot \frac{K_{rwm}\rho_w}{K_{rof}\rho_o} - (p_{om} - p_{cwom})\frac{K_m}{K_f}\frac{\mu_o}{\mu_w} \cdot \frac{K'_{rwm}\rho_w}{K_{rof}\rho_o},$$

$$\frac{K_m}{K_f} \cdot \left(\frac{\mu_o}{\mu_g}\frac{K_{rgm}\rho_g}{K_{rof}\rho_o} + \frac{K_{rom}\rho_{gd}}{K_{rof}\rho_o} \right), p_{om}\frac{K_m}{K_f} \cdot \frac{K'_{rowm}\rho_{gd}}{K_{rof}\rho_o},$$

$$p'_{cogm}\frac{K_m}{K_f}\frac{\mu_o}{\mu_g} \cdot \frac{K_{rgm}\rho_g}{K_{rof}\rho_o} + (p_{om} + p_{cgom})\frac{K_m}{K_f}\frac{\mu_o}{\mu_g} \cdot \frac{K'_{rgm}\rho_g}{K_{rof}\rho_o} + p_{om}\frac{K_m}{K_f} \cdot \frac{K'_{rogm}\rho_{gd}}{K_{rof}\rho_o}$$

于是有

$$c_{44} = -\frac{K_m}{K_f} \cdot \frac{\sigma_m K_{rom}}{K_{rof}} \cdot \Delta x^2 - \frac{\Delta x^2 \mu_o}{K_f K_{rof}\Delta t}(S_{om}\phi_{rm}C_{rm})$$

$$c_{45} = -(p_{om} - p_{of})\frac{K_m}{K_f} \cdot \frac{\Delta x^2 \sigma_m}{K_{rof}}(K'_{rowm}) + \frac{\Delta x^2 \mu_o}{K_f K_{rof}\Delta t}\phi_m$$

$$c_{46} = -(p_{om} - p_{of})\frac{K_m}{K_f} \cdot \frac{\sigma_m K'_{rogm}}{K_{rof}}\Delta x^2 + \frac{\Delta x^2 \mu_o \phi_m}{K_f K_{rof}\Delta t}$$

$$c_{54} = -\frac{K_m}{K_f}\frac{\mu_o}{\mu_w} \cdot \frac{\sigma_m K_{rwm}\rho_w}{K_{rof}\rho_o}\Delta x^2 - \frac{\Delta x^2 \mu_o}{K_f K_{rof}\rho_o \Delta t}S_{wm}\rho_w\phi_{rm}C_{rm}$$

$$c_{55} = -(p_{om} - p_{cwom} - p_{of} + p_{cwof})\frac{K_m}{K_f}\frac{\mu_o}{\mu_w} \cdot \frac{\Delta x^2 \sigma_m}{K_{rof}\rho_o}(\rho_w K'_{rwm}) - \frac{\Delta x^2 \mu_o}{K_f K_{rof}\rho_o \Delta t}\phi_m\rho_w$$

$$c_{64} = -\frac{K_m}{K_f}\frac{\mu_o}{\mu_g} \cdot \frac{\sigma_m K_{rgm}\rho_{gm}}{K_{rof}\rho_o}\Delta x^2 - \frac{K_m}{K_f} \cdot \frac{\sigma_m K_{rom}\rho_{gdm}}{K_{rof}\rho_o}\Delta x^2 - \frac{\Delta x^2 \mu_o}{K_f K_{rof}\rho_o \Delta t}\left[(\rho_g S_{gm} + \rho_{gd}S_{om})\phi_{rm}C_{rm} \right]$$

$$c_{65} = -(p_{om} - p_{of})\frac{K_m}{K_f} \cdot \frac{\Delta x^2 \sigma_m}{K_{rof}\rho_o}(K'_{rowm}\rho_{gd}) + \frac{\Delta x^2 \mu_o \phi_f \rho_{gd}}{K_f K_{rof}\rho_o \Delta t}$$

$$c_{66} = -(p_{om} + p_{cogm} - p_{of} - p_{cogf})\frac{K_m}{K_f}\frac{\mu_o}{\mu_g} \cdot \frac{\Delta x^2 \sigma_m}{K_{rof}\rho_o}(K'_{rgm}\rho_g) - (p_{om} - p_{of})\frac{K_m}{K_f} \cdot \frac{\Delta x^2 \sigma_m}{K_{rof}\rho_o}(K'_{rogm}\rho_{gd})$$

$$-\frac{\Delta x^2 \mu_o}{K_f K_{rof} \rho_o \Delta t}(\phi_m \rho_g - \phi_m \rho_{gd})$$

$b_{44} = d_{44} = 0, b_{45} = d_{45} = 0, b_{46} = d_{46} = 0, b_{54} = d_{54} = 0, b_{55} = d_{55} = 0, b_{64} = d_{64} = 0,$

$b_{65} = d_{65} = 0, b_{66} = d_{66} = 0$

$g_{04} = 0, g_{05} = 0, g_{06} = 0$

其余参数不变,这样就将双孔双渗模型等效成了双孔单渗模型。

2) 裂缝单一介质模型的等效原理

对于 $\phi_f > > \phi_m$ 且 $K_f > > K_m$ 的裂缝性碳酸盐岩油气藏,涉及以下基质流动的参数团可以忽略

$$\frac{K_m}{K_f} \cdot \frac{K_{rom}}{K_{rof}}, p_{om} \frac{K_m}{K_f} \cdot \frac{K'_{rowm}}{K_{rof}}, p_{om} \frac{K_m}{K_f} \cdot \frac{K'_{rogm}}{K_{rof}},$$

$$\frac{K_m}{K_f}\frac{\mu_o}{\mu_w} \cdot \frac{K_{rwm}\rho_w}{K_{rof}\rho_o}, p'_{cwof} \frac{K_m}{K_f}\frac{\mu_o}{\mu_w} \cdot \frac{K_{rwm}\rho_w}{K_{rof}\rho_o} - (p_{om} - p_{cwom}) \frac{K_m}{K_f}\frac{\mu_o}{\mu_w} \cdot \frac{K'_{rwm}\rho_w}{K_{rof}\rho_o},$$

$$\frac{K_m}{K_f} \cdot \left(\frac{\mu_o}{\mu_g}\frac{K_{rgm}\rho_g}{K_{rof}\rho_o} + \frac{K_{rom}\rho_{gd}}{K_{rof}\rho_o}\right), p_{om} \frac{K_m}{K_f} \cdot \frac{K'_{rowm}\rho_{gd}}{K_{rof}\rho_o},$$

$$p'_{cogm} \frac{K_m}{K_f}\frac{\mu_o}{\mu_g} \cdot \frac{K_{rgm}\rho_g}{K_{rof}\rho_o} + (p_{om} + p_{cgom}) \frac{K_m}{K_f}\frac{\mu_o}{\mu_g} \cdot \frac{K'_{rgm}\rho_g}{K_{rof}\rho_o} + p_{om} \frac{K_m}{K_f} \cdot \frac{K'_{rogm}\rho_{gd}}{K_{rof}\rho_o}$$

涉及以下基质—裂缝流体交换的参数团可以忽略

$$\frac{K_m}{K_f} \cdot \frac{\sigma_m K_{rom}}{K_{rof}}\Delta x^2, (p_{om} - p_{of}) \frac{K_m}{K_f} \cdot \frac{\Delta x^2 \sigma_m}{K_{rof}}(K'_{rowm}), (p_{om} - p_{of}) \frac{K_m}{K_f} \cdot \frac{\Delta x^2 \sigma_m K'_{rogm}}{K_{rof}},$$

$$\frac{K_m}{K_f}\frac{\mu_o}{\mu_w} \cdot \frac{\sigma_m K_{rwm}\rho_w}{K_{rof}\rho_o}\Delta x^2, (p_{om} - p_{cwom} - p_{of} + p_{cwof}) \frac{K_m}{K_f}\frac{\mu_o}{\mu_w} \cdot \frac{\Delta x^2 \sigma_m}{K_{rof}\rho_o}(\rho_w K'_{rwm}),$$

$$\frac{K_m}{K_f} \cdot \frac{\mu_o}{\mu_g} \cdot \frac{\sigma_m K_{rgm}\rho_g}{K_{rof}\rho_o} \cdot \Delta x^2 + \frac{K_m}{K_f} \cdot \frac{\sigma_m K_{rom}\rho_{gd}}{K_{rof}\rho_o} \cdot \Delta x^2, (p_{om} - p_{of}) \frac{K_m}{K_f} \cdot \frac{\Delta x^2 \sigma_m}{K_{rof}\rho_o}(K'_{rowm}\rho_{gd})$$

$$(p_{om} + p_{cogm} - p_{of} - p_{cogf}) \frac{K_m}{K_f}\frac{\mu_o}{\mu_g} \cdot \frac{\sigma_m}{K_{rof}\rho_o}(K'_{rgm}\rho_g)\Delta x^2 + (p_{om} - p_{of}) \frac{K_m}{K_f} \cdot \frac{\sigma_m}{K_{rof}\rho_o}(K'_{rogm}\rho_{gd})\Delta x^2$$

涉及以下基质中累积项的参数团可以忽略

$$\frac{\Delta x^2 \mu_o}{K_f K_{rof}\Delta t}(S_{om}\phi_{rm}C_{rm}), \frac{\Delta x^2 \mu_o}{K_f K_{rof}\Delta t}\phi_m,$$

$$\frac{\Delta x^2 \mu_o}{K_f K_{rof}\rho_o \Delta t}S_{wm}\rho_w\phi_{rm}C_{rm}, \frac{\Delta x^2 \mu_o}{K_f K_{rof}\rho_o \Delta t}\phi_m\rho_w,$$

$$\frac{\Delta x^2 \mu_o}{K_f K_{rof}\rho_o \Delta t}[(\rho_g S_{gm} + \rho_{gd} S_{om})\phi_{rm}C_{rm}], \frac{\Delta x^2 \mu_o \phi_f \rho_{gd}}{K_f K_{rof}\rho_o \Delta t},$$

$$\frac{\Delta x^2 \mu_o}{K_f K_{rof} \rho_o \Delta t}(\phi_m \rho_g - \phi_m \rho_{gd})$$

于是有

$$c_{11} = -2 - \frac{\Delta x^2 \mu_o}{K_f K_{rof} \Delta t}(S_{of}\phi_{rt}C_{rt})$$

$$c_{12} = \frac{-2p_{of}K'_{rowf}}{K_{rof}} + \frac{\Delta x^2 \mu_o \phi_t}{K_f K_{rof} \Delta t}$$

$$c_{13} = -\frac{2p_{of}K'_{rogf}}{K_{rof}} + \frac{\Delta x^2 \mu_o \phi_t}{K_f K_{rof} \Delta t}$$

$$c_{21} = -\frac{\mu_o}{\mu_w} \cdot \frac{2K_{rwf}\rho_w}{K_{rof}\rho_o} - \frac{\Delta x^2 \mu_o}{K_f K_{rof}\rho_o \Delta t}S_{wf}\rho_w \phi_{rt} C_{rt}$$

$$c_{22} = p'_{cwof}\frac{\mu_o}{\mu_w}\frac{2K_{rwf}\rho_w}{K_{rof}\rho_o} - (p_{of} - p_{cwof})\frac{\mu_o}{\mu_w} \cdot \frac{2K'_{rwf}\rho_w}{K_{rof}\rho_o} - \frac{\Delta x^2 \mu_o}{K_f K_{rof}\rho_o \Delta t}\phi_t \rho_w$$

$$c_{23} = 0$$

$$c_{31} = -2\left(\frac{\mu_o}{\mu_g} \cdot \frac{K_{rgf}\rho_g}{K_{rof}\rho_o} + \frac{\rho_{gd}}{\rho_o}\right) - \frac{\Delta x^2 \mu_o}{K_f K_{rof}\rho_o \Delta t}[(\rho_g S_{gf} + \rho_{gd}S_{of})\phi_{rt}C_{rt}]$$

$$c_{32} = -p_{of} \cdot \frac{2K'_{rowf}\rho_{gd}}{K_{rof}\rho_o} + \frac{\Delta x^2 \mu_o \phi_t \rho_{gd}}{K_f K_{rof}\rho_o \Delta t}$$

$$c_{33} = -p'_{cogf}\frac{\mu_o}{\mu_g} \cdot \frac{2K_{rgf}\rho_g}{K_{rof}\rho_o} - (p_{of} + p_{cogf})\frac{\mu_o}{\mu_g} \cdot \frac{2K'_{rgf}\rho_g}{K_{rof}\rho_o} - p_{of} \cdot \frac{2K'_{rogf}\rho_{gd}}{K_{rof}\rho_o} - \frac{\Delta x^2 \mu_o \phi_t(\rho_g - \rho_{gd})}{K_f K_{rof}\rho_o \Delta t}$$

$$b_{11} = d_{11} = 1, b_{12} = d_{12} = p_{of}K'_{rowf}/K_{rof}, b_{13} = d_{13} = p_{of}K'_{rogf}/K_{rof},$$

$$b_{21} = d_{21} = \frac{\mu_o}{\mu_w} \cdot \frac{K_{rwf}\rho_w}{K_{rof}\rho_o}, b_{22} = d_{22} = -p'_{cwof}\frac{\mu_o}{\mu_w}\frac{K_{rwf}\rho_w}{K_{rof}\rho_o} + (p_{of} - p_{cwof})\frac{\mu_o}{\mu_w} \cdot \frac{K'_{rwf}\rho_w}{K_{rof}\rho_o}$$

$$b_{23} = d_{23} = 0, b_{31} = d_{31} = \frac{\mu_o}{\mu_g} \cdot \frac{K_{rgf}\rho_g}{K_{rof}\rho_o} + \frac{\rho_{gd}}{\rho_o}, b_{32} = d_{32} = p_{of} \cdot \frac{K'_{rowf}\rho_{gd}}{K_{rof}\rho_o}$$

$$b_{33} = d_{33} = p'_{cogf}\frac{\mu_o}{\mu_g} \cdot \frac{K_{rgf}\rho_g}{K_{rof}\rho_o} + (p_{of} + p_{cogf})\frac{\mu_o}{\mu_g} \cdot \frac{K'_{rgf}\rho_{gf}}{K_{rof}\rho_o} + p_{of} \cdot \frac{K'_{rogf}\rho_{gd}}{K_{rof}\rho_o}$$

$$g_{1(2)} = -\frac{\Delta x^2 \mu_o S_{of}\phi_{rt}C_{rt}}{K_f K_{rof}\Delta t}p_{of2}^n + \frac{\Delta x^2 \mu_o \phi_t}{K_f K_{rof}\Delta t}S_{wf2}^n + \frac{\Delta x^2 \mu_o \phi_t}{K_f K_{rof}\Delta t}S_{gf2}^n$$

$$g_{2(2)} = -\frac{\Delta x^2 \mu_o S_{wf}\rho_w \phi_{rt}C_{rt}}{K_f K_{rof}\rho_o \Delta t}p_{of2}^n - \frac{\Delta x^2 \mu_o \phi_t \rho_w}{K_f K_{rof}\rho_o \Delta t}S_{wf2}^n$$

$$g_{3(2)} = -\frac{\Delta x^2 \mu_o (\rho_g S_{gf} + \rho_{gd}S_{of})\phi_{rt}C_{rt}}{K_f K_{rof}\rho_o \Delta t}p_{of2}^n + \frac{\Delta x^2 \mu_o \phi_t \rho_{gd}}{K_f K_{rof}\rho_o \Delta t}S_{wf2}^n$$

$$- \frac{\Delta x^2 \mu_o}{K_f K_{rof} \rho_o \Delta t} (\phi_t \rho_g - \phi_t \rho_{gd}) S_{gf2}^n$$

$$g_{01} = - p_{of0} - \frac{p_{of} K'_{rowf}}{K_{rof}} S_{wf0} - \frac{p_{of} K'_{rogf}}{K_{rof}} S_{gf0}$$

$$g_{02} = - \frac{\mu_o}{\mu_w} \cdot \frac{K_{rwf} \rho_w}{K_{rof} \rho_o} p_{of0} + \left[p'_{cwof} \frac{\mu_o}{\mu_w} \frac{K_{rwf} \rho_w}{K_{rof} \rho_o} - (p_{of} - p_{cwof}) \frac{\mu_o}{\mu_w} \cdot \frac{K'_{rwf} \rho_w}{K_{rof} \rho_o} \right] S_{wf0}$$

$$g_{03} = - \left(\frac{\mu_o}{\mu_g} \cdot \frac{K_{rgf} \rho_g}{K_{rof} \rho_o} + \frac{\rho_{gd}}{\rho_o} \right) p_{of0} - p_{of} \cdot \frac{K'_{rowf} \rho_{gd}}{K_{rof} \rho_o} S_{wf0}$$

$$- \left[p'_{cogf} \frac{\mu_o}{\mu_g} \cdot \frac{K_{rgf} \rho_g}{K_{rof} \rho_o} + (p_{of} + p_{cgof}) \frac{\mu_o}{\mu_g} \cdot \frac{K'_{rgf} \rho_g}{K_{rof} \rho_o} + p_{of} \cdot \frac{K'_{rogf} \rho_{gd}}{K_{rof} \rho_o} \right] \cdot S_{gf0}$$

其中，$\phi_t = \phi_f + \phi_m$，C_{rt} 为裂缝和基质系统的等效压缩系数。

这样就将双孔双渗模型等效成裂缝单一介质模型。

3）基质单一介质模型的等效原理

随着 K_f / K_m 的减小，裂缝所起的作用越来越弱，$\sigma_m \to 0$，涉及以下基质—裂缝流体交换的参数团可以忽略

$$\frac{K_m}{K_f} \cdot \frac{\sigma_m K_{rom}}{K_{rof}} \Delta x^2 , (p_{om} - p_{of}) \frac{K_m}{K_f} \cdot \frac{\Delta x^2 \sigma_m}{K_{rof}} (K'_{rowm}) , (p_{om} - p_{of}) \frac{K_m}{K_f} \cdot \frac{\Delta x^2 \sigma_m K'_{rogm}}{K_{rof}} ,$$

$$\frac{K_m}{K_f} \frac{\mu_o}{\mu_w} \cdot \frac{\sigma_m K_{rwm} \rho_w}{K_{rof} \rho_o} \Delta x^2 , (p_{om} - p_{cwom} - p_{of} + p_{cwof}) \frac{K_m}{K_f} \frac{\mu_o}{\mu_w} \cdot \frac{\Delta x^2 \sigma_m}{K_{rof} \rho_o} (\rho_w K'_{rwm}) ,$$

$$\frac{K_m}{K_f} \cdot \frac{\mu_o}{\mu_g} \cdot \frac{\sigma_m K_{rgm} \rho_g}{K_{rof} \rho_o} \cdot \Delta x^2 + \frac{K_m}{K_f} \cdot \frac{\sigma_m K_{rom} \rho_{gd}}{K_{rof} \rho_o} \cdot \Delta x^2 , (p_{om} - p_{of}) \frac{K_m}{K_f} \cdot \frac{\Delta x^2 \sigma_m}{K_{rof} \rho_o} (K'_{rowm} \rho_{gd}) ,$$

$$(p_{om} + p_{cogm} - p_{of} - p_{cogf}) \frac{K_m}{K_f} \frac{\mu_o}{\mu_g} \cdot \frac{\sigma_m}{K_{rof} \rho_o} (K'_{rgm} \rho_g) \Delta x^2 + (p_{om} - p_{of}) \frac{K_m}{K_f} \cdot \frac{\sigma_m}{K_{rof} \rho_o} (K'_{rogm} \rho_{gd}) \Delta x^2$$

此外，裂缝中的流动项和累积项的贡献可以合并进入基质中，于是有

$$c_{11} = - 2 - \frac{\Delta x^2 \mu_o}{K_t K_{rom} \Delta t} (S_{om} \phi_{rt} C_{rt})$$

$$c_{12} = - 2 p_{om} \frac{K'_{rowm}}{K_{rom}} + \frac{\Delta x^2 \mu_o \phi_t}{K_t K_{rom} \Delta t}$$

$$c_{13} = - p_{om} \frac{2 K'_{rogm}}{K_{rom}} + \frac{\Delta x^2 \mu_o \phi_t}{K_t K_{rom} \Delta t}$$

$$c_{21} = - \frac{\mu_o}{\mu_w} \cdot \frac{2 K_{rwm} \rho_w}{K_{rom} \rho_o} - \frac{\Delta x^2 \mu_o}{K_t K_{rom} \rho_o \Delta t} S_{wm} \rho_w \phi_{rt} C_{rt}$$

$$c_{22} = p'_{cwof} \frac{\mu_o}{\mu_w} \cdot \frac{2 K_{rwm} \rho_w}{K_{rom} \rho_o} - (p_{om} - p_{cwom}) \frac{\mu_o}{\mu_w} \cdot \frac{2 K'_{rwm} \rho_w}{K_{rom} \rho_o} - \frac{\Delta x^2 \mu_o}{K_t K_{rom} \rho_o \Delta t} \phi_t \rho_w$$

$$c_{23} = 0$$

$$c_{31} = -2\left(\frac{\mu_o}{\mu_g}\frac{K_{rgm}\rho_g}{K_{rom}\rho_o} + \frac{\rho_{gd}}{\rho_o}\right) - \frac{\Delta x^2 \mu_o}{K_t K_{rom}\rho_o \Delta t}\left[\left(\rho_g S_{gm} + \rho_{gd}S_{om}\right)\phi_{rt}C_{rt}\right]$$

$$c_{32} = -p_{om}\frac{2K'_{rowm}\rho_{gd}}{K_{rom}\rho_o} + \frac{\Delta x^2 \mu_o \phi_t \rho_{gd}}{K_t K_{rom}\rho_o \Delta t}$$

$$c_{33} = -p'_{cogm}\frac{\mu_o}{\mu_g}\cdot\frac{2K_{rgm}\rho_g}{K_{rom}\rho_o} - \left(p_{om}+p_{cgom}\right)\frac{\mu_o}{\mu_g}\cdot\frac{2K'_{rgm}\rho_g}{K_{rom}\rho_o} - p_{om}\frac{2K'_{rogm}\rho_{gd}}{K_{rom}\rho_o} - \frac{\Delta x^2 \mu_o \phi_t (\rho_g - \rho_{gd})}{K_t K_{rom}\rho_o \Delta t}$$

$$b_{11} = d_{11} = 1, b_{12} = d_{12} = p_{om}\frac{K'_{rowm}}{K_{rom}}, b_{13} = d_{13} = p_{om}\frac{K'_{rogm}}{K_{rom}}$$

$$b_{21} = d_{21} = \frac{\mu_o}{\mu_w}\cdot\frac{K_{rwm}\rho_w}{K_{rom}\rho_o}, b_{22} = d_{22} = -p'_{cwof}\frac{\mu_o}{\mu_w}\cdot\frac{K_{rwm}\rho_w}{K_{rom}\rho_o} + \left(p_{om}-p_{cwom}\right)\frac{\mu_o}{\mu_w}\cdot\frac{K'_{rwm}\rho_w}{K_{rom}\rho_o}$$

$$b_{23} = d_{23} = 0, b_{31} = d_{31} = \frac{\mu_o}{\mu_g}\frac{K_{rgm}\rho_g}{K_{rom}\rho_o} + \frac{\rho_{gd}}{\rho_o}, b_{32} = d_{32} = p_{om}\frac{K'_{rowm}\rho_{gd}}{K_{rom}\rho_o}$$

$$b_{33} = d_{33} = p'_{cogm}\frac{\mu_o}{\mu_g}\cdot\frac{K_{rgm}\rho_g}{K_{rom}\rho_o} + \left(p_{om}+p_{cgom}\right)\frac{\mu_o}{\mu_g}\cdot\frac{K'_{rgm}\rho_g}{K_{rom}\rho_o} + p_{om}\frac{K'_{rogm}\rho_{gd}}{K_{rom}\rho_o}$$

$$g_{1(2)} = -\frac{\Delta x^2 \mu_o S_{om}\phi_{rt}C_{rt}}{K_t K_{rom}\Delta t}p_{om2}^n + \frac{\Delta x^2 \mu_o \phi_t}{K_t K_{rom}\Delta t}S_{wm2}^n + \frac{\Delta x^2 \mu_o \phi_t}{K_t K_{rom}\Delta t}S_{gm2}^n$$

$$g_{2(2)} = -\frac{\Delta x^2 \mu_o S_{wm}\rho_w\phi_{rt}C_{rt}}{K_t K_{rom}\rho_o\Delta t}p_{om2}^n - \frac{\Delta x^2 \mu_o}{K_t K_{rom}\rho_o\Delta t}\phi_t\rho_w S_{wm2}^n$$

$$g_{3(2)} = -\frac{\Delta x^2 \mu_o (\rho_g S_{gm}+\rho_{gd}S_{om})\phi_{rt}C_{rt}}{K_t K_{rom}\rho_o\Delta t}p_{om2}^n + \frac{\Delta x^2 \mu_o \phi_t\rho_{gd}}{K_t K_{rom}\rho_o\Delta t}S_{wm2}^n - \frac{\Delta x^2 \mu_o \phi_t(\rho_g-\rho_{gd})}{K_t K_{rom}\rho_o\Delta t}S_{gm2}^n$$

$$g_{01} = -p_{om0} - p_{om}\frac{K'_{rowm}}{K_{rom}}S_{wm0} - p_{om}\frac{K'_{rogm}}{K_{rom}}S_{gm0}$$

$$g_{02} = -\frac{\mu_o}{\mu_w}\cdot\frac{K_{rwm}\rho_w}{K_{rom}\rho_o}p_{om0} + \left[p'_{cwof}\frac{\mu_o}{\mu_w}\cdot\frac{K_{rwm}\rho_w}{K_{rom}\rho_o} - \left(p_{om}-p_{cwom}\right)\frac{\mu_o}{\mu_w}\cdot\frac{K'_{rwm}\rho_w}{K_{rom}\rho_o}\right]S_{wm0}$$

$$g_{03} = -\left(\frac{\mu_o}{\mu_g}\frac{K_{rgm}\rho_g}{K_{rom}\rho_o} + \frac{K_{rom}\rho_{gd}}{K_{rom}\rho_o}\right)p_{om0} - p_{om}\frac{K'_{rowm}\rho_{gd}}{K_{rom}\rho_o}S_{wm0}$$

$$-\left[p'_{cogm}\frac{\mu_o}{\mu_g}\cdot\frac{K_{rgm}\rho_g}{K_{rom}\rho_o} + \left(p_{om}+p_{cgom}\right)\frac{\mu_o}{\mu_g}\cdot\frac{K'_{rgm}\rho_g}{K_{rom}\rho_o} + p_{om}\frac{K'_{rogm}\rho_{gdm}}{K_{rom}\rho_o}\right]\cdot S_{gm0}$$

其中，$\phi_t = \phi_f + \phi_m$，$K_t = K_f + K_m$，C_{rt} 为裂缝和基质系统的等效压缩系数。

这样就将双孔双渗模型等效成基质单一介质模型。

以上碳酸盐岩油气水三相渗流的双孔双渗模型 [式(3-59)] 的等效原理表明：对于裂缝—基质渗透率级差 K_f/K_m 很大且原油主要存在于断裂系统的裂缝型碳酸盐岩储层，可以将双孔双渗模型等效为裂缝单一介质模型；对于裂缝—基质渗透率级差 K_f/K_m 很小的孔隙型碳酸盐岩储层,可以将双孔双渗模型等效为基质单一介质模型;对于裂缝—基质渗透率级差 K_f/K_m 适中的裂缝—孔隙型碳酸盐岩储层,可以将双孔双渗模型等效为双孔单渗模型。

二、碳酸盐岩油气藏等效介质数值模型通式

根据以上碳酸盐岩油气藏数值模拟等效原理,可分别写出三维三相油藏中等效双孔单渗模型、等效裂缝单一介质模型、等效基质单一介质模型的矩阵方程通式。

1. 等效双孔单渗数值模型

在雅可比矩阵(3－50)中,等效双孔单渗模型对应的各项系数为:

第一行,第二行,第三行与双孔双渗模型第一行至第三行相同。

第四行:

$$J4_{4,1} = T_{omf}$$

$$J4_{4,2} = 0$$

$$J4_{4,3} = 0$$

$$J4_{4,4} = - T_{omf} - (p_{om} - p_{of} + L_c \cdot g |\rho_f - \rho_o|) \cdot \frac{V_b \sigma_m K_m}{\mu_{om}} (\rho'_{om} K_{rom}) - C_{om1}$$

$$J4_{4,5} = - (p_{om} - p_{of} + L_c \cdot g |\rho_f - \rho_o|) \cdot \frac{V_b \sigma_m K_m}{\mu_{om}} (\rho_{om} K'_{rowm}) - C_{om2}$$

$$J4_{4,6} = - (p_{om} - p_{of} + L_c \cdot g |\rho_f - \rho_o|) \cdot \frac{V_b \sigma_m K_m}{\mu_{om}} (\rho_{om} K'_{rogm}) - C_{om3}$$

第五行:

$$J4_{5,1} = T_{wmf}$$

$$J4_{5,2} = 0$$

$$J4_{5,3} = 0$$

$$J4_{5,4} = - T_{wmf} - C_{wm1}$$

$$J4_{5,5} = - (p_{om} + p_{cwom} - p_{of} - p_{cwof} + L_c \cdot g |\rho_f - \rho_w|) \cdot \frac{V_b \sigma_m K_m}{\mu_{wm}} (\rho_{wm} K'_{rwm}) - C_{wm2}$$

$$J4_{5,6} = - C_{wm3}$$

第六行:

$$J4_{6,1} = T_{gmf} + T_{gdmf}$$

$$J4_{6,2} = 0$$

$$J4_{6,3} = 0$$

$$J4_{6,4} = - T_{gmf} - T_{gdmf} - (p_{om} + p_{cogm} - p_{of} - p_{cogf} + L_c \cdot g |\rho_f - \rho_g|) \cdot \frac{V_b \sigma_m K_m}{\mu_{gm}} (K_{rgm} \rho'_{gm})$$

$$- (p_{om} - p_{of} + L_c \cdot g \mid \rho_f - \rho_o \mid) \cdot \frac{V_b \sigma_m K_m}{\mu_{om}} (K_{rom} \rho'_{gdm}) - C_{gm1}$$

$$J4_{6,5} = - (p_{om} - p_{of} + L_c \cdot g \mid \rho_f - \rho_o \mid) \cdot \frac{V_b \sigma_m K_m}{\mu_{om}} (K'_{rowm} \rho_{gdm}) - C_{gm2}$$

$$J4_{6,6} = - (p_{om} + p_{cogm} - p_{of} - p_{cogf} + L_c \cdot g \mid \rho_f - \rho_g \mid) \cdot \frac{V_b \sigma_m K_m}{\mu_{gm}} (K'_{rgm} \rho_{gm})$$

$$- (p_{om} - p_{of} + L_c \cdot g \mid \rho_f - \rho_o \mid) \cdot \frac{V_b \sigma_m K_m}{\mu_{om}} (K'_{rogm} \rho_{gdm}) - C_{gm3}$$

余项为

$$R_{wf}^k = \Delta T_{wf}^k \Delta \Phi_{wf}^k + T_{wmf}^k (\Phi_{wm}^k - \Phi_{wf}^k + L_c \cdot g \cdot (\mid \rho_f - \rho_w \mid^k) + q_{wf}^k$$

$$- \frac{V_b}{\Delta t} [(\phi_f \rho_{wf} S_{wf})^k - (\phi_f \rho_{wf} S_{wf})^n]$$

$$R_{of}^k = \Delta T_{of}^k \Delta \Phi_{of}^k + T_{omf}^k (\Phi_{om}^k - \Phi_{of}^k + L_c \cdot g \cdot (\mid \rho_f - \rho_o \mid^k) + q_{of}^k - \frac{V_b}{\Delta t} [(\phi_f \rho_{of} S_{of})^k - (\phi_f \rho_{of} S_{of})^n]$$

$$R_{gf}^k = \Delta T_{gf}^k \Delta \Phi_{gf}^k + \Delta T_{gdf}^k \Delta \Phi_{of}^k + T_{gmf}^k [\Phi_{gm}^k - \Phi_{gf}^k + L_c \cdot g (\mid \rho_f - \rho_g \mid^k)]$$

$$+ T_{gdmf}^k [\Phi_{om}^k - \Phi_{of}^k + L_c \cdot g (\mid \rho_f - \rho_o \mid^k)] + q_{gf}^k + q_{gdf}^k$$

$$- \frac{V_b}{\Delta t} [(\phi_f \rho_{gf} S_{gf})^k - (\phi_f \rho_{gf} S_{gf})^n + (\phi_f \rho_{gdf} S_{of})^k - (\phi_f \rho_{gdf} S_{of})^n]$$

$$R_{wm}^k = - T_{wmf}^k (\Phi_{wm}^k - \Phi_{wf}^k + L_c \cdot g \cdot (\mid \rho_f - \rho_w \mid^k) + q_{wf}^k - \frac{V_b}{\Delta t} [(\phi_f \rho_{wf} S_{wf})^k - (\phi_f \rho_{wf} S_{wf})^n]$$

$$R_{of}^k = - T_{omf}^k (\Phi_{om}^k - \Phi_{of}^k + L_c \cdot g \cdot (\mid \rho_f - \rho_o \mid^k) + q_{of}^k - \frac{V_b}{\Delta t} [(\phi_f \rho_{of} S_{of})^k - (\phi_f \rho_{of} S_{of})^n]$$

$$R_{gf}^k = - T_{gmf}^k [\Phi_{gm}^k - \Phi_{gf}^k + L_c \cdot g (\mid \rho_f - \rho_g \mid^k)] - T_{gdmf}^k [\Phi_{om}^k - \Phi_{of}^k + L_c \cdot g (\mid \rho_f - \rho_o \mid^k)]$$

$$+ q_{gf}^k + q_{gdf}^k - \frac{V_b}{\Delta t} [(\phi_f \rho_{gf} S_{gf})^k - (\phi_f \rho_{gf} S_{gf})^n + (\phi_f \rho_{gdf} S_{of})^k - (\phi_f \rho_{gdf} S_{of})^n]$$

2. 等效裂缝单一介质数值模型

以等效裂缝单一介质模型雅可比矩阵中三相状态时的分量 $J4_{i,j,k}$ 为例,将各项系数求出,可以得到一个 3×3 子矩阵。

$$J4_{i,j,k} = \frac{\partial R_{i,j,k}}{\partial X_{i,j,k}} = \begin{bmatrix} \dfrac{\partial R_{ofi,j,k}}{\partial p_{ofi,j,k}} & \dfrac{\partial R_{ofi,j,k}}{\partial S_{wfi,j,k}} & \dfrac{\partial R_{ofi,j,k}}{\partial S_{xfi,j,k}} \\[3mm] \dfrac{\partial R_{wfi,j,k}}{\partial p_{ofi,j,k}} & \dfrac{\partial R_{wfi,j,k}}{\partial S_{wfi,j,k}} & \dfrac{\partial R_{wfi,j,k}}{\partial S_{xfi,j,k}} \\[3mm] \dfrac{\partial R_{gfi,j,k}}{\partial p_{ofi,j,k}} & \dfrac{\partial R_{gfi,j,k}}{\partial S_{wfi,j,k}} & \dfrac{\partial R_{gfi,j,k}}{\partial S_{xfi,j,k}} \end{bmatrix} \qquad (3 - 60)$$

或写成

$$J4 = \begin{bmatrix} J4_{1,1} & J4_{1,2} & J4_{1,3} \\ J4_{2,1} & J4_{2,2} & J4_{2,3} \\ J4_{3,1} & J4_{3,2} & J4_{3,3} \end{bmatrix} \qquad (3-61)$$

各项系数为

$$J4_{1,1} = -\sum_{6e}(T_{of})_u - (p_{of} - \gamma_{ogf}D)\cdot\sum_{6e}\left[\frac{\xi}{\mu_{of}}(K_{rof}\rho'_{of})\right]_u - C_{of1}$$

$$J4_{1,2} = -(p_{of} - \gamma_{ogf}D)\cdot\sum_{6e}\left[\frac{\xi}{\mu_{of}}(\rho_{of}K'_{rowf})\right]_u - C_{of2}$$

$$J4_{1,3} = -(p_{of} - \gamma_{ogf}D)\cdot\sum_{6e}\left[\frac{\xi}{\mu_{of}}(\rho_{of}K'_{rogf})\right]_u - C_{of3}$$

$$J4_{2,1} = -\sum_{6e}(T_{wf})_u - C_{wf1}$$

$$J4_{2,2} = p'_{cwof}\sum_{6e}(T_{wf})_u - (p_{of} + p_{cwof} - \gamma_{wf}D)\cdot\sum_{6e}\left[\frac{\xi}{\mu_{wf}}(K'_{rwf}\rho_{wf})\right]_u - C_{wf2}$$

$$J4_{2,3} = -C_{wf3}$$

$$J4_{3,1} = -\sum_{6e}(T_{gf} + T_{gdf})_u - (p_{of} + p_{cgof} - \gamma_{gf}D)\cdot\sum_{6e}\left[\frac{\xi}{\mu_{gf}}(K_{rgf}\rho'_{gf})\right]_u$$
$$\qquad - (p_{of} - \gamma_{ogf}D)\cdot\sum_{6e}\left[\frac{\xi}{\mu_{of}}(K_{rof}\rho'_{gdf})\right]_u - C_{gf1}$$

$$J4_{3,2} = -(p_{of} - \gamma_{ogf}D)\cdot\sum_{6e}\left[\frac{\xi}{\mu_{of}}(K'_{rowf}\rho_{gdf})\right]_u - C_{gf2}$$

$$J4_{3,3} = -p'_{cogf}\sum_{6e}(T_{gf})_u - (p_{of} + p_{cgof} - \gamma_{gf}D)\cdot\sum_{6e}\left[\frac{\xi}{\mu_{gf}}(K'_{rgf}\rho_{gf})\right]_u$$
$$\qquad - (p_{of} - \gamma_{ogf}D)\cdot\sum_{6e}\left[\frac{\xi}{\mu_{of}}(K'_{rogf}\rho_{gdf})\right]_u - C_{gf3}$$

其中，C_{lf1}、C_{lf2}、C_{lf3}（$l = o、g、w$）中的孔隙度为 $\phi_t = \phi_m + \phi_f$，压缩系数为 $C_t = \dfrac{\phi_m}{\phi_t}C_m + \dfrac{\phi_f}{\phi_t}C_f$。

余项为

$$R_{wf}^k = \Delta T_{wf}^k\Delta\Phi_{wf}^k + q_{wf}^k - \frac{V_b}{\Delta t}\left[(\phi_t\rho_{wf}S_{wf})^k - (\phi_t\rho_{wf}S_{wf})^n\right]$$

$$R_{of}^k = \Delta T_{of}^k\Delta\Phi_{of}^k + q_{of}^k - \frac{V_b}{\Delta t}\left[(\phi_t\rho_{of}S_{of})^k - (\phi_t\rho_{of}S_{of})^n\right]$$

$$R_{gf}^k = \Delta T_{gf}^k\Delta\Phi_{gf}^k + \Delta T_{gdf}^k\Delta\Phi_{of}^k + q_{gf}^k + q_{gdf}^k$$

$$- \frac{V_\mathrm{b}}{\Delta t} \left[(\phi_t \rho_{gf} S_{gf})^k - (\phi_t \rho_{gf} S_{gf})^n + (\phi_t \rho_{gdf} S_{of})^k - (\phi_t \rho_{gdf} S_{of})^n \right]$$

3. 等效基质单一介质数值模型

以等效基质单一介质模型雅可比矩阵中三相状态时的分量 $J4_{i,j,k}$ 为例，将各项系数求出，可以得到一个 3×3 子矩阵。

$$J4_{i,j,k} = \frac{\partial R_{i,j,k}}{\partial X_{i,j,k}} = \begin{bmatrix} \dfrac{\partial R_{omi,j,k}}{\partial p_{omi,j,k}} & \dfrac{\partial R_{omi,j,k}}{\partial S_{wmi,j,k}} & \dfrac{\partial R_{omi,j,k}}{\partial S_{xmi,j,k}} \\[3mm] \dfrac{\partial R_{wmi,j,k}}{\partial p_{omi,j,k}} & \dfrac{\partial R_{wmi,j,k}}{\partial S_{wmi,j,k}} & \dfrac{\partial R_{wmi,j,k}}{\partial S_{xmi,j,k}} \\[3mm] \dfrac{\partial R_{gmi,j,k}}{\partial p_{omi,j,k}} & \dfrac{\partial R_{gmi,j,k}}{\partial S_{wmi,j,k}} & \dfrac{\partial R_{gmi,j,k}}{\partial S_{xmi,j,k}} \end{bmatrix} \qquad (3-62)$$

或写成

$$J4 = \begin{bmatrix} J4_{1,1} & J4_{1,2} & J4_{1,3} \\ J4_{2,1} & J4_{2,2} & J4_{2,3} \\ J4_{3,1} & J4_{3,2} & J4_{3,3} \end{bmatrix} \qquad (3-63)$$

各项系数为

$$J4_{1,1} = - \sum_{6e} (T_{om})_u - (p_{of} - \gamma_{ogf} D) \cdot \sum_{6e} \left[\frac{\xi}{\mu_{om}} (K_{rom} \rho'_{om}) \right]_u - C_{om1}$$

$$J4_{1,2} = - (p_{of} - \gamma_{ogf} D) \cdot \sum_{6e} \left[\frac{\xi}{\mu_{om}} (K'_{rowm} \rho_{om}) \right]_u - C_{om2}$$

$$J4_{1,3} = - (p_{of} - \gamma_{ogf} D) \cdot \sum_{6e} \left[\frac{\xi}{\mu_{om}} (K'_{rogm} \rho_{om}) \right]_u - C_{om3}$$

$$J4_{2,1} = - \sum_{6e} (T_{wm})_u - C_{wm1}$$

$$J4_{2,2} = p'_{cwof} \sum_{6e} (T_{wf})_u - (p_{om} + p_{cwom} - \gamma_{wm} D) \cdot \sum_{6e} \left[\frac{\xi}{\mu_{wm}} (K'_{rwm} \rho_{wm}) \right]_u - C_{wm2}$$

$$J4_{2,3} = - C_{wm3}$$

$$J4_{3,1} = - \sum_{6e} (T_{gf} + T_{gdf})_u - (p_{om} + p_{cgom} - \gamma_{gm} D) \cdot \sum_{6e} \left[\frac{\xi}{\mu_{gm}} (K_{rgm} \rho'_{gm}) \right]_u$$

$$- (p_{of} - \gamma_{ogf} D) \cdot \sum_{6e} \left[\frac{\xi}{\mu_{om}} (K_{rom} \rho'_{gdm}) \right]_u - C_{gm1}$$

$$J4_{3,2} = - (p_{of} - \gamma_{ogf} D) \cdot \sum_{6e} \left[\frac{\xi}{\mu_{om}} (K'_{rowm} \rho_{gdm}) \right]_u - C_{gm2}$$

$$J4_{3,3} = -p'_{\mathrm{cogm}} \sum_{6e} (T_{\mathrm{gm}})_{\mathrm{u}} - (p_{\mathrm{om}} + p_{\mathrm{cgom}} - \gamma_{\mathrm{gm}}D) \cdot \sum_{6e} \left[\frac{\xi}{\mu_{\mathrm{gm}}} (K'_{\mathrm{rgm}}\rho_{\mathrm{gm}}) \right]_{\mathrm{u}}$$

$$- (p_{\mathrm{of}} - \gamma_{\mathrm{ogf}}D) \cdot \sum_{6e} \left[\frac{\xi}{\mu_{\mathrm{om}}} (K'_{\mathrm{rogm}}\rho_{\mathrm{gdm}}) \right]_{\mathrm{u}} - C_{\mathrm{gm3}}$$

其中，C_{lm1}、C_{lm2}、C_{lm3}（$l =$ o、g、w）中的孔隙度为 $\phi_{\mathrm{t}} = \phi_{\mathrm{m}} + \phi_{\mathrm{f}}$，压缩系数为 $C_{\mathrm{t}} = \dfrac{\phi_{\mathrm{m}}}{\phi_{\mathrm{t}}}C_{\mathrm{m}} + \dfrac{\phi_{\mathrm{f}}}{\phi_{\mathrm{t}}}C_{\mathrm{f}}$。

余项为

$$R_{\mathrm{wm}}^{k} = \Delta T_{\mathrm{wm}}^{k} \Delta \Phi_{\mathrm{wm}}^{k} + q_{\mathrm{wm}}^{k} - \frac{V_{\mathrm{b}}}{\Delta t} \left[(\phi_{\mathrm{t}}\rho_{\mathrm{wm}}S_{\mathrm{wm}})^{k} - (\phi_{\mathrm{t}}\rho_{\mathrm{wm}}S_{\mathrm{wm}})^{n} \right]$$

$$R_{\mathrm{om}}^{k} = \Delta T_{\mathrm{om}}^{k} \Delta \Phi_{\mathrm{om}}^{k} + q_{\mathrm{om}}^{k} - \frac{V_{\mathrm{b}}}{\Delta t} \left[(\phi_{\mathrm{t}}\rho_{\mathrm{om}}S_{\mathrm{om}})^{k} - (\phi_{\mathrm{t}}\rho_{\mathrm{om}}S_{\mathrm{om}})^{n} \right]$$

$$R_{\mathrm{gm}}^{k} = \Delta T_{\mathrm{gm}}^{k} \Delta \Phi_{\mathrm{gm}}^{k} + \Delta T_{\mathrm{gdm}}^{k} \Delta \Phi_{\mathrm{om}}^{k} + q_{\mathrm{gm}}^{k} + q_{\mathrm{gdm}}^{k}$$

$$- \frac{V_{\mathrm{b}}}{\Delta t} \left[(\phi_{\mathrm{t}}\rho_{\mathrm{gm}}S_{\mathrm{gm}})^{k} - (\phi_{\mathrm{t}}\rho_{\mathrm{gm}}S_{\mathrm{gm}})^{n} + (\phi_{\mathrm{t}}\rho_{\mathrm{gdm}}S_{\mathrm{om}})^{k} - (\phi_{\mathrm{t}}\rho_{\mathrm{gdm}}S_{\mathrm{om}})^{n} \right]$$

以上碳酸盐岩纯油藏渗流、纯气藏渗流、油气两相流、油水两相流、油气水三相流的双孔双渗模型的等效原理表明：对于裂缝—基质渗透率级差 $K_{\mathrm{f}}/K_{\mathrm{m}}$ 很大且原油主要存在于断裂系统的裂缝型碳酸盐岩储层，在数值模拟过程中，可以忽略基质中的流动以及基质与裂缝之间的流体交换，将双孔双渗模型等效为裂缝单一介质模型；对于裂缝—基质渗透率级差 $K_{\mathrm{f}}/K_{\mathrm{m}}$ 很小的孔隙型碳酸盐岩储层，在数值模拟过程中，可以忽略裂缝中的流动以及基质与裂缝之间的流体交换，将双孔双渗模型等效为基质单一介质模型；对于裂缝—基质渗透率级差 $K_{\mathrm{f}}/K_{\mathrm{m}}$ 适中的裂缝—孔隙型碳酸盐岩储层，在数值模拟过程中，可以忽略基质中的流动，考虑基质与裂缝之间的流体交换，将双孔双渗模型等效为双孔单渗模型。

第四章 碳酸盐岩油气藏等效介质数值模拟机理研究

在碳酸盐岩油气藏数学模型研究的基础上,通过大量机理研究,进一步明确裂缝—基质渗透率级差是选择等效介质数值模拟模型的决定性因素,提出碳酸盐岩油气藏等效介质数值模拟的裂缝—基质渗透率级差判别方法,形成等效介质数值模拟技术及其配套技术。在机理研究中,建立了单井条件以及井网条件(包括井网衰竭式开采与水平井注水开发)下不同的流态(涉及纯油藏渗流、纯气藏渗流、油气两相流、油水两相流、油气水三相流等情形)以及不同的原油粘度的等效介质机理模型,共进行了650套实例对比计算。通过考察各种模型之间的压力、气油比、含水率,采出程度等动态指标之间的差异程度来考察双孔双渗模型与相应的等效介质模型之间的接近程度。通过大量机理研究,得出了各种等效介质模型的裂缝—基质渗透率级差判别方法,形成了等效介质数值模拟技术及其配套技术,将双孔双渗介质模型分别等效为裂缝单一介质、基质单一介质、双孔单渗介质等3种等效介质模型。研究得出的等效介质裂缝—基质渗透率级差判别方法,克服了等效介质模型选择的盲目性,使等效介质模型的选择有了科学的量化标准,能够快速实现储层类型多样、裂缝与基质搭配关系复杂、渗透率级差变化大、油气水关系复杂、压力分布变化大、模拟区块大、生产史复杂等各类碳酸盐岩油气藏的历史拟合和方案预测工作。

第一节 机理模型的建立

使用理想地质模型进行机理研究。网格数 $20 \times 20 \times 10$,网格尺寸:$164ft \times 164ft \times 32ft$。水平井位于油藏中部,长度为 $984ft(300m)$。使用双孔模型,$1 \sim 5$ 层为基质,$6 \sim 10$ 层为裂缝。基质孔隙度 0.2,基质渗透率 $1.0 \times 10^{-3} \mu m^2$。裂缝孔隙度 0.002,裂缝呈网状分布,$K_x = K_y = K_z$,渗透率根据与基质间的渗透率级差而定。原油密度 $0.8284g/cm^3$,原始饱和压力 1685psi,原始溶解气油比 0.358Mscf/stb;水密度 $1.1295g/cm^3$,体积系数 1.0288;气密度 $0.000944g/cm^3$。原始地质储量为 $N = 41.835MMstb$。

考察不同渗透率级差条件下各种模型之间的产量和采出程度来比较各种模型之间的差异。各种模型的特点:(1)双孔双渗及双孔单渗模型同时使用裂缝和基质的属性及相渗,即使用裂缝孔隙度、裂缝渗透率、裂缝相渗曲线、基质孔隙度、基质渗透率、基质相渗曲线;(2)等效基质单一介质模型使用基质和裂缝的总孔隙度、总的渗透率、基质的相渗曲线;(3)等效裂缝单一介质模型使用基质和裂缝的总孔隙度、裂缝的渗透率、裂缝的相渗曲线。在等效基质单一介质模型和等效裂缝单一介质模型中,根据数值模拟调参基本原则对相渗曲线有所调整。

原油及天然气 PVT 参数见表 4 - 1、表 4 - 2。

表 4 - 1 原油 *PVT* 参数

Rs , Mscf/stb	Pb , Psi	FVF , rb/stb	Visc , cP
0.005	15	1	3
0.08876	300	1.1169	1.302
0.092	315	1.1185	1.292
0.15802	615	1.1511	1.093
0.20778	865	1.175	0.987
0.25562	1115	1.196	0.92
0.30059	1365	1.2152	0.875
0.358	1685	1.241	0.84
	1765	1.24	0.847
	2015	1.2362	0.87
	2515	1.2286	0.92
	3015	1.2219	0.97
	3515	1.2161	1.02
	4015	1.2104	1.07
	4515	1.2046	1.12

表 4 - 2 天然气 *PVT* 参数

Press , psi	FVT , rb/Mscf	Visc , cP
15	217.7	0.01
44	74	0.0102
300	10.653	0.0115
315	10.081	0.0116
615	5.04	0.0128
865	3.527	0.0136
1115	2.707	0.0144
1365	2.191	0.0151
1685	1.773	0.0163
2106	1.411	0.0178
2528	1.171	0.0193

基质相渗数据见表 4 - 3、表 4 - 4。

表 4 - 3 基质油水相渗数据

S_w	K_{rw}	K_{ro}	p_c
0.1824	0.000	1.000	39.73
0.19	0.000	0.972	38.06
0.2	0.000	0.936	36.06
0.25	0.003	0.764	28.51

S_w	K_{rw}	K_{ro}	p_c
0.3	0.012	0.610	23.53
0.35	0.029	0.474	20.01
0.4	0.054	0.354	17.39
0.45	0.088	0.252	15.36
0.5	0.133	0.167	13.75
0.55	0.189	0.100	12.43
0.6	0.256	0.050	11.35
0.65	0.336	0.017	10.43
0.7	0.429	0.001	9.65
0.72	0.470	0.000	9.36
1	1.000	0.000	6.63

表4-4 基质油气相渗数据

S_g	K_{rg}	K_{ro}
0	0.000	1.000
0.001	0.000	0.994
0.01	0.000	0.937
0.025	0.000	0.849
0.05	0.002	0.717
0.1	0.009	0.502
0.125	0.015	0.416
0.15	0.023	0.342
0.2	0.044	0.226
0.25	0.074	0.144
0.3	0.112	0.087
0.35	0.159	0.050
0.4	0.217	0.027
0.45	0.284	0.013
0.5	0.362	0.006
0.55	0.451	0.002
0.6	0.551	0.001
0.65	0.662	0.000
0.7	0.785	0.000
0.75	0.920	0.000
0.8	0.991	0.000
0.8176	1	0

裂缝相渗数据:由于裂缝很宽大,毛管压力很低可以忽略。多相流体流过时,不同相分子间的相互阻碍小,因此残余油和束缚水饱和度都很低,相对渗透率接近于对角线,见表4-5。

表4-5　裂缝相渗数据

S_w	K_{rw}	K_{ro}	S_g	K_{rg}	K_{ro}
0	0	1	0	0	1
1	1	0	1	1	0

针对单井条件以及井网条件(包括井网衰竭式开采与水平井注水开发)下不同的流态以及不同的原油粘度展开等效介质模型的机理研究,各种研究情形见表4-6。

表4-6　研究机理情形汇总

开采条件	流态	模型	渗透率级差 R	原油粘度 μ_o	计算对比套数
单井衰竭式开采	纯油相流	等效双孔单渗	$R=1,2,5,10,15,25$	$\mu_o=0.84$	12
		等效裂缝	$R=500,\phi_f/\phi_t=0.6,0.7,0.8,0.9$	$\mu_o=0.84$	5
		等效基质	$R=1,5,8,10$	$\mu_o=0.84$	8
	纯气相流	等效双孔单渗	$R=1,2,5,10,15,25$		12
		等效裂缝	$R=500,\phi_f/\phi_t=0.6,0.7,0.8,0.9$		5
		等效基质	$R=1,5,8,10$		8
	油气两相流	等效双孔单渗	$R=1,2,5,10,15,25$	$\mu_o=0.84,5,25,50,100,150$	72
		等效裂缝	$R=500,\phi_f/\phi_t=0.6,0.7,0.8,0.9$	$\mu_o=0.84,5,25,50,100,150$	30
		等效基质	$R=1,5,8,10$	$\mu_o=0.84,5,25,50,100,150$	48
井网开采	油气两相流	等效双孔单渗	$R=1,2,5,10,15,25$	$\mu_o=0.84,5,25,50,100,150$	72
		等效裂缝	$R=500,\phi_f/\phi_t=0.6,0.7,0.8,0.9$	$\mu_o=0.84,5,25,50,100,150$	30
		等效基质	$R=1,5,8,10$	$\mu_o=0.84,5,25,50,100,150$	48
	油水两相流	等效双孔单渗	$R=1,2,5,10,15,25$	$\mu_o=0.84,5,25,50,100,150$	72
		等效裂缝	$R=500,\phi_f/\phi_t=0.3,0.5,0.7,0.9$	$\mu_o=0.84,5,25,50,100,150$	30
		等效基质	$R=1,5,8,10$	$\mu_o=0.84,5,25,50,100,150$	48
	油气水三相流	等效双孔单渗	$R=1,2,5,10,15,25$	$\mu_o=0.84,5,25,50,100,150$	72
		等效裂缝	$R=500,\phi_f/\phi_t=0.3,0.5,0.7,0.9$	$\mu_o=0.84,5,25,50,100,150$	30
		等效基质	$R=1,5,8,10$	$\mu_o=0.84,5,25,50,100,150$	48
合计					650

第二节　单井条件下的等效机理

单井条件下的地质模型及井位部署如图4-1所示,对其开展纯油相渗流、纯气相渗流以及油气两相流条件下的等效介质数值模拟机理研究。

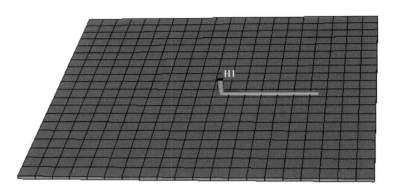

图 4 - 1   单井条件下的地质模型及井位部署

一、纯油相渗流条件下的等效机理

生产条件:定产量 700stb/d 生产。设定最低井底流压为 1700psi,高于泡点压力 1685psi。油藏中为单相流状态,开采方式为弹性开采。生产时间为 30 年。油产量及采出程度计算结果如图 4 - 2、图 4 - 3 所示。

可以看出,对于单井衰竭式开采,在纯油相渗流条件下,如果裂缝—基质渗透率级差达到 15 倍以上,双孔双渗模型与双孔单渗模型之间的差异已经很小,此时两者可以等效。

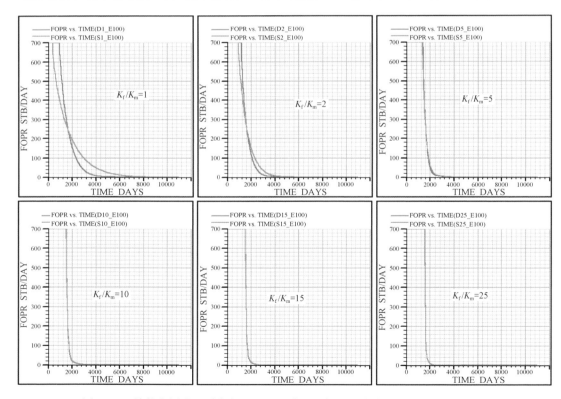

图 4 - 2   单井衰竭式开采条件下双孔双渗(D)与双孔单渗模型(S)油产量对比

(纯油相流,$\mu_o = 0.84$)

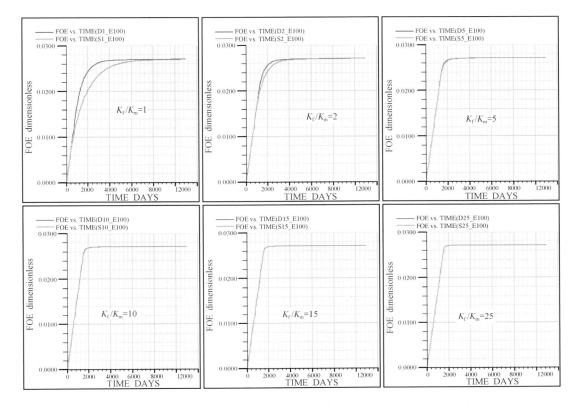

图 4－3　单井衰竭式开采条件下双孔双渗（D）与双孔单渗模型（S）采出程度对比
（纯油相流，$\mu_o = 0.84$）

由图 4－2、图 4－3 可以看出，油产量的等效和采出程度的等效具有一致性，在后续等效机理研究中，以采出程度之间的等效程度来考察模型之间的等效程度。

在纯油相渗流条件下，随着渗透率级差 K_f/K_m 的进一步增大，如 K_f/K_m ＝ 100 倍、200 倍、300 倍、500 倍时（图 4－4），双孔双渗模型（D）与裂缝单一介质模型（F）之间还未体现出差异；随着渗透率级差 K_f/K_m 的进一步减小，如 K_f/K_m ＝ 10 倍、8 倍、5 倍、1 倍时（图 4－5），双孔双渗模型（D）与基质单一介质模型（M）之间还未体现出差异。因此需要在更复杂的渗流条件下分析 D、F 与 D、M 之间等效时的渗透率级差判别方法。

二、纯气相渗流条件下的等效机理

生产条件：定产气量 10000Mscf/d 生产。设定最低井底流压为 1200psi，生产时间为 30 年，累积产气量计算结果如图 4－6 所示。

可以看出，对于单井衰竭式开采，在纯气相渗流条件下，如果裂缝—基质渗透率级差达到 10 倍以上，双孔双渗模型（D）与双孔单渗模型（S）之间的差异已经很小，此时两者可以等效。

在纯气相渗流条件下，随着渗透率级差 K_f/K_m 的进一步增大，双孔双渗模型（D）与裂缝单一介质模型（F）之间还未体现出差异；随着渗透率级差 K_f/K_m 的进一步减小，双孔双渗模型（D）与基质单一介质模型（M）之间还未体现出差异。因此需要在更复杂的渗流条件下分析 D、F 与 D、M 之间等效时的渗透率级差判别方法。

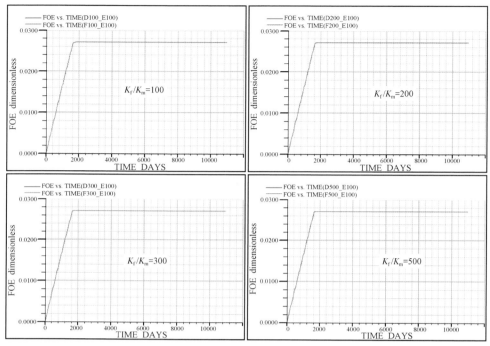

图4-4　单井衰竭式开采条件下双孔双渗模型（D）与裂缝单一介质模型（F）模型
采出程度对比（纯油相流，$\mu_o = 0.84$）

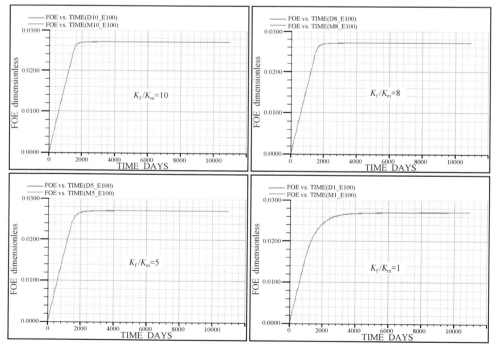

图4-5　单井衰竭式开采条件下双孔双渗模型（D）与基质单一介质模型（M）模型
采出程度对比（纯油相流，$\mu_o = 0.84$）

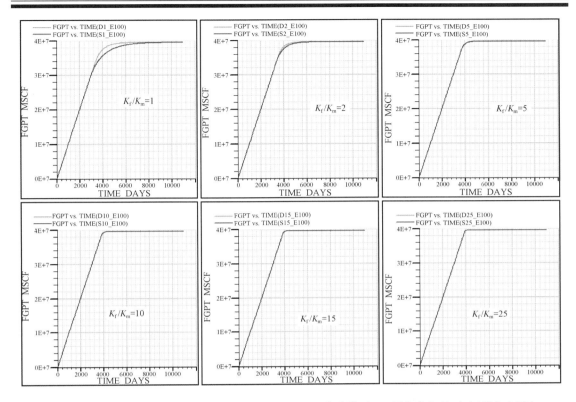

图 4 - 6　单井衰竭式开采条件下双孔双渗(D)与双孔单渗模型(S)累积产气量对比(纯气相流)

三、油气两相流条件下的等效机理

生产条件:定油产量 700stb/d 生产。设定最低井底流压为 800psi,低于泡点压力 1685psi。在衰竭式开采过程中会逐渐形成油气两相流。计算时间为 30 年。

1. 双孔双渗模型与双孔单渗模型的等效机理

油气两相流条件下,双孔双渗模型与双孔单渗模型的油产量、气油比、压力及采出程度计算结果如图 4 - 7 至图 4 - 10 所示。可以看出,对于单井衰竭式开采,在油气两相流条件下,如果裂缝—基质渗透率级差达到 15 倍以上,双孔双渗模型与双孔单渗模型之间的差异已经很小,此时两者可以等效。

由图 4 - 7 至图 4 - 10 可以看出,油产量、气油比、压力、采出程度之间的等效程度具有一致性。后续研究中统一以采出程度之间的等效性来研究模型之间的等效性。

进一步考察不同原油粘度下双孔双渗模型与双孔单渗模型的等效机理。饱和压力下原油粘度分别为 5mPa · s、25mPa · s、50mPa · s、100mPa · s、150mPa · s 时双孔双渗模型与双孔单渗模型计算的采出程度如图 4 - 11 至图 4 - 15 所示。

可以看出,随着原油粘度的增加,每一系列曲线之间的采出程度逐渐降低,但是每一系列曲线中随着渗透率级差的增加,双孔双渗模型与双孔单渗模型之间的差异逐渐减小。原油粘度小于 50mPa · s 时,如果渗透率级差大于 15 倍以上,双孔双渗模型与双孔单渗模型等效;原油粘度大于 50mPa · s 时,如果渗透率级差大于 25 倍以上,双孔双渗模型与双孔单渗模型等效。

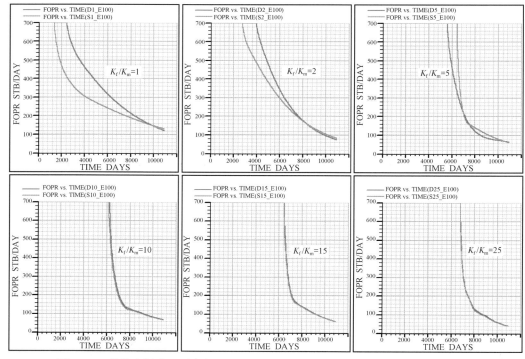

图 4 - 7　单井衰竭式开采条件双孔双渗模型(D)与双孔单渗模型(S)油产量对比
（油气两相流，$\mu_o = 0.84$）

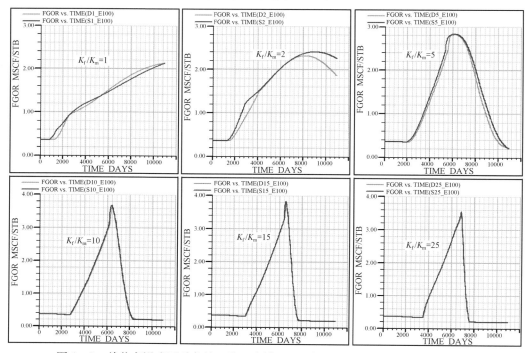

图 4 - 8　单井衰竭式开采条件双孔双渗模型(D)与双孔单渗模型(S)气油比对比
（油气两相流，$\mu_o = 0.84$）

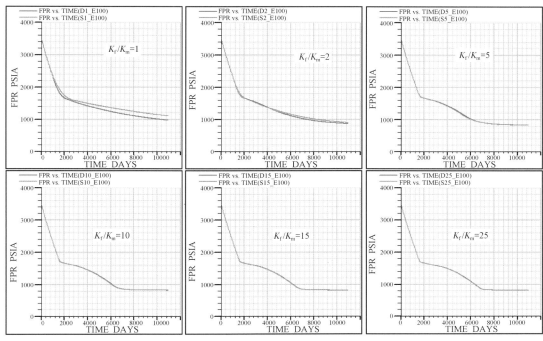

图 4 - 9 单井衰竭式开采条件双孔双渗模型（D）与双孔单渗模型（S）压力对比

（油气两相流，$\mu_o = 0.84$）

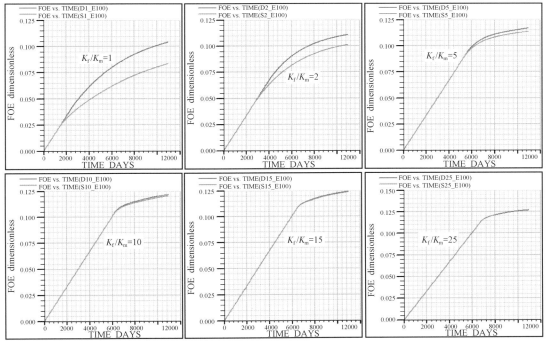

图 4 - 10 单井衰竭式开采条件双孔双渗模型（D）与双孔单渗模型（S）采出程度对比

（油气两相流，$\mu_o = 0.84$）

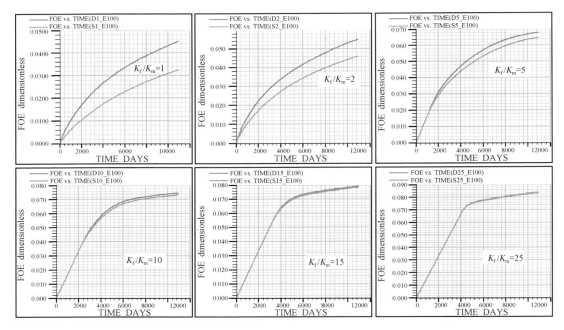

图 4 - 11　单井衰竭式开采条件双孔双渗模型(D)与双孔单渗模型(S)采出程度对比
（油气两相流,$\mu_o = 5$）

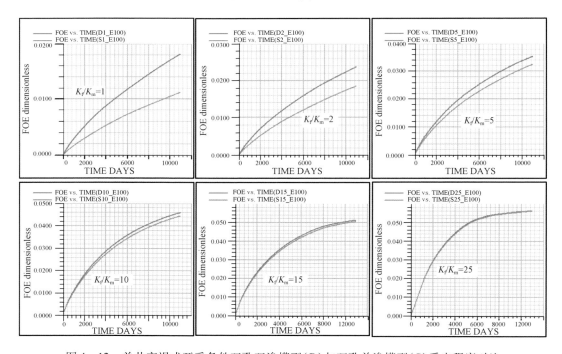

图 4 - 12　单井衰竭式开采条件双孔双渗模型(D)与双孔单渗模型(S)采出程度对比
（油气两相流,$\mu_o = 25$）

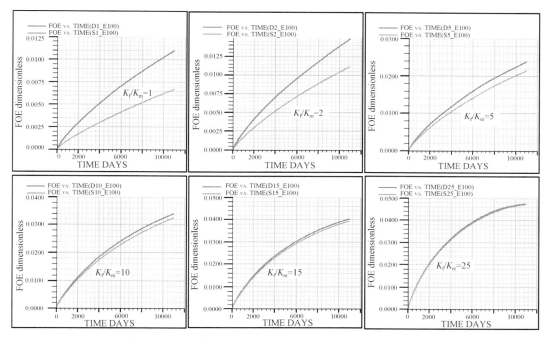

图 4 – 13　单井衰竭式开采条件双孔双渗模型(D)与双孔单渗模型(S)采出程度对比

（油气两相流, $\mu_o = 50$）

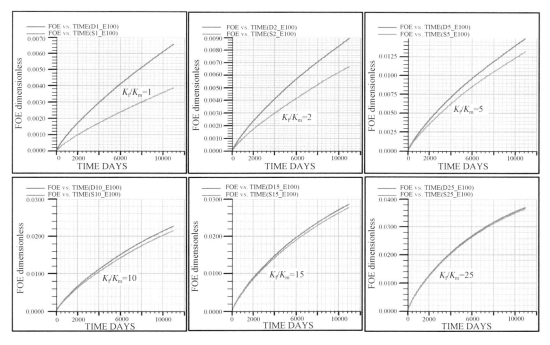

图 4 – 14　单井衰竭式开采条件双孔双渗模型(D)与双孔单渗模型(S)采出程度对比

（油气两相流, $\mu_o = 100$）

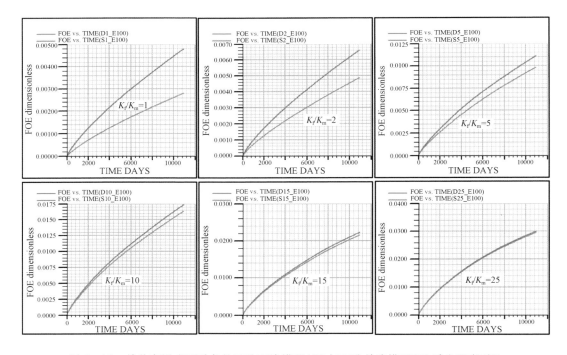

图4-15 单井衰竭式开采条件双孔双渗模型(D)与双孔单渗模型(S)采出程度对比
（油气两相流,μ_o=150）

2. 双孔双渗模型与裂缝单一介质模型的等效机理

单井衰竭式开采条件下,所研究的机理模型中当单井产量为700stb/d时,在渗透率级差为500倍时,双孔双渗模型可以与裂缝单一介质模型等效(图4-16)。

如果改变条件,当单井产量为1500stb/d时,随着渗透率级差的增大,双孔双渗模型与裂缝单一介质模型并不能等效,且二者之间还具有较大的差异(图4-17)。其原因在于双孔双渗模型中,裂缝中很容易发生气窜,基质中的原油不容易采出,导致双孔双渗模型采出程度低于裂缝单一介质模型的采出程度(因裂缝系统本身的采出程度较高)。

如果双孔双渗模型中,裂缝储量所占的比重越来越大,则双孔双渗模型与裂缝单一介质模型之间的差异越来越小(图4-18)。可见,等效裂缝单一介质模型要同时考虑裂缝—基质渗透率级差以及裂缝系统的储量比例。如图4-18所示,当渗透率级差大于500倍,且裂缝系统储量占到总储量的90%以上时,双孔双渗模型可以与裂缝单一介质模型等效。

进一步考察不同原油粘度下双孔双渗模型与裂缝单一介质模型的等效机理。饱和压力下原油粘度分别为5mPa·s、25mPa·s、50mPa·s、100mPa·s、150mPa·s时双孔双渗模型与裂缝单一介质模型计算的采出程度如图4-19至图4-23所示。

可以看出,随着原油粘度的增加,每一系列曲线之间的采出程度逐渐降低,但是每一系列曲线中随着渗透率级差的增加,双孔双渗模型与裂缝单一基质模型之间的差异逐渐减小,当渗透率级差大于500倍以上且裂缝储量比达到90%以上时,二者可以等效。

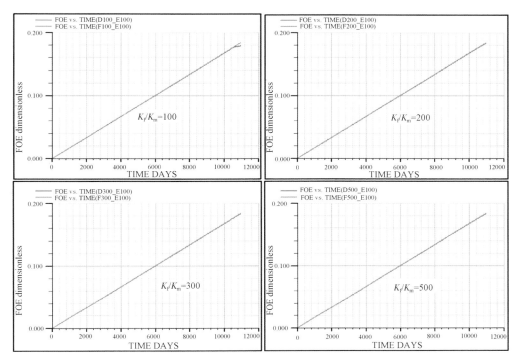

图4-16　单井衰竭式开采条件下双孔双渗模型(D)与裂缝单一介质模型(F)
采出程度对比(油气两相流,$\mu_o = 0.84$, $q = 700stb/d$)

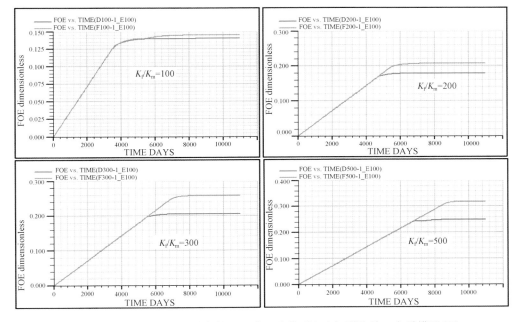

图4-17　单井衰竭式开采条件下双孔双渗模型(D)与裂缝单一介质模型(F)
采出程度对比(油气两相流,$\mu_o = 0.84$, $q = 1500stb/d$)

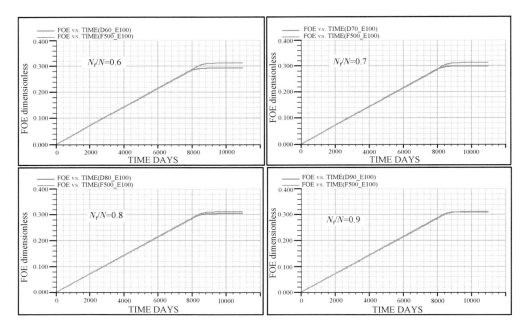

图 4 – 18　单井衰竭式开采条件下不同裂缝储量时双孔双渗模型(D)与裂缝单一介质模型(F)
采出程度对比(油气两相流, $\mu_o = 0.84$, $q = 1500\text{stb/d}$)

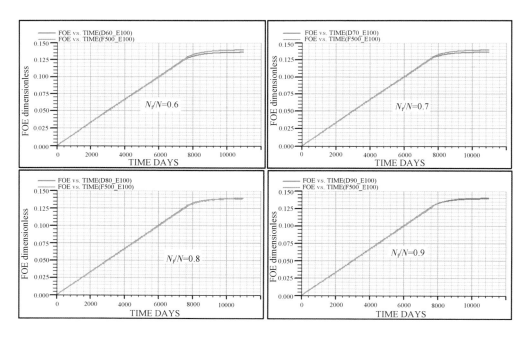

图 4 – 19　单井衰竭式开采条件下不同裂缝储量时双孔双渗模型(D)与裂缝单一介质模型(F)
采出程度对比(油气两相流, $\mu_o = 5$)

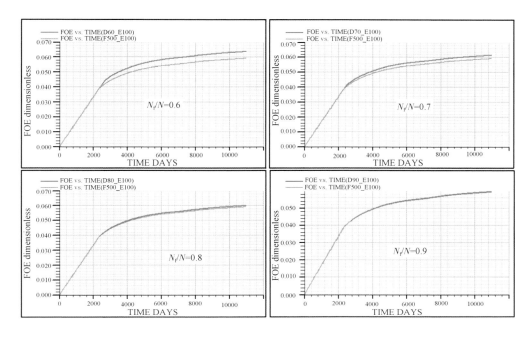

图 4 - 20　单井衰竭式开采条件下不同裂缝储量时双孔双渗模型（D）与裂缝单一介质模型（F）
采出程度对比（油气两相流,$\mu_o = 25$）

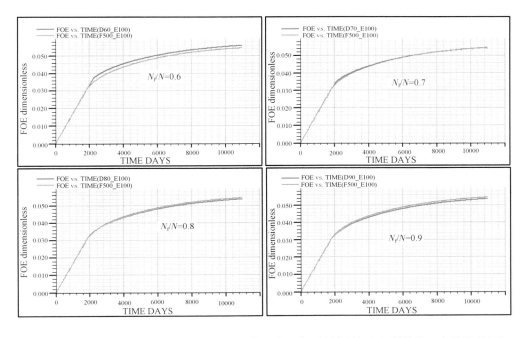

图 4 - 21　单井衰竭式开采条件下不同裂缝储量时双孔双渗模型（D）与裂缝单一介质模型（F）
采出程度对比（油气两相流,$\mu_o = 50$）

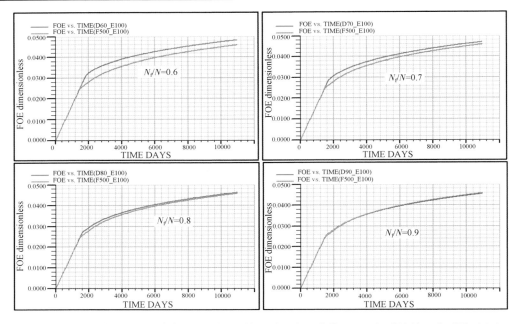

图 4 - 22　单井衰竭式开采条件下不同裂缝储量时双孔双渗模型(D)与裂缝单一介质模型(F)
采出程度对比(油气两相流,$\mu_o = 100$)

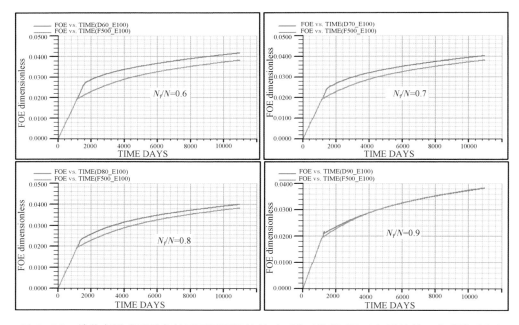

图 4 - 23　单井衰竭式开采条件下不同裂缝储量时双孔双渗模型(D)与裂缝单一介质模型(F)
采出程度对比(油气两相流,$\mu_o = 150$)

　　研究结果表明,单井衰竭式开采时,在不同原油粘度(研究范围 0.84 ~ 150mPa·s)条件下,双孔双渗模型与裂缝单一介质模型等效的渗透率级差标准为大于 500 倍,且裂缝系统的储量比例达到90%以上。

3. 双孔双渗模型与基质单一介质模型的等效机理

单井衰竭式开采条件下,不同原油粘度时(0.84~150mPa·s)双孔双渗模型与基质单一介质模型之间的采出程度对比如图4-24至图4-29所示。

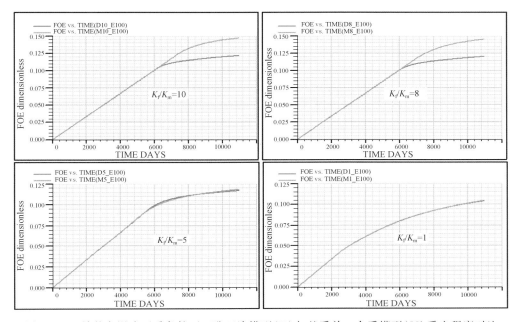

图4-24 单井衰竭式开采条件下双孔双渗模型(D)与基质单一介质模型(M)采出程度对比
(油气两相流,μ_o = 0.84)

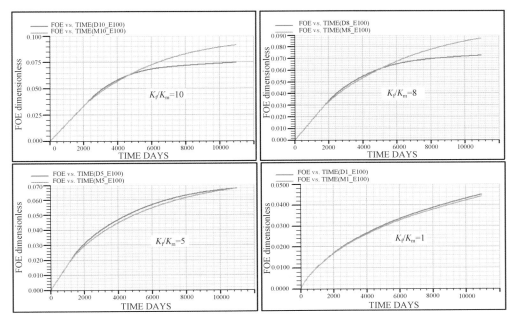

图4-25 单井衰竭式开采条件下双孔双渗模型(D)与基质单一介质模型(M)采出程度对比
(油气两相流,μ_o = 5)

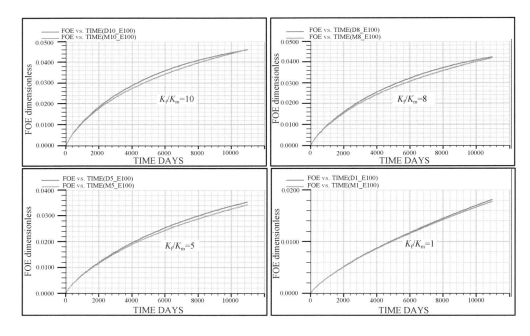

图 4 – 26　单井衰竭式开采条件下双孔双渗模型(D)与基质单一介质模型(M)采出程度对比
（油气两相流, $\mu_\circ = 25$）

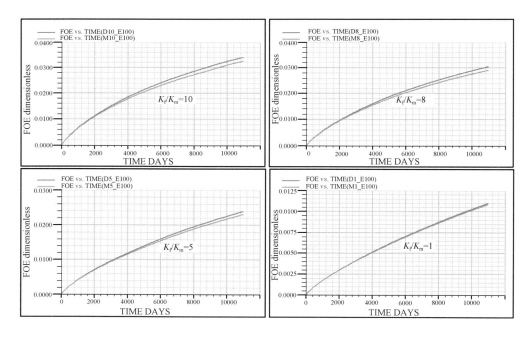

图 4 – 27　单井衰竭式开采条件下双孔双渗模型(D)与基质单一介质模型(M)采出程度对比
（油气两相流, $\mu_\circ = 50$）

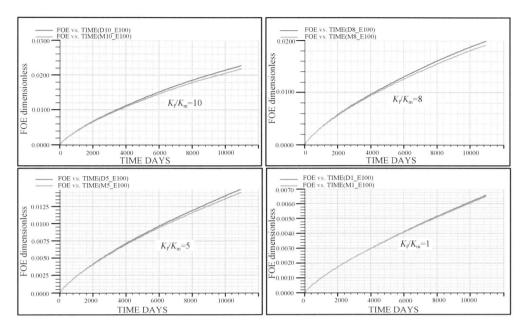

图4-28　单井衰竭式开采条件下双孔双渗模型(D)与基质单一介质模型(M)采出程度对比
(油气两相流,$\mu_o = 100$)

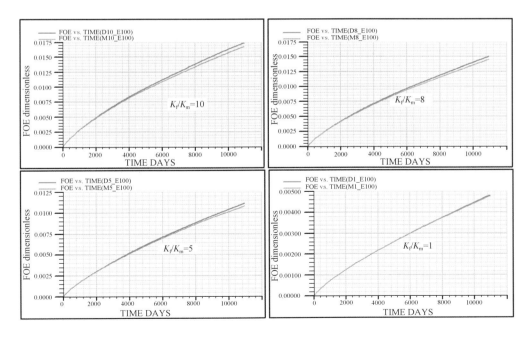

图4-29　单井衰竭式开采条件下双孔双渗模型(D)与基质单一介质模型(M)采出程度对比
(油气两相流,$\mu_o = 150$)

可以看出,随着原油粘度的逐渐增加,各系列曲线之间的采出程度越来越低,且双孔双渗模型与基质单一介质模型之间越来越容易等效。

综合各种粘度下的曲线可以看出,在渗透率级差小于 3~5 倍时,双孔双渗模型可以与基质单一介质模型等效。

单井衰竭式开采条件下的机理研究结果表明,当裂缝—基质渗透率级差小于 3~5 倍时,可以选择等效基质单一介质模型;当裂缝—基质渗透率级差为 5~15(原油粘度 <50mPa·s)或 5~25 倍(原油粘度 >50mPa·s),视油藏情况复杂程度可以选择双孔双渗模型或等效双孔单渗模型;当裂缝—基质渗透率级差为 15~500(原油粘度 <50mPa·s)或 25~500 倍(原油粘度 >50mPa·s),可以选择等效双孔单渗模型;当裂缝—基质渗透率级差大于 500 倍,且裂缝储量比达到 90% 以上时,可以选择等效裂缝单一介质模型。

第三节 井网条件下的等效机理

一、油气两相流条件下的等效机理

井网衰竭式开采条件下的地质模型及井位部署如图 4-30 所示,对其开展油气两相流条件下的等效介质数值模拟机理研究。油气两相流实现条件:8 口井均定油产量 700stb/d 生产,设定最低井底流压为 800psi,低于泡点压力 1685psi。在衰竭式开采过程中会逐渐形成油气两相流。计算时间为 30 年。

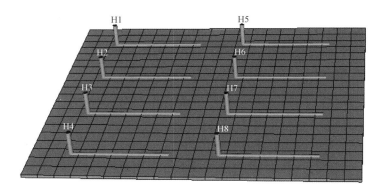

图 4-30 井网衰竭式开采条件下的地质模型及井位部署

1. 双孔双渗模型与双孔单渗模型的等效机理

油气两相流条件下,不同原油粘度时双孔双渗模型与双孔单渗模型的采出程度计算结果如图 4-31 至图 4-36 所示。

可以看出,随着原油粘度逐渐增加,各系列曲线之间的采出程度越来越低,但在原油粘度不变时,双孔双渗模型与双孔单渗模型之间的差异随着渗透率级差的增大而逐渐减小。原油粘度小于 50mPa·s 时,如果当渗透率级差大于 15 倍以上,双孔双渗模型与双孔单渗模型等效;原油粘度大于 50mPa·s 时,如果渗透率级差大于 25 倍以上,双孔双渗模型与双孔单渗模型等效。

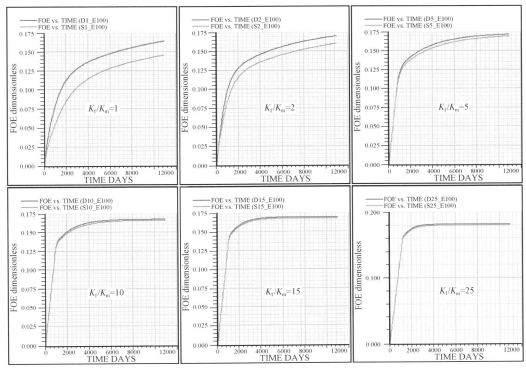

图 4 – 31　井网衰竭式开采条件双孔双渗模型(D)与双孔单渗模型(S)
采出程度对比(油气两相流,$\mu_o = 0.84$)

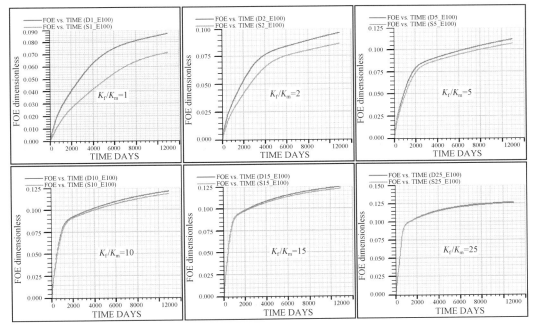

图 4 – 32　井网衰竭式开采条件双孔双渗模型(D)与双孔单渗模型(S)
采出程度对比(油气两相流,$\mu_o = 5$)

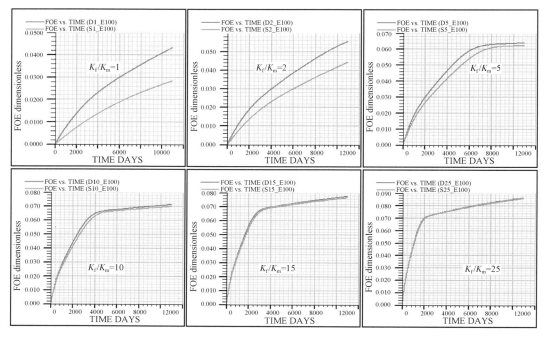

图 4 - 33　井网衰竭式开采条件双孔双渗模型（D）与双孔单渗模型（S）
采出程度对比（油气两相流，$\mu_o = 25$）

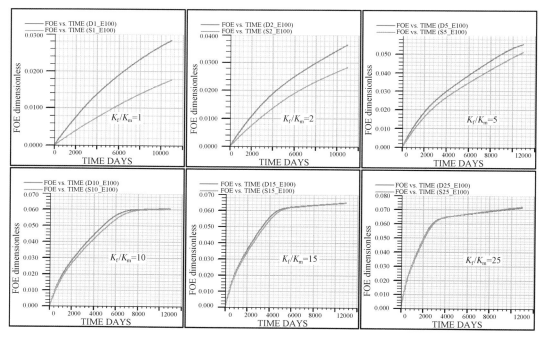

图 4 - 34　井网衰竭式开采条件双孔双渗模型（D）与双孔单渗模型（S）
采出程度对比（油气两相流，$\mu_o = 50$）

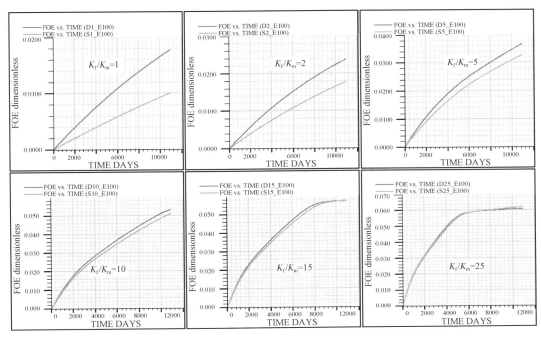

图 4 - 35　井网衰竭式开采条件双孔双渗模型（D）与双孔单渗模型（S）
采出程度对比（油气两相流，$\mu_o = 100$）

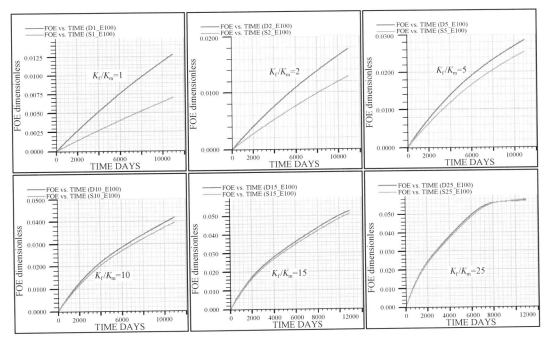

图 4 - 36　井网衰竭式开采条件双孔双渗模型（D）与双孔单渗模型（S）
采出程度对比（油气两相流，$\mu_o = 150$）

2. 双孔双渗模型与裂缝单一介质模型的等效机理

井网衰竭式开采条件下，双孔双渗模型与裂缝单一介质模型的采出程度计算结果如图 4 - 37 所示，可以看出二者之间还有较大的差异。这是由于双孔双渗模型中裂缝所占的储量比例较小，导致其采出程度不及纯裂缝单一介质油藏的采出程度，即使在级差 500 倍的条件下，二者也不能等效。

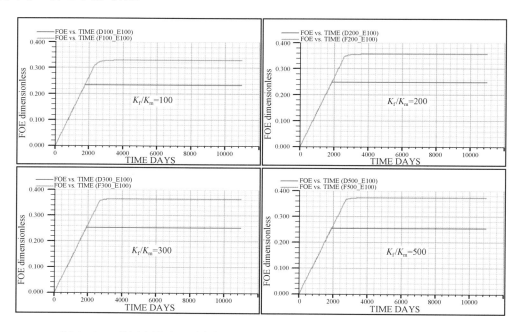

图 4 - 37　井网衰竭式开采条件下双孔双渗模型（D）与裂缝单一介质模型（F）
采出程度对比（油气两相流，$\mu_o = 0.84$）

在级差 500 倍的条件下，随着双孔双渗模型中裂缝储量比例的增大，双孔双渗模型与裂缝单一介质模型之间的差异越来越小，当裂缝储量比例占到 90% 以上时，二者可以等效（图 4 - 38）。

进一步考察不同原油粘度下双孔双渗模型与裂缝单一介质模型的等效机理。饱和压力下原油粘度分别为 5mPa·s、25mPa·s、50mPa·s、100mPa·s、150mPa·s 时双孔双渗模型与裂缝单一介质模型计算的采出程度如图 4 - 39 至图 4 - 43 所示。

可以看出，井网衰竭式开采时，在不同原油粘度条件下，双孔双渗模型与裂缝单一介质模型等效的渗透率级差标准为大于 500 倍，且裂缝系统的储量比例达到 90% 以上。

3. 双孔双渗模型与基质单一介质模型的等效机理

井网衰竭式开采条件下，不同原油粘度条件下（0.84 ~ 150mPa·s）双孔双渗模型与基质单一介质模型之间的采出程度对比如图 4 - 44 至图 4 - 49 所示。

研究结果表明，井网衰竭式开采条件下，在渗透率级差小于 3 ~ 5 倍时，双孔双渗模型可以与基质单一介质模型等效。

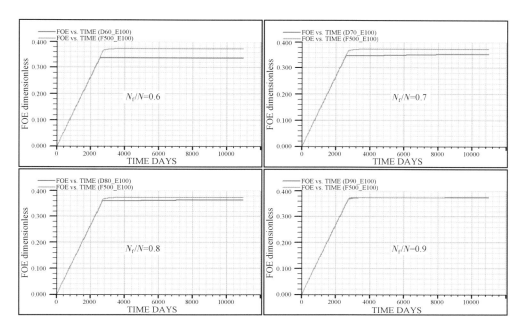

图 4 - 38　井网衰竭式开采条件下不同裂缝储量时双孔双渗模型（D）与
裂缝单一介质模型（F）采出程度对比（油气两相流，$\mu_o = 0.84$）

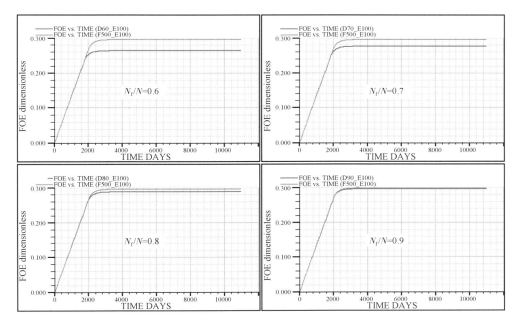

图 4 - 39　井网衰竭式开采条件下不同裂缝储量时双孔双渗模型（D）与
裂缝单一介质模型（F）采出程度对比（油气两相流，$\mu_o = 5$）

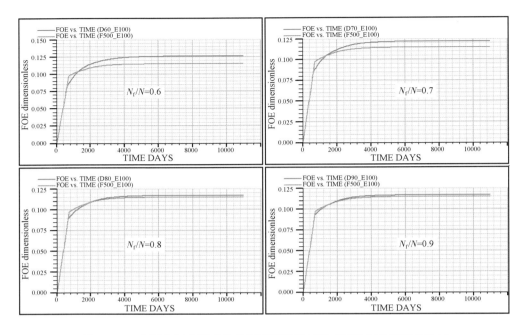

图 4 – 40　井网衰竭式开采条件下不同裂缝储量时双孔双渗模型（D）与
裂缝单一介质模型（F）采出程度对比（油气两相流，$\mu_o = 25$）

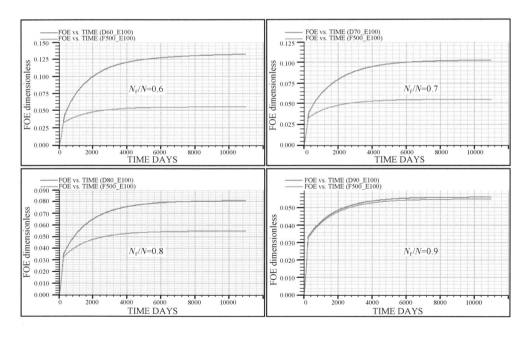

图 4 – 41　井网衰竭式开采条件下不同裂缝储量时双孔双渗模型（D）与
裂缝单一介质模型（F）采出程度对比（油气两相流，$\mu_o = 50$）

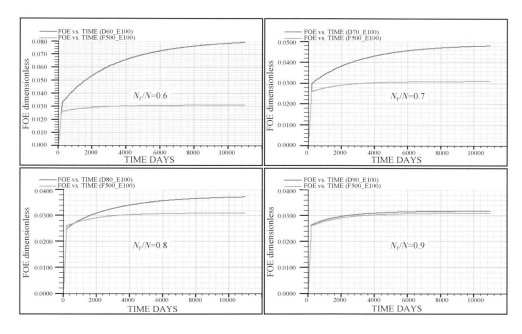

图 4 - 42　井网衰竭式开采条件下不同裂缝储量时双孔双渗模型（D）与
裂缝单一介质模型（F）采出程度对比（油气两相流, $\mu_o = 100$）

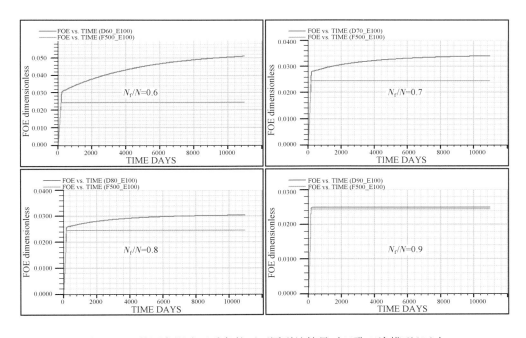

图 4 - 43　井网衰竭式开采条件下不同裂缝储量时双孔双渗模型（D）与
裂缝单一介质模型（F）采出程度对比（油气两相流, $\mu_o = 150$）

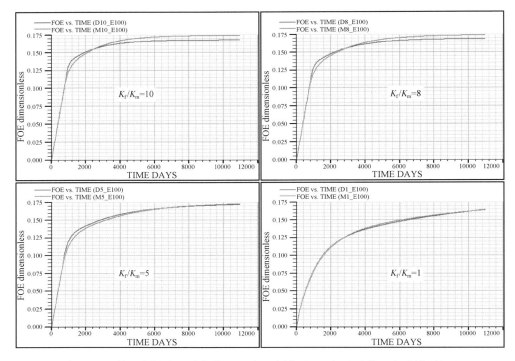

图 4 - 44　井网衰竭式开采条件下双孔双渗模型(D)与基质单一介质模型(M)
采出程度对比(油气两相流,$\mu_o = 0.84$)

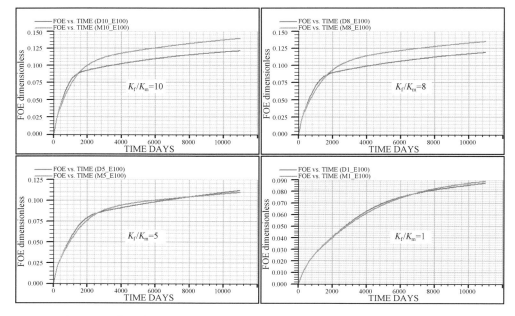

图 4 - 45　井网衰竭式开采条件下双孔双渗模型(D)与基质单一介质模型(M)
采出程度对比(油气两相流,$\mu_o = 5$)

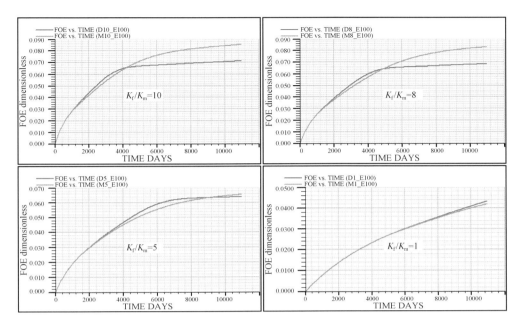

图4-46　井网衰竭式开采条件下双孔双渗模型（D）与基质单一介质模型（M）
采出程度对比（油气两相流，$\mu_o = 25$）

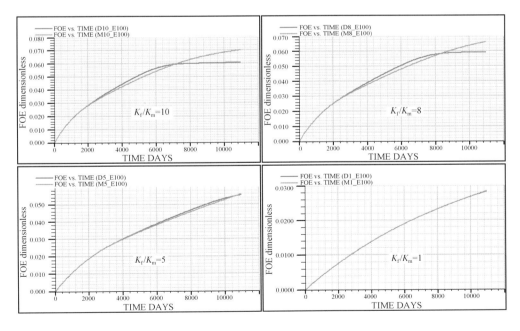

图4-47　井网衰竭式开采条件下双孔双渗模型（D）与基质单一介质模型（M）
采出程度对比（油气两相流，$\mu_o = 50$）

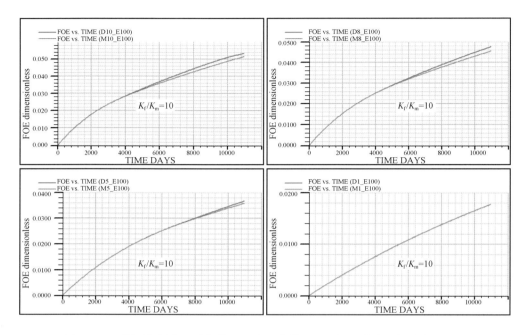

图 4 - 48   井网衰竭式开采条件下双孔双渗模型(D)与基质单一介质模型(M)
采出程度对比(油气两相流,$\mu_o = 100$)

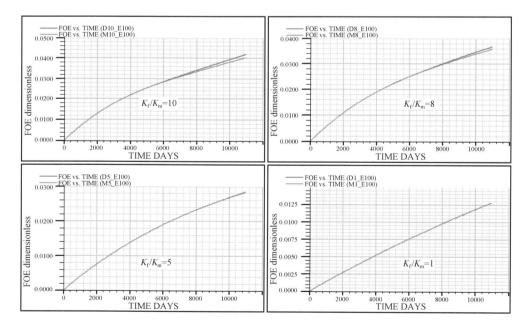

图 4 - 49   井网衰竭式开采条件下双孔双渗模型(D)与基质单一介质模型(M)
采出程度对比(油气两相流,$\mu_o = 150$)

　　井网衰竭式开采条件下的机理研究结果表明,当裂缝—基质渗透率级差小于 3~5 倍时,可以选择等效基质单一介质模型;当裂缝—基质渗透率级差为 5~15(原油粘度 <50mPa·s)或 5~25 倍(原油粘度 >50mPa·s),视油藏情况复杂程度可以选择双孔双渗模型或等效双孔单渗模型;当裂缝—基质渗透率级差为 15~500(原油粘度 <50mPa·s)或 25~500 倍(原油粘度 >50mPa·s),可以选择等效双孔单渗模型;当裂缝—基质渗透率级差大于 500 倍,且裂缝储量比达到 90% 以上时,可以选择等效裂缝单一介质模型。

二、油水两相流条件下的等效机理

　　水平井网注水开发条件下的地质模型及井位部署如图 4-50 所示,对其开展油水两相流条件下的等效介质数值模拟机理研究。油水两相流实现条件:H1、H3、H5、H7 以定油产量700stb/d 生产,H2、H4、H6、H8 以 700stb/d 注水量注水,设定最低井底流压为 1700psi,高于泡点压力 1685psi。在注水开发过程中会形成油水两相流而不会形成油气两相流。计算时间为30 年。

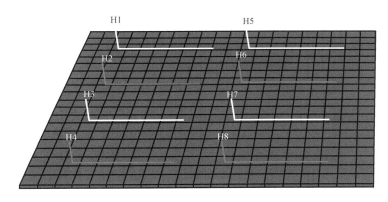

图 4-50　水平井网注水开发条件下的地质模型及井位部署
生产井:H1、H3、H5、H7;注水井:H2、H4、H6、H8

1. 双孔双渗模型与双孔单渗模型的等效机理

　　油水两相流条件下,双孔双渗模型与双孔单渗模型计算的采出程度、含水率如图 4-51、图 4-52 所示。可以看出,在碳酸盐岩油气藏水驱条件下,当裂缝—基质渗透率级差达到 15倍以上时,双孔双渗模型与双孔单渗模型之间的采出程度、含水率等指标仍有较大的差异。由于双孔单渗模型中未考虑基质之间的流动以及基质与井筒之间的流动,与双孔双渗模型相比,双孔单渗模型计算的含水上升率更快,采出程度更低。并且随着裂缝—基质渗透率级差的进一步增大,这种差异并没有减小的趋势。因此需要采用拟毛管压力方法对双孔单渗模型进行修正。其中拟毛管压力技术的实质在于调节流体在基质与裂缝之间的分布,从而顺利实现各种指标的历史拟合。具体修正过程为:调整双孔单渗模型的毛管压力,使其介于双孔双渗模型的排驱毛管压力与渗吸毛管压力之间,这样调整后的排驱毛管压力曲线和渗吸毛管压力曲线之间的过渡曲线可对双孔单渗模型进行修正,减小与双孔双渗模型之间的差异,当二者的差异减小到 5% 以内时,可实现二者的等效(图 4-53、图 4-54)。

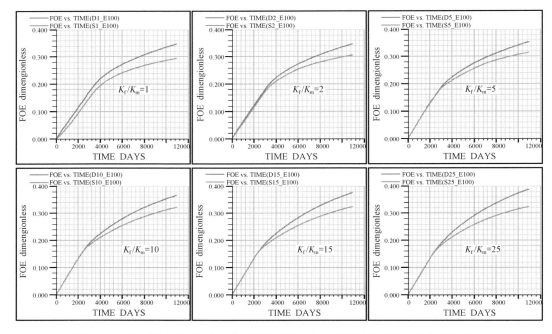

图 4 - 51　注采井网条件下双孔双渗模型(D)与双孔单渗模型(S)采出程度对比
（油水两相流, $\mu_o = 0.84$, 修正前）

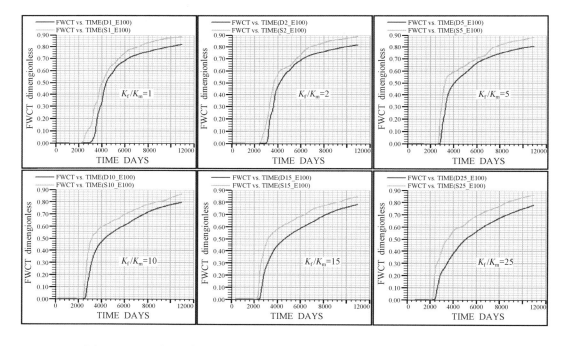

图 4 - 52　注采井网条件下双孔双渗模型(D)与双孔单渗模型(S)含水率对比
（油水两相流, $\mu_o = 0.84$, 修正前）

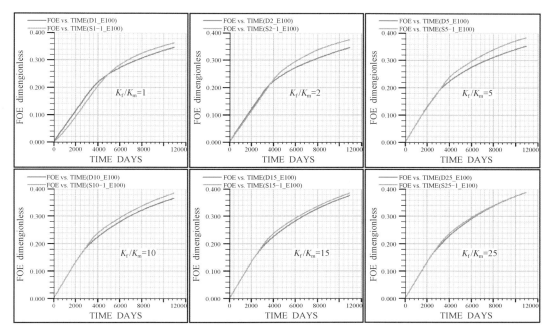

图 4 - 53　注采井网条件下双孔双渗模型(D)与双孔单渗模型(S)采出程度对比

（油水两相流，$\mu_\text{o} = 0.84$，修正后）

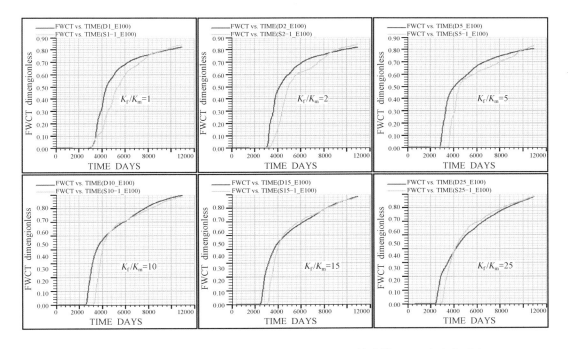

图 4 - 54　注采井网条件下双孔双渗模型(D)与双孔单渗模型(S)含水率对比

（油水两相流，$\mu_\text{o} = 0.84$，修正后）

进一步考察井网注水开发条件下不同原油粘度时双孔双渗模型与双孔单渗模型的等效机理。饱和压力下原油粘度分别为 5mPa·s、25mPa·s、50mPa·s、100mPa·s、150mPa·s 时双孔双渗模型与双孔单渗模型计算的采出程度如图 4 – 55 至图 4 – 59 所示。

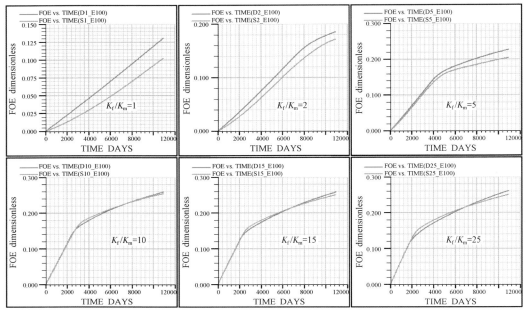

图 4 – 55　注采井网条件下双孔双渗模型(D)与双孔单渗模型(S)采出程度对比
（油水两相流, $\mu_o = 5$）

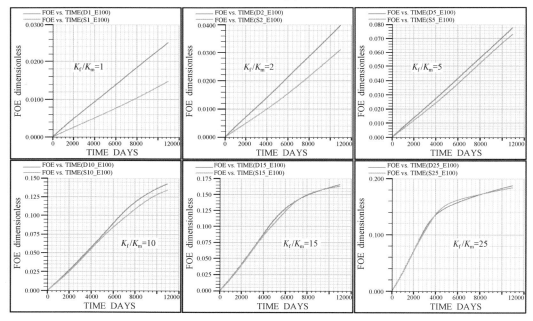

图 4 – 56　注采井网条件下双孔双渗模型(D)与双孔单渗模型(S)采出程度对比
（油水两相流, $\mu_o = 25$）

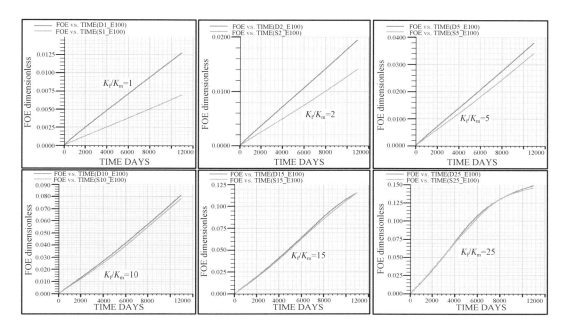

图4-57 注采井网条件下双孔双渗模型(D)与双孔单渗模型(S)采出程度对比
（油水两相流,$\mu_o = 50$）

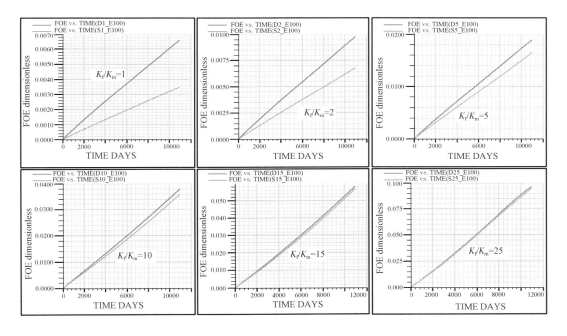

图4-58 注采井网条件下双孔双渗模型(D)与双孔单渗模型(S)采出程度对比
（油水两相流,$\mu_o = 100$）

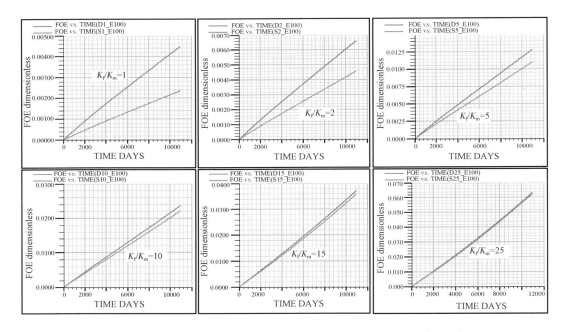

图 4 - 59 注采井网条件下双孔双渗模型(D)与双孔单渗模型(S)采出程度对比

(油水两相流,$\mu_o = 150$)

结果表明,在油水两相流条件下,通过拟毛管压力技术的应用,原油粘度小于50mPa·s时,如果渗透率级差大于15倍以上,双孔双渗模型与双孔单渗模型等效;原油粘度大于50mPa·s时,如果渗透率级差大于25倍以上,双孔双渗模型与双孔单渗模型等效。

2. 双孔双渗模型与裂缝单一介质模型的等效机理

井网注水开发条件下,不同原油粘度时双孔双渗模型与裂缝单一介质模型的采出程度计算结果如图 4 - 60 至图 4 - 65 所示。

结果表明,在井网注水开发的油水两相流条件下,当渗透率级差大于500倍,且裂缝储量比例达90%以上时,二者可以等效。

3. 双孔双渗模型与基质单一介质模型的等效机理

井网注水开发条件下,不同原油粘度时双孔双渗模型与基质单一介质模型的采出程度计算结果如图 4 - 66 至图 4 - 71 所示。

结果表明,在井网注水开发的油水两相流条件下,当渗透率级差小于3~5倍,双孔双渗模型与基质单一介质模型可以等效。

井网注水开发条件下的机理研究结果表明,当裂缝—基质渗透率级差小于3~5倍时,可以选择等效基质单一介质模型;当裂缝—基质渗透率级差为5~15(原油粘度<50mPa·s)或5~25倍(原油粘度>50mPa·s),视油藏情况复杂程度可以选择双孔双渗模型或等效双孔单渗模型;当裂缝—基质渗透率级差为15~500(原油粘度<50mPa·s)或25~500倍(原油粘度>50mPa·s),可以选择等效双孔单渗模型;当裂缝—基质渗透率级差大于500倍,且裂缝储量比达到90%以上时,可以选择等效裂缝单一介质模型。

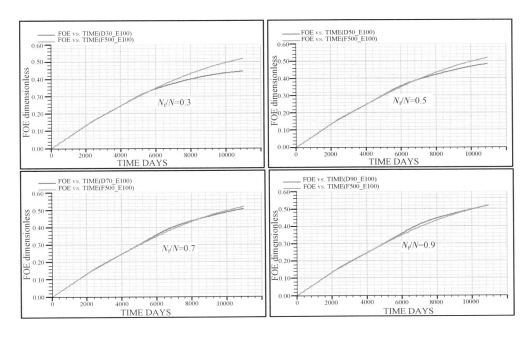

图4-60　注采井网条件下双孔双渗模型（D）与裂缝单一介质模型（F）采出程度对比
（油水两相流，$\mu_o=0.84$）

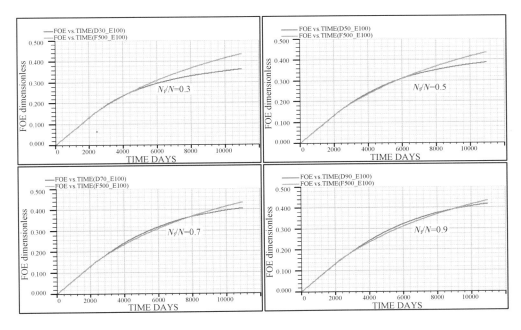

图4-61　注采井网条件下双孔双渗模型（D）与裂缝单一介质模型（F）采出程度对比
（油水两相流，$\mu_o=5$）

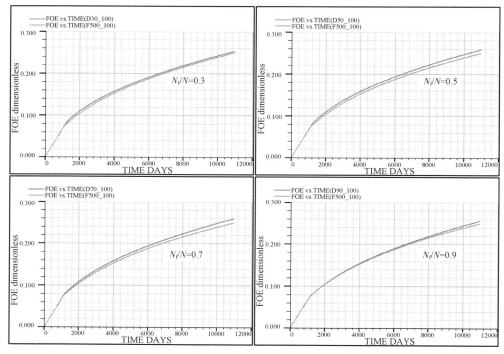

图 4 - 62　注采井网条件下双孔双渗模型(D)与裂缝单一介质模型(F)采出程度对比
(油水两相流,$\mu_o = 25$)

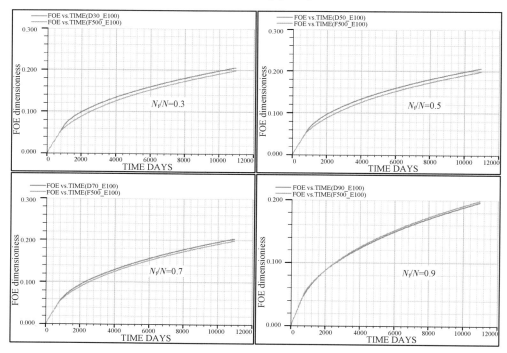

图 4 - 63　注采井网条件下双孔双渗模型(D)与裂缝单一介质模型(F)采出程度对比
(油水两相流,$\mu_o = 50$)

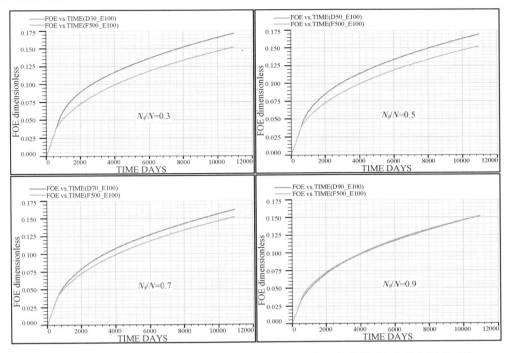

图4-64　注采井网条件下双孔双渗模型(D)与裂缝单一介质模型(F)采出程度对比
（油水两相流,$\mu_o=100$）

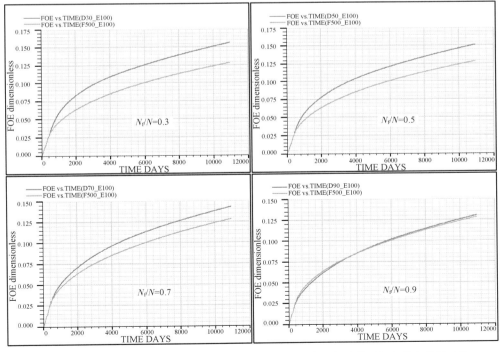

图4-65　注采井网条件下双孔双渗模型(D)与裂缝单一介质模型(F)采出程度对比
（油水两相流,$\mu_o=150$）

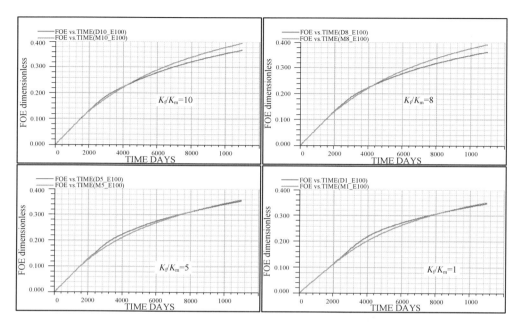

图 4-66　注采井网条件下双孔双渗模型(D)与基质单一介质模型(M)采出程度对比
（油水两相流,$\mu_o = 0.84$）

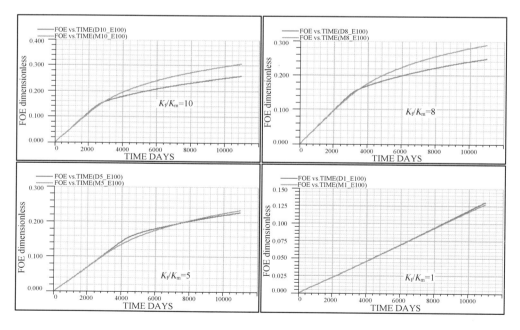

图 4-67　注采井网条件下双孔双渗模型(D)与基质单一介质模型(M)采出程度对比
（油水两相流,$\mu_o = 5$）

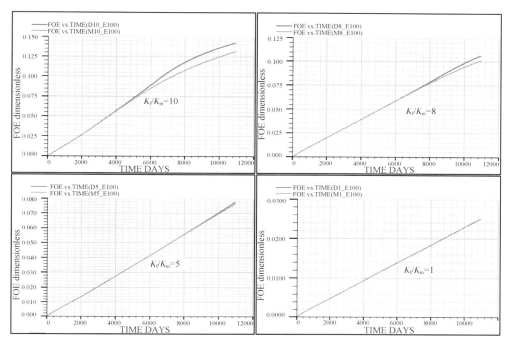

图4-68　注采井网条件下双孔双渗模型(D)与基质单一介质模型(M)采出程度对比
(油水两相流,$\mu_o = 25$)

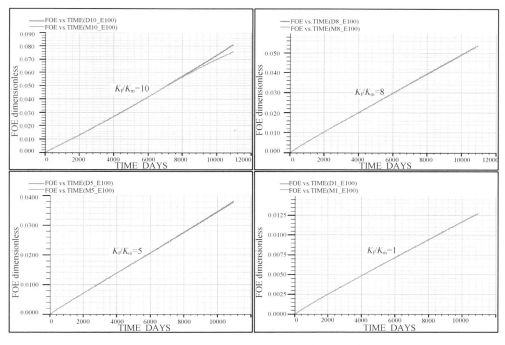

图4-69　注采井网条件下双孔双渗模型(D)与基质单一介质模型(M)采出程度对比
(油水两相流,$\mu_o = 50$)

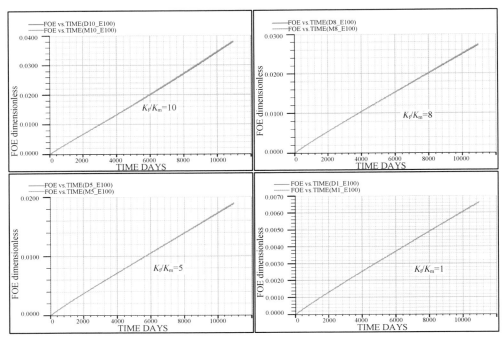

图 4 - 70　注采井网条件下双孔双渗模型(D)与基质单一介质模型(M)采出程度对比
（油水两相流,$\mu_o = 100$）

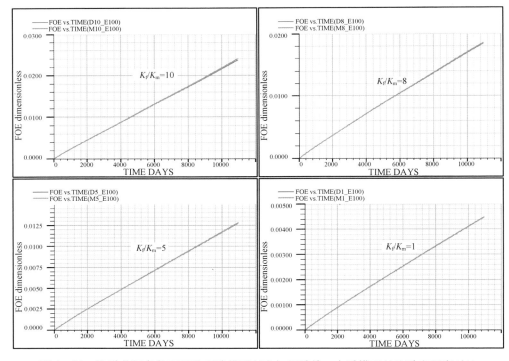

图 4 - 71　注采井网条件下双孔双渗模型(D)与基质单一介质模型(M)采出程度对比
（油水两相流,$\mu_o = 150$）

三、油气水三相流条件下的等效机理

井网衰竭式开采及注水开发条件下的地质模型及井位部署如图 4 – 72 所示,对其开展油气水三相流条件下的等效介质数值模拟机理研究。油气水三相流实现条件:8 口井首先以定油产量 700stb/d 进行衰竭式开采,可以产生油气两相流。衰竭式开采后,H1、H3、H5、H7 以定油产量 700stb/d 生产,H2、H4、H6、H8 以 700stb/d 注水量注水,可以形成油水两相流。计算时间为 30 年,整个开发过程综合研究了油气水三相流条件下的等效机理。

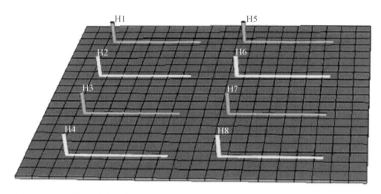

图 4 – 72　井网衰竭式开采及注水开发条件下的地质模型及井位部署

初期生产井:H1 ~ H8;后期转注井:H2、H4、H6、H8

1. 双孔双渗模型与双孔单渗模型的等效机理

油气水三相流条件下,不同原油粘度时双孔双渗模型与双孔单渗模型的采出程度计算结果如图 4 – 73 至图 4 – 78 所示。可以看出,对于井网衰竭式开采与注水开发的综合开采条件,通过拟毛管压力技术的使用,原油粘度小于 50mPa·s 时,如果渗透率级差大于 15 倍以上,双孔双渗模型与双孔单渗模型等效;原油粘度大于 50mPa·s 时,如果渗透率级差大于 25 倍以上,双孔双渗模型与双孔单渗模型等效。

2. 双孔双渗模型与裂缝单一介质模型的等效机理

对于井网衰竭式开采与注水开发的综合开采条件,不同原油粘度时双孔双渗模型与裂缝单一介质模型的采出程度计算结果如图 4 – 79 至图 4 – 84 所示。结果表明:在级差大于 500 倍的条件下,当裂缝储量比例占到 90% 以上时,二者可以等效。

3. 双孔双渗模型与基质单一介质模型的等效机理

对于井网衰竭式开采与注水开发的综合开采条件,不同原油粘度时双孔双渗模型与基质单一介质模型的采出程度计算结果如图 4 – 85 至图 4 – 90 所示。结果表明:在渗透率级差小于 3 ~ 5 倍时,双孔双渗模型可以与基质单一介质模型等效。

井网衰竭式开采及注水开发的综合开采条件下的机理研究结果表明,当裂缝—基质渗透率级差小于 3 ~ 5 倍时,可以选择等效基质单一介质模型;当裂缝—基质渗透率级差为 5 ~ 15 倍(原油粘度 < 50mPa·s)或 5 ~ 25 倍(原油粘度 > 50mPa·s),视油藏情况复杂程度可以选择双孔双渗模型或等效双孔单渗模型;当裂缝—基质渗透率级差为 15 ~ 500(原油粘度 < 50mPa·s)或 25 ~ 500 倍(原油粘度 > 50mPa·s),可以选择等效双孔单渗模型;当裂缝—基质渗透率级差大于 500 倍,且裂缝储量比达到 90% 以上时,可以选择等效裂缝单一介质模型。

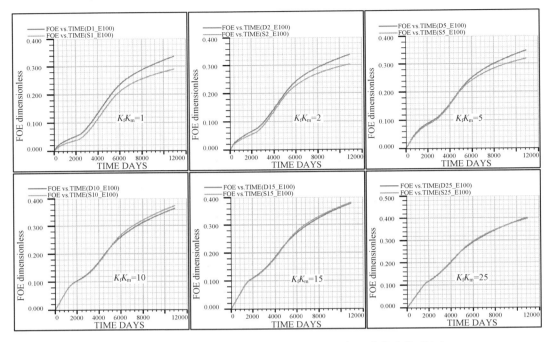

图 4-73　注采井网条件下双孔双渗模型(D)与双孔单渗模型(S)
采出程度对比(油气水三相流,$\mu_o = 0.84$)

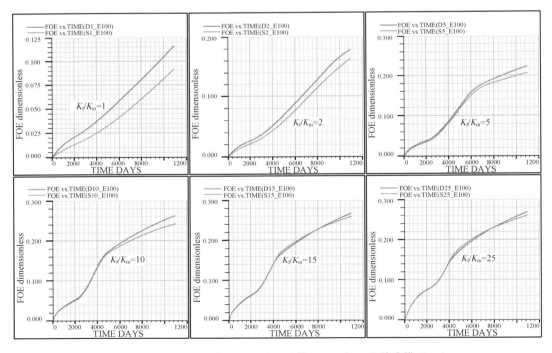

图 4-74　注采井网条件下双孔双渗模型(D)与双孔单渗模型(S)
采出程度对比(油气水三相流,$\mu_o = 5$)

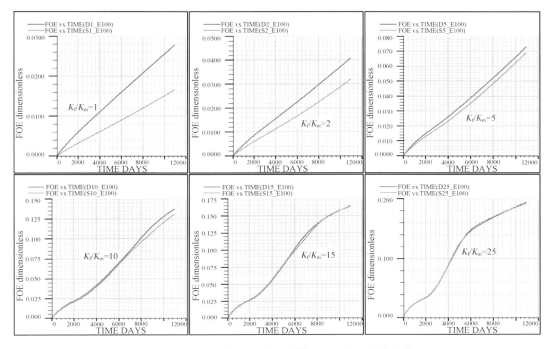

图 4 - 75 注采井网条件下双孔双渗模型(D)与双孔单渗模型(S)
采出程度对比(油气水三相流, $\mu_o = 25$)

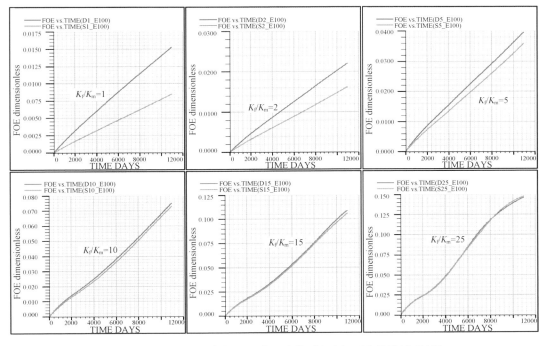

图 4 - 76 注采井网条件下双孔双渗模型(D)与双孔单渗模型(S)
采出程度对比(油气水三相流, $\mu_o = 50$)

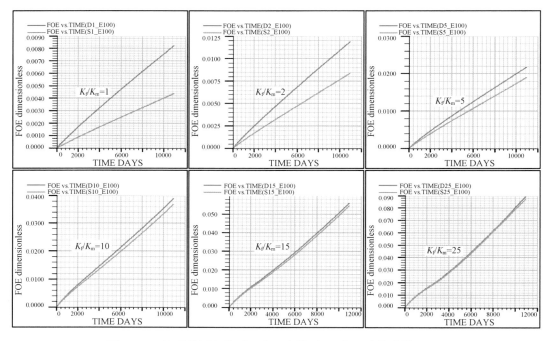

图 4 - 77　注采井网条件下双孔双渗模型（D）与双孔单渗模型（S）
采出程度对比（油气水三相流，$\mu_o = 100$）

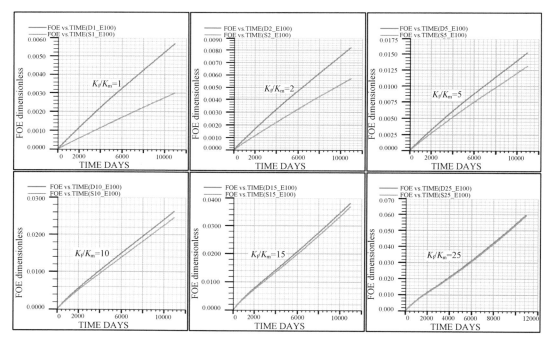

图 4 - 78　注采井网条件下双孔双渗模型（D）与双孔单渗模型（S）
采出程度对比（油气水三相流，$\mu_o = 150$）

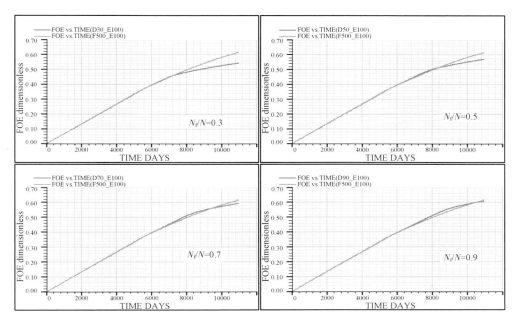

图 4 – 79　注采井网条件下双孔双渗模型（D）与裂缝单一介质模型（F）
采出程度对比（油气水三相流，$\mu_o = 0.84$）

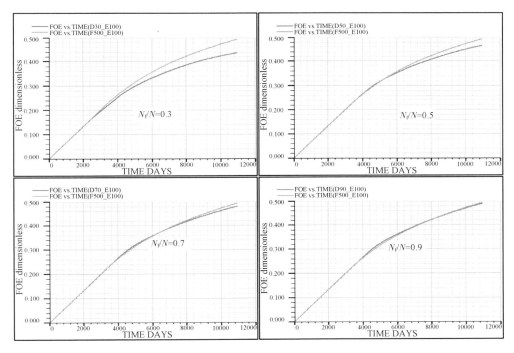

图 4 – 80　注采井网条件下双孔双渗模型（D）与裂缝单一介质模型（F）
采出程度对比（油气水三相流，$\mu_o = 5$）

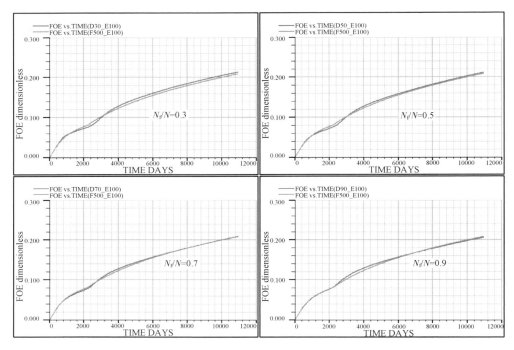

图4-81　注采井网条件下双孔双渗模型(D)与裂缝单一介质模型(F)
采出程度对比(油气水三相流,$\mu_o=25$)

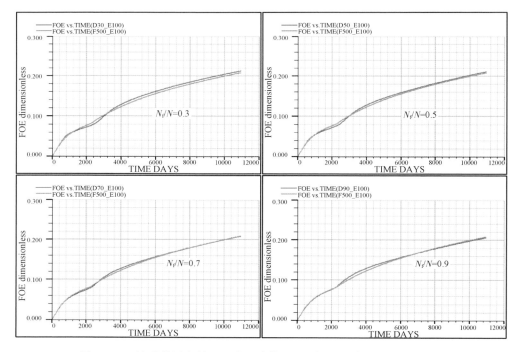

图4-82　注采井网条件下双孔双渗模型(D)与裂缝单一介质模型(F)
采出程度对比(油气水三相流,$\mu_o=50$)

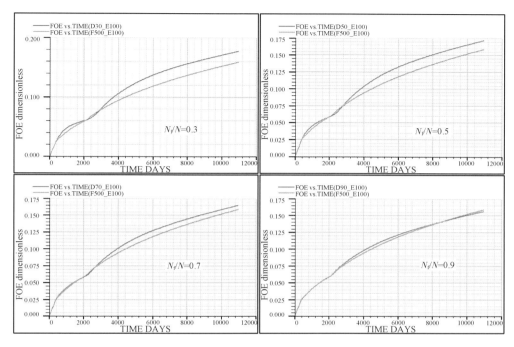

图4-83　注采井网条件下双孔双渗模型(D)与裂缝单一介质模型(F)
采出程度对比(油气水三相流,$\mu_o = 100$)

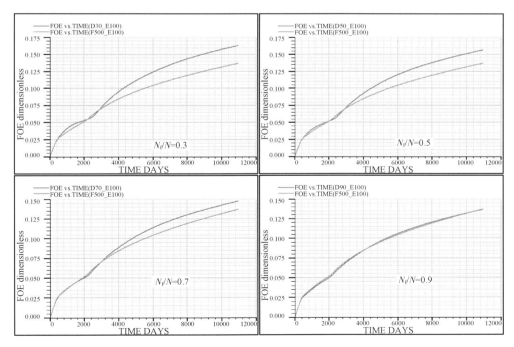

图4-84　注采井网条件下双孔双渗模型(D)与裂缝单一介质模型(F)
采出程度对比(油气水三相流,$\mu_o = 150$)

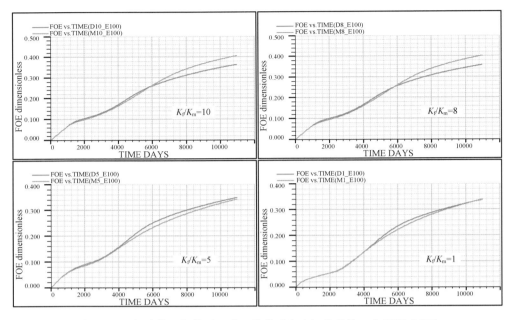

图 4 - 85　注采井网条件下双孔双渗模型(D)与基质单一介质模型(M)
采出程度对比(油气水三相流,$\mu_o = 0.84$)

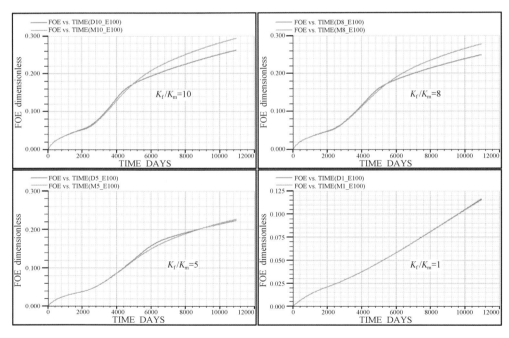

图 4 - 86　注采井网条件下双孔双渗模型(D)与基质单一介质模型(M)
采出程度对比(油气水三相流,$\mu_o = 5$)

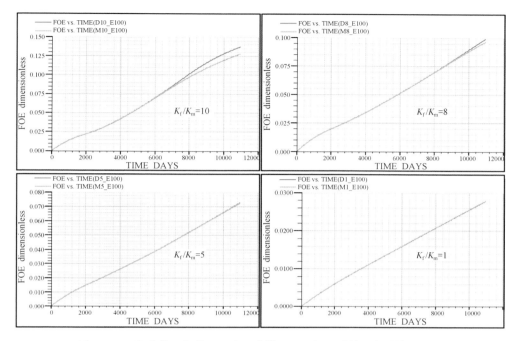

图 4 - 87 注采井网条件下双孔双渗模型(D)与基质单一介质模型(M)
采出程度对比(油气水三相流,$\mu_o = 25$)

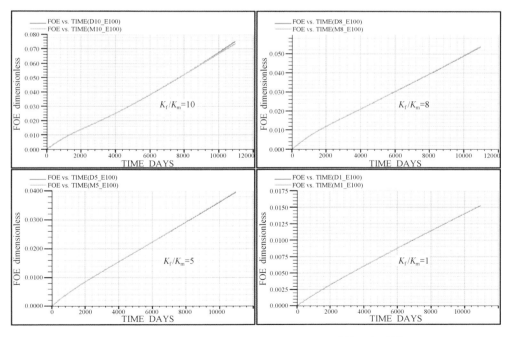

图 4 - 88 注采井网条件下双孔双渗模型(D)与基质单一介质模型(M)
采出程度对比(油气水三相流,$\mu_o = 50$)

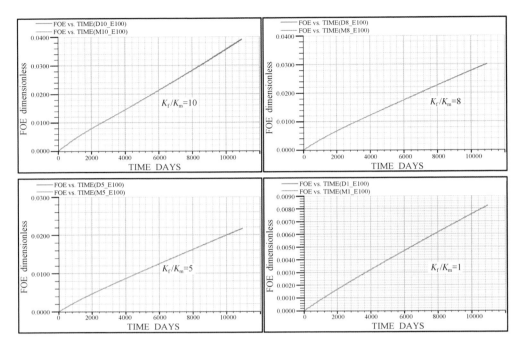

图 4 - 89　注采井网条件下双孔双渗模型(D)与基质单一介质模型(M)
采出程度对比(油气水三相流, $\mu_o = 100$)

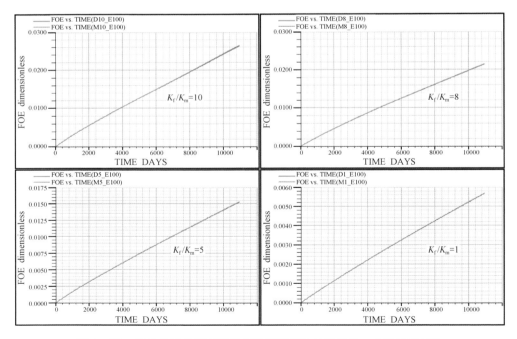

图 4 - 90　注采井网条件下双孔双渗模型(D)与基质单一介质模型(M)
采出程度对比(油气水三相流, $\mu_o = 150$)

第四节　等效介质的裂缝—基质渗透率级差判别方法

综合以上各种研究情形,单井衰竭式开采(纯油相渗流、纯气相渗流、油气两相流)、井网衰竭式开采(油气两相流)、井网注水开发(油水两相流)、井网衰竭式开采及注水开发的综合开采(油气水三相流)等条件下下的机理模型研究结果表明:裂缝—基质渗透率级差是选择双孔双渗模型的各种等效方法的决定性因素。如果裂缝—基质渗透率级差小于3~5倍,可以将双孔双渗模型等效为基质单一介质模型;如果裂缝—基质渗透率级差为5~15(原油粘度<50mPa·s)或5~25倍(原油粘度>50mPa·s),视油藏情况复杂程度可等效为双孔双渗或双孔单渗模型;如果裂缝—基质渗透率级差为15~500(原油粘度<50mPa·s)或25~500倍(原油粘度>50mPa·s),可以将双孔双渗模型等效为双孔单渗模型;如果裂缝—基质渗透率级差大于500倍,且裂缝储量比达到90%以上时,可以将双孔双渗模型等效为裂缝单一介质模型(表4-7)。

表4-7　等效介质的裂缝—基质渗透率级差判别方法

情形	等效介质模型	裂缝—基质渗透率级差(R)判别方法	
		$\mu_o < 50mPa·s$	$\mu_o > 50mPa·s$
单井衰竭式开采 (纯油相流、纯气相流, 油气两相流)	等效双孔单渗介质	$R > 15$	$R > 25$
	等效裂缝单一介质	$R > 500$	$R > 500$
	等效基质单一介质	$R < 3~5$	$R < 3~5$
井网衰竭式开采 (油气两相流)	等效双孔单渗介质	$R > 15$	$R > 25$
	等效裂缝单一介质	$R > 500$	$R > 500$
	等效基质单一介质	$R < 3~5$	$R < 3~5$
井网注水开发 (油水两相流)	等效双孔单渗介质	$R > 15$	$R > 25$
	等效裂缝单一介质	$R > 500$	$R > 500$
	等效基质单一介质	$R < 3~5$	$R < 3~5$
井网衰竭式开采+ 注水开发(油气水三相流)	等效双孔单渗介质	$R > 15$	$R > 25$
	等效裂缝单一介质	$R > 500$	$R > 500$
	等效基质单一介质	$R < 3~5$	$R < 3~5$

第五章　碳酸盐岩油气藏等效介质
数值模拟的应用

　　中东地区存在众多不同裂缝—基质渗透率级差的复杂碳酸盐岩油气藏,如叙利亚 Gbeibe、阿曼 Daleel、伊朗 MIS 等,用双孔双渗介质模型计算极其缓慢或不收敛。应用笔者提出的等效介质数值模拟技术及其配套技术,采用不同的等效途径,将双孔双渗介质模型分别等效为裂缝单一介质、基质单一介质、双孔单渗介质等 3 种等效介质模型,顺利实现了历史拟合和生产预测,历史拟合总体符合程度分别达到 85%(叙利亚 Gbeibe)、90% 以上(阿曼 Daleel)、90% 以上(伊朗 MIS)。

　　通过等效介质数值模拟技术的成功应用,有力地指导了伊朗 MIS 油田开发方案的编制和水平井建产,一期方案实现了 25000bbl/d 的高产,并顺利进入商业回收,开发效果显著;二期开发方案设计已成功完成,方案获得一致好评。叙利亚 Gbeibe 油田成功开展了水平井网部署,2010 年新钻井成功率 100%,油田产量由接手时的 $35.8 \times 10^4 m^3$ 上升到目前的 $83.7 \times 10^4 m^3$,实现了油田产量翻番。阿曼 Daleel 油田基于剩余油分布部署完善了井网,油田采用水平井注采井网开发,在含水率合理较缓上升的基础上,油田产量从接手时的 $23.6 \times 10^4 t$ 上升到目前的 $109.5 \times 10^4 t$,实现了油田产量翻两番。以上三油田取得了显著的经济效益和社会效益。等效介质数值模拟技术对海内外碳酸盐岩复杂介质油气藏具有广阔的推广应用前景。

第一节　等效双孔单渗数值模拟技术在伊朗 MIS 油田的应用

　　伊朗 MIS 油田是一个生产史极其复杂的裂缝—孔隙型大型碳酸盐岩油气藏,含油面积 $165 km^2$,发现于 1908 年,1911 年投产,距今已有长达 100 年的生产历史。该油藏开发过程极为复杂,原始状态为饱和油藏,随着油藏压力降低,1918 年形成了次生气顶。1929—1975 年向油藏回注高含硫原油,1964 年发生了侏罗系天然气气窜,1980—1986 年因两伊战争油井全部关闭,1987 年后西南翼少量油井生产。目前该油田为一个带气顶和边水的油环油藏。

　　伊朗 MIS 油田漫长而复杂的生产历史和较大的油藏规模给数值模拟带来了极大的困难,利用双孔双渗模型运算不收敛,无法完成运算。伊朗 MIS 油田裂缝与基质间的渗透率级差 100 多倍,按照笔者提出的等效介质裂缝—基质渗透率级差判别方法,适合使用等效双孔单渗模型。运用等效双孔单渗模型以及配套的拟毛管压力技术,顺利完成了伊朗 MIS 油田的历史拟合和生产预测工作,取得良好的开发效果。

一、地质模型及基本参数

1. 地质模型

　　在伊朗 MIS 油田的等效双孔单渗模型中,分别建立了裂缝系统和基质系统的地质模型,如图 5 - 1 至图 5 - 4 所示。

　　网格数:40×150×44,其中 1 ~ 22 层为基质;23 ~ 44 层为裂缝(图 5 - 5)。

　　平面网格尺寸:200m×200m。垂向网格尺寸:50ft。

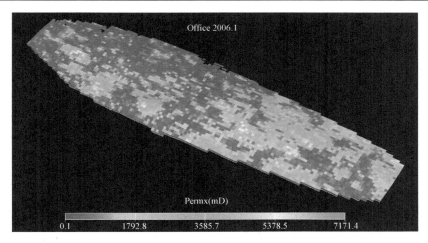

图 5 - 1　裂缝渗透率分布

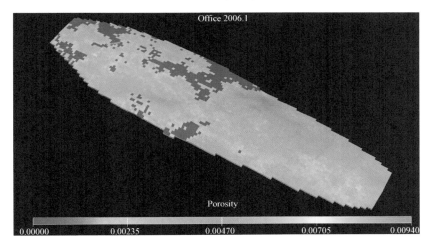

图 5 - 2　裂缝孔隙度分布

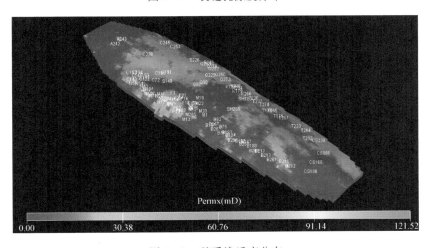

图 5 - 3　基质渗透率分布

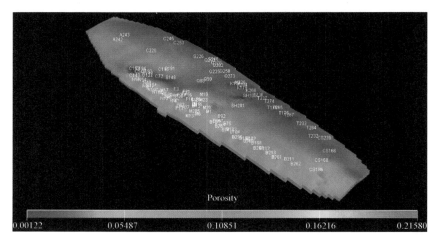

图 5 - 4　基质孔隙度分布

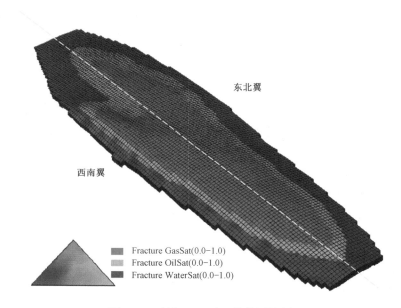

图 5 - 5　伊朗 MIS 油田数模网格图

2. PVT 数据

原油及天然气 PVT 数据见表 5 - 1、表 5 - 2。油藏具低泡点压力、低气油比;地面原油具轻质、高粘度、中含硫、高含蜡的特点;原始气高含 H$_2$S。

表 5 - 1　原油 PVT

气油比,Mscf/stb	泡点压力,psi	体积系数,rb/stb	粘度,cP
0	15	1	3.6
0.08544	106	1.0592	2.9
0.09909	144	1.0648	2.7

气油比,Mscf/stb	泡点压力,psi	体积系数,rb/stb	粘度,cP
0.11546	202	1.072	2.5
0.13366	271	1.0787	2.34
0.15503	354	1.0855	2.225
0.18239	466	1.0953	2.06
0.2	526	1.1	1.955
0.231	619	1.107	1.8
	626	1.10694	1.802
	728	1.1061	1.83
	826	1.1053	1.86
	925	1.1046	1.89
	1024	1.1039	1.92
	1227	1.1024	1.99
	1529	1.1003	2.1
	2030	1.0969	2.3
	3035	1.0904	2.71
	5036	1.0789	3.52

表 5-2　天然气 *PVT* 参数

压力,psi	体积系数,rb/Mscf	粘度,cP
10	270	0.0089
50	55	0.0091
100	28	0.0094
200	14	0.01
300	9	0.0105
400	6.5	0.011
500	5.2	0.0115
619	4.2	0.012
1000	2.8	0.0136
1500	1.8	0.0155
2500	1	0.0185
3500	0.71	0.021

3. 相渗曲线

基质油水及油气相渗曲线如图 5-6、图 5-7 所示。

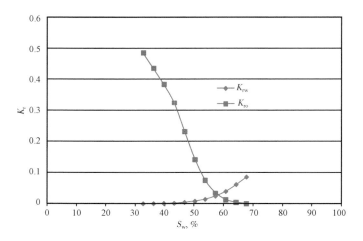

图 5 – 6　基质油水相渗曲线

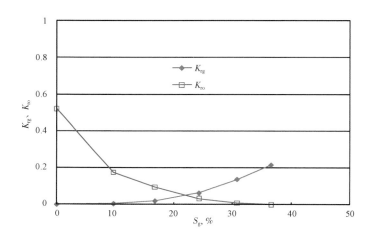

图 5 – 7　基质油气相渗曲线

4. 其他参数

参考面深度： - 518m　　　　　参考面压力：1289psi

初始油水界面： - 658m；　　　原始泡点压力：619psi

原始溶解气油比：231scf/stb　　原油密度：0. 835g/cm^3；

水密度：1. 164g/cm^3；　　　气密度：0. 911/10^{-3}g/cm^3；

地层水体积系数：1. 004

二、历史拟合及结果

1. 全油田指标拟合

模拟的产量、累计产量、注油量如图 5 – 8、图 5 – 9 所示。1911—2007 年底,油藏累积采油 1410. 5MMstb,1929—1975 年有 15 口井累积注油 267MMstb（N53、B290、SH301、P31、S297、Q88、P32、B298、B300、K302、SH73、B303、B284、K288、M299）。由于原油的注入会导致气顶气

的溶解,这势必对油藏压力、气油比等造成影响,通过等效介质数值模拟的方法仍可以实现对油藏压力及气油比的拟合。

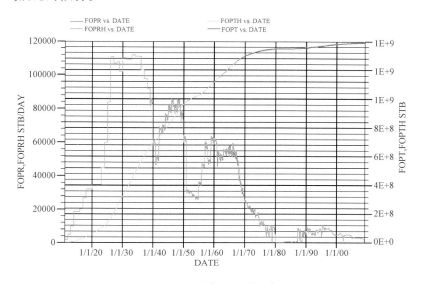

图 5 - 8　原油产量及累积产量

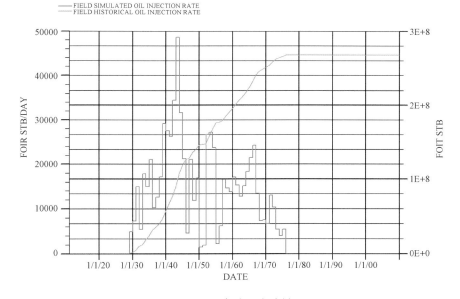

图 5 - 9　全油田注油量

在压力拟合过程中发现:气油比和油藏压力互相影响。油藏压力偏低是由于气体释放过多引起(气油比偏大),因此为了调高压力,就必须调低气油比。在裂缝油藏中,渗流主要发生在裂缝之中,为了调低产气量,需要调节气体在基质和裂缝中的分布。如果基质中含气饱和度调高,那么裂缝中含气饱和度就会降低,这就有利于调节气油比,从而调节压力。这个过程可以通过拟毛管压力技术来实现。此外,从本质上来说,基质和裂缝之间就有一个流体交换过程,通过调节毛管压力来调节流体在基质和裂缝之间的分布也是合理的。

在应用拟毛管压力技术过后,拟合的油藏压力及气油比如图 5 - 10 至图 5 - 12 所示。

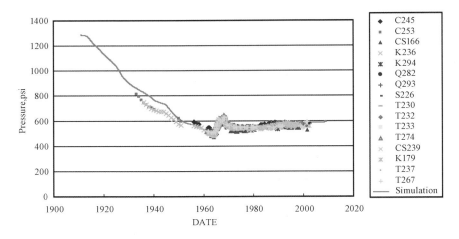

图 5 - 10　等效双孔单渗模型在伊朗 MIS 油田北翼的压力拟合

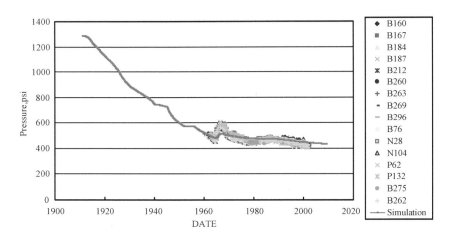

图 5 - 11　等效双孔单渗模型在伊朗 MIS 油田南翼的压力拟合

结果表明:实测地层压力与模拟地层压力结果比较吻合,所用的拟合方法是有效的。拟毛管压力技术是裂缝性油藏数值模拟的特有技术。它的本质就是通过拟毛管压力,可以改变基质和裂缝中的流体饱和度,从而控制气油比、压力、含水率等。伊朗 Mis 油田压力拟合过程除了调整局部地质模型外,主要调整拟毛管压力来调节气油比以及油气界面、油水界面的移动。应该说,拟毛管压力技术是双重介质模型特殊的处理方法。

由于缺乏产水资料,结合油藏压力、气油比情况等拟合的含水率,如图 5 - 13 所示。在含水率拟合过程中,有以下几点注意事项:

(1)观察井的油水界面上升主要受油田平均参数的影响,而单井见水时间及含水上升受局部参数影响较大,因此应首先拟合好观察井油水界面上升,再拟合每口井的含水。要使模拟结果接近实际,有足够的油水界面观察资料是十分重要的。

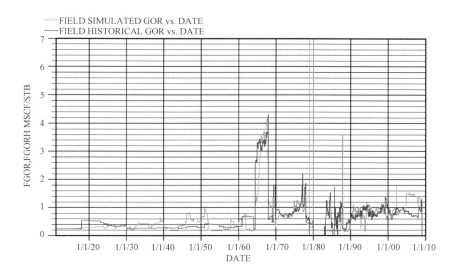

图 5 – 12　等效双孔单渗模型在伊朗 MIS 油田的气油比拟合

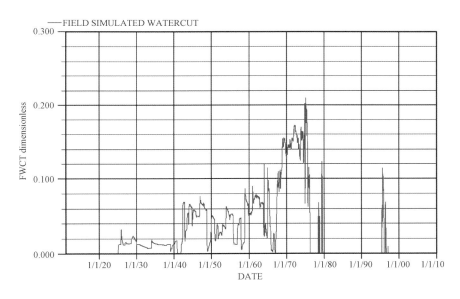

图 5 – 13　等效双孔单渗模型在伊朗 MIS 油田的含水率拟合

（2）裂缝、岩块孔隙度加大，水平渗透率提高，垂直渗透率降低，岩块驱油饱和度加大，岩块渗吸速度加快（调节岩块渗透率、岩块尺寸及岩块相对渗透率和毛管压力曲线来实现）都能使开发指标变好。即见水时间晚、含水上升慢、油水界面上升速度减慢，反之开发指标变差。因此计算结果普遍偏高或偏低时，修改上述参数即能改善符合程度。

（3）如果计算结果与实际曲线交叉，例如计算的初期含水偏高，后期又偏低。这时调整参数比较困难，必须使一部分参数变好，另一部分参数变差。参数可分为两大类。第一类不影响最终采油量，如渗透率和岩块渗吸速度。第二类影响最终采油量，如孔隙度和岩块驱油饱和

— 175 —

度。一般情况下,第一类参数变好,第二类参数变差,会使初期开发指标变好,后期指标变差。反之亦然。

(4)裂缝和岩块孔隙度都影响最终采油量,但裂缝中的油能很快被水推进,而岩块中的油渗吸产出很缓慢。因此在保持相同最终采油量时,裂缝占的比例大时,则初期含水低,后期含水高。反之亦然。

(5)井筒所在网格渗透率高而周围网格渗透率低时,井底水锥较平但周围供油能力差,因此见水晚而含水上升快。反之则水锥陡、见水早、含水上升慢。

(6)对于开发后期投产的井情况则与上不同。如果渗透率高,则井周围的油已流向邻井,因此油水界面高、产油少。反之渗透率低保存有较多的油,生产情况好。

2. 单井指标拟合

部分单井压力拟合结果如图 5 - 14 至图 5 - 16 所示。

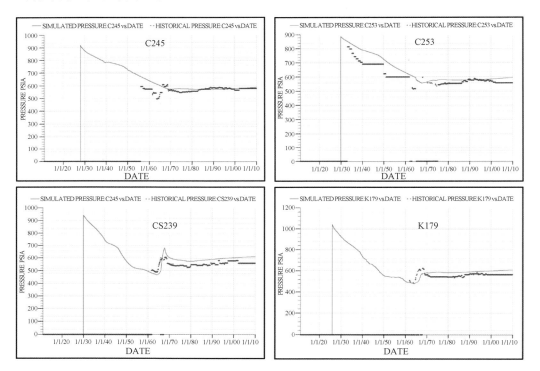

图 5 - 14　单井压力拟合(C245、C253、CS239、K179)

等效双孔单渗模型在伊朗 Mis 油田的应用结果表明:通过将碳酸盐岩油藏等效为双孔单渗模型,伊朗 Mis 油田历史拟合精度高,应用效果好,历史拟合总体符合程度达到 90% 以上,这说明该方法在伊朗 Mis 是切实可行的。

伊朗 MIS 油田通过等效介质数值模拟技术的应用,有力的指导了伊朗 MIS 油田开发方案的编制和水平井建产,一期方案已经实现了 25000bbl/d 的高产,并顺利进入商业回收,开发效果显著(图 5 - 17)。目前,二期开发方案设计已成功完成,井数:24 水平井 + 5 直井,最佳井距 1.2km,产量规模 30000bbl/d。方案获得一致好评(图 5 - 18)。

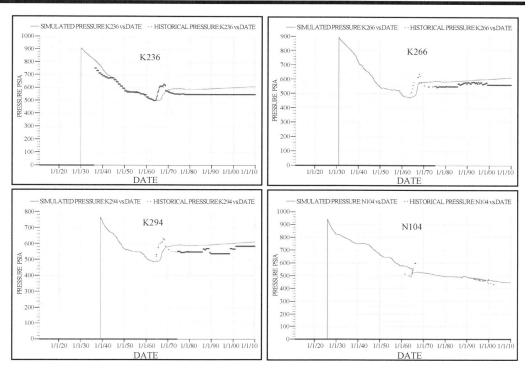

图 5－15　单井压力拟合（K236、K266、K294、N104）

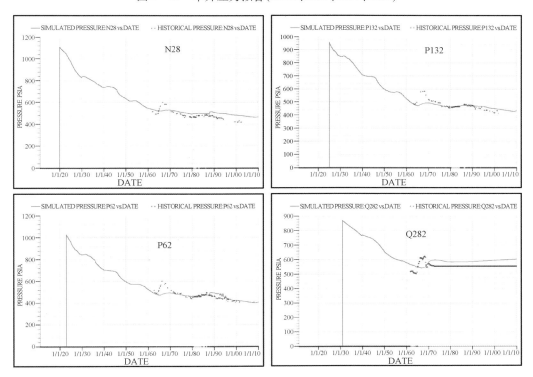

图 5－16　单井压力拟合（N28、P132、P62、Q282）

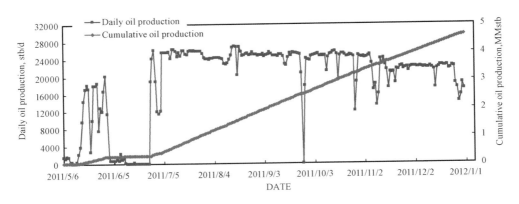

图 5 - 17　伊朗 MIS 油田一期方案开发曲线

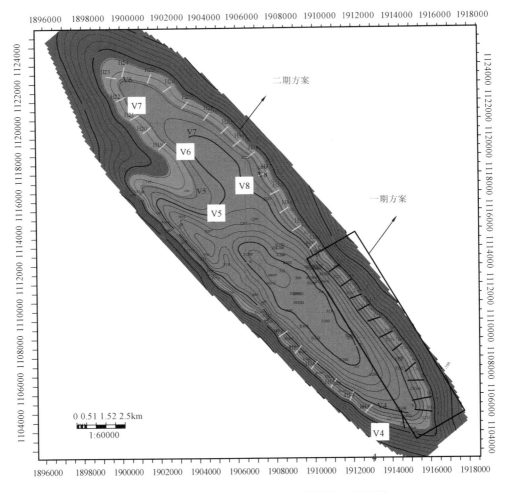

图 5 - 18　伊朗 MIS 油田一期及二期开发方案部署

第二节　等效裂缝单一介质数值模拟技术
在叙利亚 Gbeibe 油田的应用

叙利亚 Gbeibe 油田是典型的裂缝型碳酸盐岩油藏,并且具有气顶、边水、底水以及稠油等复杂的油藏特征,利用双孔双渗模型运算不收敛,无法完成运算。Gbeibe 油田裂缝与基质渗透率级差达到 1000 倍以上,高产井主要沿较大的断裂带分布或分布在断裂带附近,而干井、低产井附近几乎没有大的断裂带存在,研究表明其储量主要存在于裂缝系统中。按照笔者提出的等效介质裂缝—基质渗透率级差判别方法,Gbeibe 油田适合使用等效裂缝单一介质模型。

在 Gbeibe 油藏等效裂缝单一介质模型的数值模拟中发现,基于传统测井解释直接井间插值的油气藏模型进行数值模拟根本实现不了生产历史拟合,无法进行可靠的开发指标预测,严重影响到开发方案的质量。研究发现,这是因为决定油气藏渗流的首要因素是渗透率场,而裂缝性碳酸盐岩油气藏的裂缝分布是决定渗透率场分布的主要因素,常规的建模方法没有反映井间裂缝的分布,也就建立不了反映储层实际渗透率场分布的油气藏模型。针对这种不足,建立整个储层的裂缝分布模型及其与试井渗透率的关系,形成了与裂缝分布直接相关的储层渗透率场,再以裂缝分布模型约束净毛比模型调整储量分布,以此裂缝渗透率建模技术将双重介质等效为裂缝单一介质,在叙利亚 Gbeibe 油田数模中取得了很好的应用效果,实现了较高的生产历史拟合精度,大大提高了开发指标预测的精度和开发方案的合理性,并取得良好的开发效果。

一、地质模型及基本参数

结合 Gbeibe 油田静态与动态资料的综合认识,通过分析已钻井位置、油气产能与断裂带的关系,发现钻井过程中的油气显示、油井产能和高产富集区带等均与断裂带有着密切关系。Gbeibe 油田断裂带及井位分布如图 5-19 所示。由图可知:高产井主要沿较大的断裂带分布或分布在断裂带附近,而干井、低产井附近几乎没有大的断裂带存在。Gbeibe 油田储量主要存在于裂缝(断裂)系统中。

在 Gbeibe 油田中,断裂体系是由断层、裂缝及其紧邻的一定范围内的围岩所构成的一个整体。断裂体系储集空间由断裂孔隙、断裂周围一定断裂可信度范围内的围岩、基质孔隙构成。断裂体系的孔隙度为断裂孔隙度与基质孔隙度之和。断裂体系储集空间体积 = 断裂体系体积 × 断裂体系孔隙度。

针对 Gbeibe 油田的实际情况,等效裂缝单一介质模型的裂缝渗透率建模方法为:首先建立 Gbeibe 断裂分布模型[图 5-20(a)],再以储层裂缝空间分布和试井测试渗透率为基础,建立裂缝空间各点分布可信度与各井点试井渗透率之间的定量关系[图 5-20(b)],据此推演出整个储层裂缝渗透率在空间各点的定量分布场,这实际上建立了与裂缝分布直接相关的渗透率分布场[图 5-20(c)],实现了等效裂缝单一介质模型的渗透率建模。

通过以断裂可信度为权重来控制净毛比模型的粗化,所得到的模型能较真实地反映储量与断裂分布之间的关系[图 5-20(d)]。

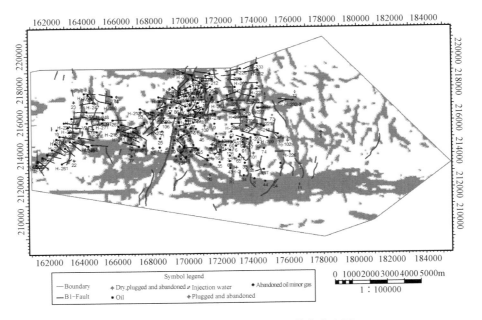

图 5 – 19　Gbeibe 油田断裂带及井位分布图

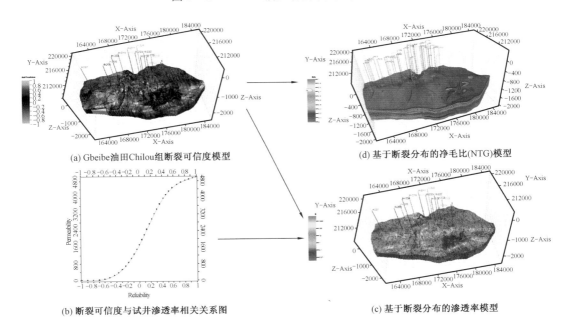

(a) Gbeibe油田Chilou组断裂可信度模型

(d) 基于断裂分布的净毛比(NTG)模型

(b) 断裂可信度与试井渗透率相关关系图

(c) 基于断裂分布的渗透率模型

图 5 – 20　基于断裂分布的渗透率模型及净毛比模型

1. 网格模型

根据模拟区域平面上的形态特点确定网格长轴方向(I方向)为西东走向。采用角点网格系统,I方向步长平均为100m,J方向步长平均为100m。同时还考虑井点的分布,使每一井点位于不同的节点内并保证井之间至少相隔一个网格以降低井间直接干扰。

纵向上,根据沉积韵律发育特点及油藏数值模拟精度要求,将该油藏进一步细分流动单元,形成纵向上的 16 个小层(表 5 - 3),各层采用不等距网格,其值等于储层沉积厚度。

表 5 - 3　Gbeibe 油藏模拟小层划分表

地质层	A			B_1	B_2						合计
	A_1	A_2	A_3		B_2^1	B_2^2	B_2^3	B_2^4	B_2^5	B_2^6	
模拟层	1	1	1	1	2	2	2	2	2	2	16

为了更好地模拟底水锥进,在西区和 H227 区适当将模型进行了向下延伸至 Jaddala 层顶部。平面网格步长为 $100m \times 100m$,总的网格数分别为,中区 $117 \times 93 \times 16 = 174096$;西区:$117 \times 93 \times 16 = 174096$;H227 区:$75 \times 80 \times 18 = 108000$。

输入的网格参数包括储层顶部海拔、分层总厚度、有效厚度、孔隙度、有效渗透率,这些参数均来自油藏精细描述的结果。

2. 基本参数

1)岩石性质参数

西区岩石压缩系数 $7.5 \times 10^{-4} MPa^{-1}$,中区岩石压缩系数 $6 \times 10^{-4} MPa^{-1}$,由于没有实验数据,该值根据经验公式求取。油水相对渗透率曲线和毛管压力曲线来自岩心实验结果(图 5 - 21)。

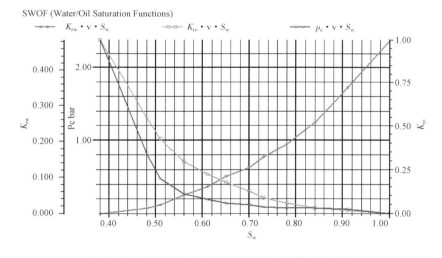

图 5 - 21　GBEIBE 油田相对渗透率及毛管压力曲线

2)流体性质参数

流体高压物性分析参数来自 PVT 分析实验结果,见表 5 - 4。

表 5 - 4　西区油、气高压物性数据表

压力,MPa	气油比,m^3/m^3	原油体积系数	原油粘度,cP	气体体积系数	气体粘度,cP
2.00	23.23	1.10	0.5306	0.0544	0.0115
2.95	37.06	1.14	0.4643	0.0357	0.0117
3.89	51.85	1.18	0.4159	0.0261	0.0121

续表

压力,MPa	气油比,m³/m³	原油体积系数	原油粘度,cP	气体体积系数	气体粘度,cP
4.84	67.41	1.23	0.3788	0.0202	0.0125
5.87	84.99	1.29	0.3471	0.0160	0.0130
6.74	84.99	1.29	0.3512	0.0135	0.0136
7.68	84.99	1.28	0.3563	0.0114	0.0142
8.63	84.99	1.28	0.3622	0.0098	0.0150
9.58	84.99	1.28	0.3687	0.0086	0.0159
10.53	84.99	1.27	0.3759	0.0076	0.0169
11.47	84.99	1.27	0.3836	0.0068	0.0181
12.42	84.99	1.27	0.3919	0.0062	0.0193
13.55	84.99	1.27	0.4025	0.0057	0.0207
14.32	84.99	1.27	0.4101	0.0053	0.0218
15.26	84.99	1.27	0.4199	0.0050	0.0231
16.21	84.99	1.27	0.4302	0.0048	0.0243
17.16	84.99	1.27	0.4411	0.0045	0.0255
18.11	84.99	1.27	0.4524	0.0044	0.0267
19.05	84.99	1.27	0.4641	0.0042	0.0279
20.00	84.99	1.26	0.4763	0.0041	0.0290

3) 油藏其他基本参数

油藏其他基本参数见表5-5、表5-6。

表5-5 Gbeibe 油田西区及 H227 区油藏参数表

项目	数值	项目	数值
油藏中部海拔,m	980	原始气油比,m³/m³	38~98
油藏中部压力,MPa	137.8	原油压缩系数,$10^{-4} MPa^{-1}$	6
饱和压力,MPa	5.5	地层水压缩系数,$10^{-4} MPa^{-1}$	4.6
地面原油密度,g/cm³	0.9343	地层水粘度,mPa·s	0.72
地下原油粘度,mPa·s	43.27	地层水密度,g/cm³	1.12
原始平均含油饱和度	0.67	地层水体积系数	1.011

表5-6 Gbeibe 油田中区油藏参数表

项目	数值	项目	数值
油藏中部海拔,m	915	原始气油比,m³/m³	80
油藏中部压力,MPa	126	原油压缩系数,$10^{-4} MPa^{-1}$	5
饱和压力,MPa	10.6	地层水压缩系数,$10^{-4} MPa^{-1}$	4.6
地面原油密度,g/cm³	0.89	地层水粘度,mPa·s	0.72
地下原油粘度,mPa·s	3.3	地层水密度,g/cm³	1.12
原始平均含油饱和度	0.67	地层水体积系数	1.011

4）动态参数

动态参数主要包括：

（1）完井和井下措施数据：

① 完井数据：西区 84 口井，中区 41 口井，总井数 125 口的射孔日期、层位及相应的 K_h 值。

② 井下措施：补孔换层、压裂、堵水及其他增产措施日期、层位参数；试油结果等数据。

（2）生产数据：125 口油井的投产、停产日期、日产油量、日产水量数据。

（3）压力数据：压力数据共收集每年一次的平均地层压力。

二、历史拟合及结果

根据模拟区的特点，确定历史拟合工作制度是采油井定地面产油量，因而计算产油量与实际值相一致，主要拟合指标为单井和全区含水率、油藏压力，同时兼顾储量、见水时间、产气量以及累积产量的拟合。

中区拟合时间段为 1981.07 ~ 2010.5，西区拟合时间段为 1976.8 ~ 2010.5，H227 区拟合时间段为 2008.1 ~ 2010.5，时间步长为 1 个月。

为了避免参数修改的随意性与盲目性，拟合前确定了参数调整的约束范围：

（1）岩石压缩系数是调整油藏能量的主要参数；

（2）相对渗透率曲线的实验值较少，可作为拟合含水的主要调整参数；

（3）渗透率参数主要来自测井解释结果，误差较大，因此渗透率特别是方向渗透率可作较大范围的调整；

（4）储层孔隙度、有效厚度数据来自测井解释资料，井点参数一般不作调整，对井间参数可作适当修改；

（5）K_h 和污染系数，由于绝大多数井未进行动态测井，无分层 K_h 数据，在拟合初期允许做调整；在生产过程中，若进行了井下措施或产、吸液剖面测试，资料表明 K_h 值在分层有所变化时可作调整；

（6）构造形态、储层总厚度不做调整；

（7）地层水、原油的 PVT 参数不做调整。

（8）原始含油饱和度：为确定参数，一般不宜更改。

（9）原始地层压力：为确定参数，不可更改。

（10）油水井动态资料：为确定参数，不可调。

1. 西区历史拟合效果

西区历史拟合效果见表 5 - 7 及图 5 - 22、图 5 - 23。西区单井历史拟合吻合程度达到了 85% 以上，拟合效果较好（现场 GOR 测量不准）。

表 5 - 7　西区累计产量拟合结果表

项目	累计产液，$10^6 m^3$	累计产油，$10^6 m^3$	累计产水，$10^6 m^3$
实际值	8.957	7.359	1.540
模拟值	8.948	7.407	1.598
相对误差，%	- 0.107	- 0.65	- 3.62

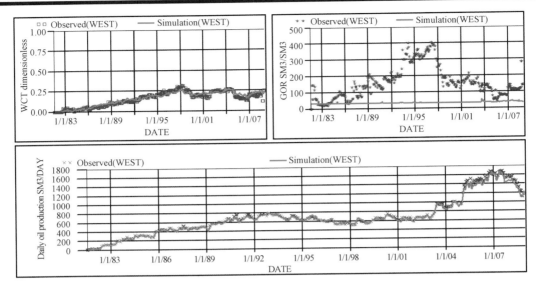

图 5－22　西区历史拟合结果

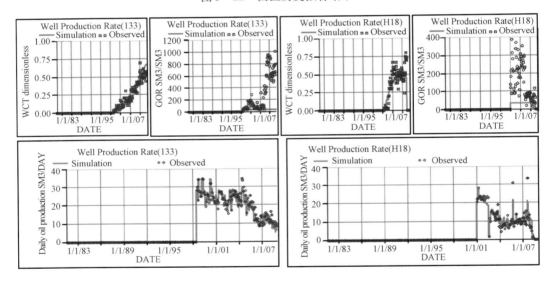

图 5－23　西区部分单井历史拟合结果

2. 中区历史拟合效果

中区历史拟合效果见表 5－8 及图 5－24 和图 5－25。中区单井历史拟合吻合程度达到了 85% 以上，拟合效果较好（现场 GOR 测量不准）。

表 5－8　中区累计产量拟合结果表

项目	累计产液,10^6 m³	累计产油,10^6 m³	累计产水,10^6 m³
实际值	2.6850	1.8122	0.8734
模拟值	2.6783	1.8049	0.8728
相对误差,%	－ 0.25	－ 0.40	0.07

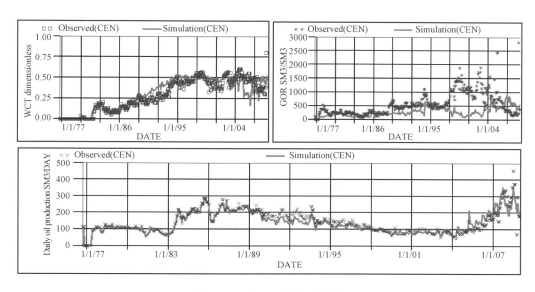

图 5 – 24　中区历史拟合结果

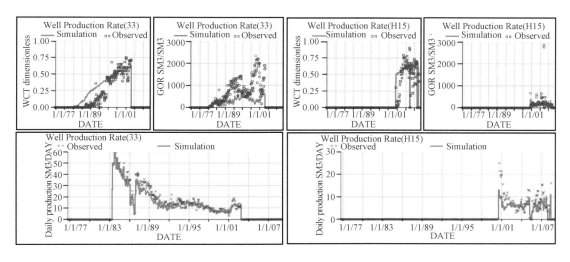

图 5 – 25　中区部分单井历史拟合结果

3. H227 区历史拟合效果

H227 区由 2008 年 1 月正式投入开发,其开采期短,模拟效果好,单井吻合程度在 90% 以上(图 5 – 26)。

4. 剩余油分布特征

通过等效裂缝单一介质模型对流体饱和度的拟合,得出 Gbeibe 油田剩余油分布具有以下特点:

(1)Chilou B23 ~ B25 层西区主要的断裂系统已经水淹。剩余油分布主要位于 B1 ~ B22 层,以及平面上井控差的部分,例如西区东北部和西部(图 5 – 27)。由于断层和高角度裂缝极其发育,在主断层周围远井地带仍然存在大量剩余油。

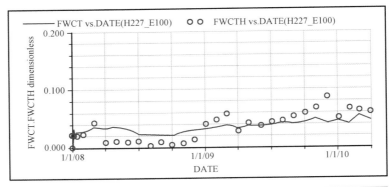

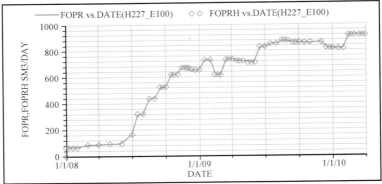

图 5 - 26   H227 区历史拟合结果

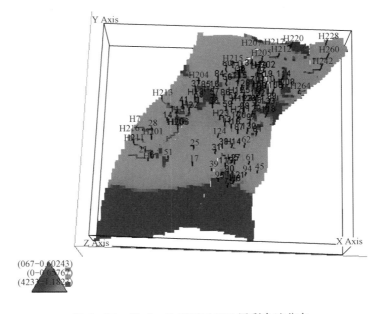

图 5 - 27   Gbeibe 油田西区 B22 层剩余油分布

（2）中区剩余油分布特征类似于西区。但是由于中区原生气顶的作用,加之油层厚度远薄于西区,水侵和气窜现象都较严重。且目前地层平均压力已经低于饱和压力,地层流体开始脱气,更加加剧了气体的沟通,因此其剩余油分布更加复杂和凌乱。剩余油主要分布在断裂发育且远离气、水的井间地带。

（3）H227区为刚开发的新区,剩余油分布比较规律,除了北部目前存在含水上升的趋势外,南边大部地区均存在较大的潜力。

等效裂缝单一介质模型在叙利亚 Gbeibe 油田的应用结果表明:通过将碳酸盐岩油藏等效为裂缝单一介质模型,叙利亚 Gbeibe 油田历史拟合精度高,应用效果好,历史拟合总体符合程度达到85%以上,这说明该方法在叙利亚 Gbeibe 油田是切实可行的。

叙利亚 Gbeibe 油田通过等效介质数值模拟技术的应用,成功开展了水平井网部署,2010年新钻井成功率100%,油田产量由接手时的 $35.8 \times 10^4 m^3$ 上升到目前的 $83.7 \times 10^4 m^3$,实现了油田产量翻番(图 5-28)。

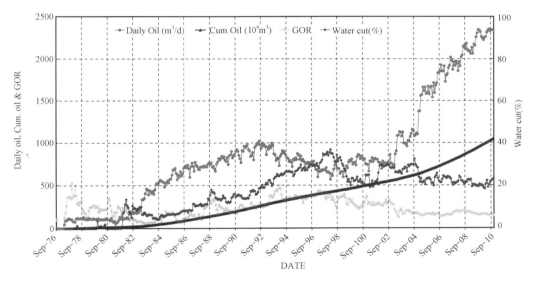

图 5-28　Gbeibe 油田生产曲线

第三节　等效基质单一介质数值模拟技术
在阿曼 Daleel 油田的应用

阿曼 Daleel 油田属于孔隙型碳酸盐岩油藏,储集空间为粒间孔和溶蚀孔洞,裂缝不占主导地位,利用双孔双渗模型运算极其缓慢。Daleel 油田裂缝—基质渗透率级差低于5倍以下,按照笔者提出的等效介质裂缝—基质渗透率级差判别方法,适合使用等效基质单一介质模型。用此等效方法极大提高了计算速度,顺利实现了 Daleel 油田的历史拟合和生产预测,历史拟合总体符合程度达到90%以上,并取得良好的开发效果。

一、地质模型及基本参数

Daleel 油田 B 块模拟区域总面积 10.97km², 总网格数 $106 \times 85 \times 11 = 99110$ 个, 平面上 I 方向网格尺寸为 50m, J 方向网格尺寸为 30m, J 方向网格尺寸为 10m。分层数据见表 5 - 9。油藏数值模拟平面网格划分如图 5 - 29 所示。

表 5 - 9　Daleel 油田五区 B 块油藏数值模拟纵向分层表

层组	小层	模拟分层
E	E1	1 ~ 3
	E2	4
D		5 ~ 9
DP		10 ~ 11

图 5 - 29　阿曼 Daleel 油田 B 块数模网格图

油水、油气相对渗透率曲线取自岩样实验曲线 (图 5 - 30、图 5 - 31)。原油高压物性参数如图 5 - 32 至图 5 - 34 所示。油藏其他相关参数见表 5 - 10。

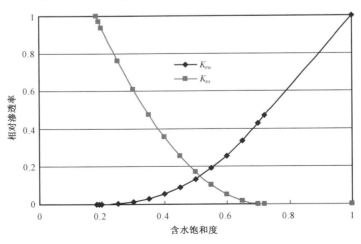

图 5 - 30　油水相对渗透率曲线图

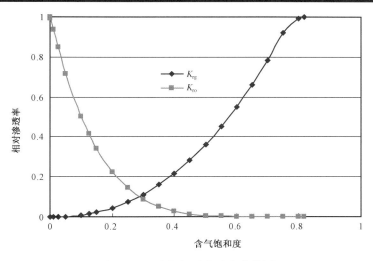

图 5 - 31　油气相对渗透率曲线图

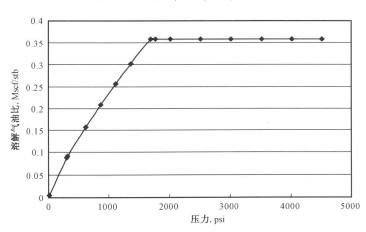

图 5 - 32　原油压力与溶解气油比关系

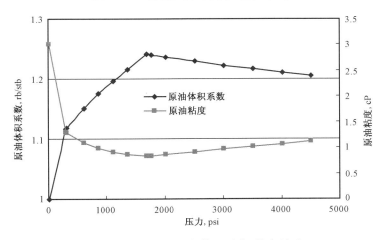

图 5 - 33　原油压力与体积系数、粘度关系

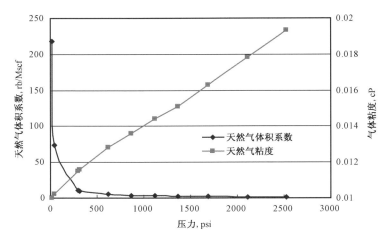

图 5 - 34　天然气压力与体积系数、粘度关系

表 5 - 10　Daleel 油田五区 B 块油藏参数表

内容	数值	内容	数值
油藏中部海拔,m	1570	油藏中部压力,psi	2668.6937
饱和压力,psi	1685	原始气油比,Mscf/stb	0.525
地面原油密度,g/cm³	0.8348	地下原油粘度,cP	0.8
地层水密度,g/cm³	1.02875	地层水粘度,cP	0.4475
地层水压缩系数,/psi⁻¹	2.5E - 6	地层水体积系数,rb/stb	1.02875
天然气密度,g/L	0.9	原始平均含油饱和度	0.8

二、历史拟合及结果

1. 全区生产指标拟合

阿曼 Daleel 油田 B 块平均地层压力、气油比、含水率拟合如图 5 - 35 至图 5 - 37 所示,结果表明计算值和实测值较吻合。

2. 单井指标拟合

阿曼 Daleel 油田 B 块部分单井含水率拟合如图 5 - 38、图 5 - 39 所示,拟合效果较好。

3. 剩余油分布

通过等效基质单一介质模型对流体饱和度的拟合,得出阿曼 Daleel 油田部分小层剩余油分布,如图 5 - 40、图 5 - 41 所示。从剩余油饱和度分布可知,纵向上 D 层(数模小层 5～9 层)的潜力最大,其次是 E1 层(数模小层 1～3 层)。

等效基质单一介质模型在阿曼 Daleel 油田的应用结果表明:通过将碳酸盐岩油藏等效为基质单一介质模型,阿曼 Daleel 油田历史拟合精度高,应用效果好,历史拟合总体符合程度达到 90% 以上,这说明该方法在阿曼 Daleel 油田是切实可行的。

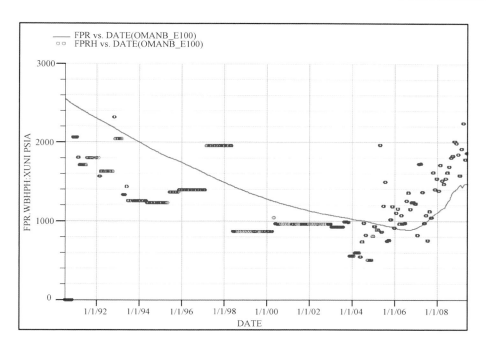

图 5 - 35　等效基质单一介质模型在阿曼 Daleel 油田 B 块压力拟合

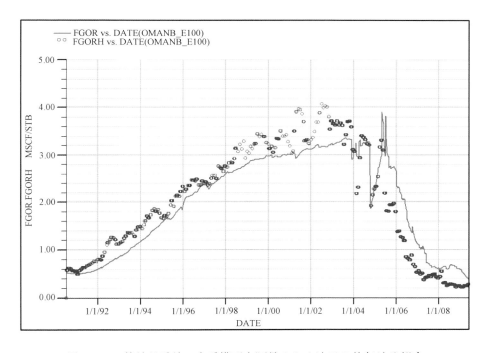

图 5 - 36　等效基质单一介质模型在阿曼 Daleel 油田 B 块气油比拟合

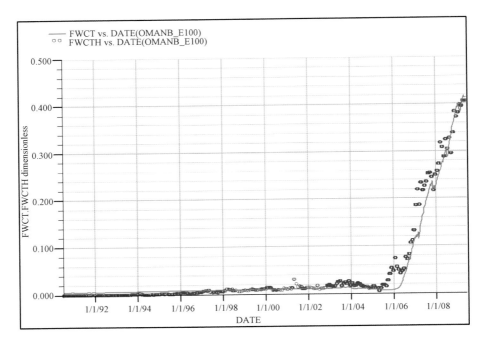

图 5 – 37　等效基质单一介质模型在阿曼 Daleel 油田 B 块含水率拟合

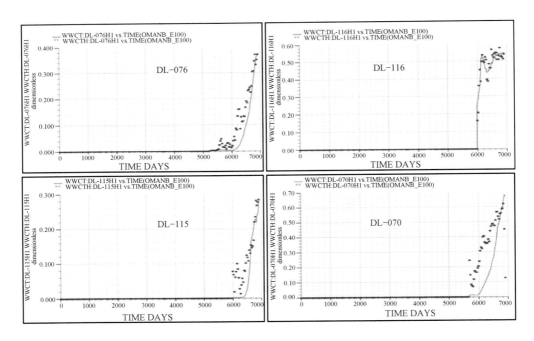

图 5 – 38　阿曼 Daleel 油田部分单井的含水率拟合(DL – 076、DL – 116、DL – 115、DL – 070)

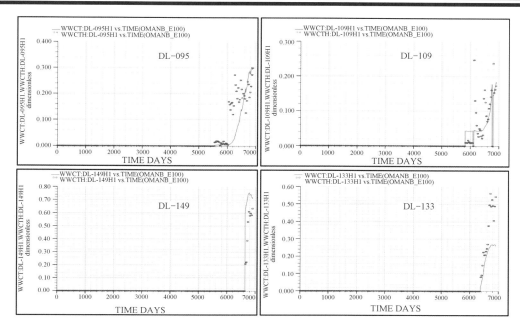

图 5-39　阿曼 Daleel 油田部分单井的含水率拟合（DL-095、DL-109、DL-149、DL-133）

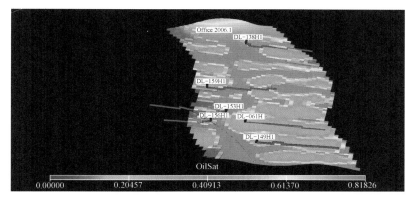

图 5-40　阿曼 Daleel 油田 B 块剩余油饱和度分布图（数模小层 3，E1）

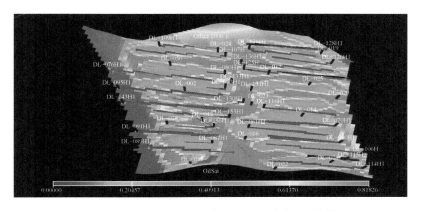

图 5-41　阿曼 Daleel 油田 B 块剩余油饱和度分布图（数模小层 5，D）

阿曼 Daleel 油田通过等效介质数值模拟技术的应用,成功实现了生产历史拟合,并且基于剩余油分布部署完善了井网(图 5-42)。油田采用水平井注采井网开发,在含水率合理较缓上升的基础上,油田产量从接手时的 23.6×10^4 t 上升到目前的 109.5×10^4 t,实现了油田产量翻两番(图 5-43)。

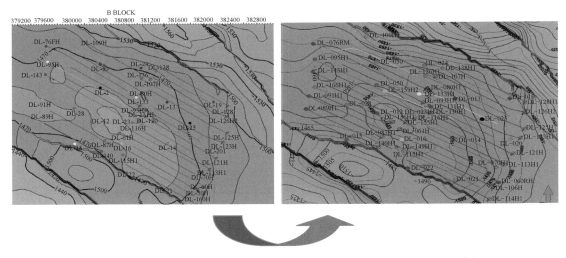

图 5-42 阿曼 Daleel 油田基于剩余油分布的井网完善

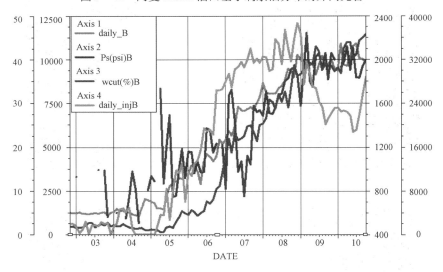

图 5-43 Daleel 油田 B 块注采曲线

综上所述,针对海外不同裂缝—基质渗透率级差大小的复杂碳酸盐岩油气藏如叙利亚 Gbeibe、阿曼 Daleel、伊朗 MIS 等,用双孔双渗介质模型计算极其缓慢或不收敛。采用不同的等效途径,将双孔双渗介质模型分别等效为裂缝单一介质、基质单一介质、双孔单渗介质等 3 种等效介质模型,同时发展并应用了配套的拟毛管压力技术及裂缝渗透率建模技术,顺利实现了历史拟合和生产预测,取得了显著的经济效益和社会效益。等效介质数值模拟技术对于海内外碳酸盐岩复杂介质油气藏具有广阔的推广应用前景。

第六章　结论与认识

（1）碳酸盐岩油气藏数值模拟中，当不需要了解微观渗流，只需研究流体运动的宏观规律以指导油气田开发时，连续介质模型对于碳酸盐岩油气藏数值模拟具有很好的适应性。碳酸盐岩储层是裂缝(洞)与基质以一定方式组合的整体，理论上，连续介质模型中的双孔双渗介质渗流模型是碳酸盐岩储层流动的最佳描述方式。但对于大型复杂碳酸盐岩油气藏，双孔双渗模型的运算极其缓慢或根本不收敛，只能对双孔双渗介质进行等效简化。针对不同渗透率级差水平的碳酸盐岩储层，采用不同的等效途径，将双孔双渗介质模型分别等效简化为等效裂缝单一介质、等效基质单一介质、等效双孔单渗介质等三种等效介质模型，在各类复杂介质碳酸盐岩油藏的数值模拟研究中取得了良好的应用效果。

（2）复杂碳酸盐岩油气藏等效介质数值模拟方法的决定性因素是裂缝—基质渗透率级差大小。通过数学模型研究以及大量机理模型研究，提出了碳酸盐岩油气藏等效介质模型的渗透率级差判别方法：当裂缝—基质渗透率级差小于 3~5 倍，可以将双孔双渗模型等效为基质单一介质模型；当裂缝—基质渗透率级差为 5~15（原油粘度 <50mPa·s）或 5~25 倍（原油粘度 >50mPa·s），视油藏情况复杂程度可等效为双孔双渗或双孔单渗模型；当裂缝—基质渗透率级差为 15~500（原油粘度 <50mPa·s）或 25~500 倍（原油粘度 >50mPa·s），可以将双孔双渗模型等效为双孔单渗模型；如果裂缝—基质渗透率级差大于 500 倍，且裂缝储量比达到 90% 以上时，可以将双孔双渗模型等效为裂缝单一介质模型。

（3）碳酸盐岩油气藏等效介质数值模拟技术在叙利亚 Gbeibe、阿曼 Daleel、伊朗 MIS 等油田得到成功应用。叙利亚 Gbeibe 油田，裂缝与基质间的渗透率级差达到 1000 倍以上，双孔双渗模型以及常规数值模拟方法无法实现历史拟合，利用等效裂缝单一介质数值模拟技术顺利实现了历史拟合和生产预测，历史拟合总体符合程度达到 85%；阿曼 Daleel 油田，裂缝不占主导地位，属于孔隙型碳酸盐岩储层，裂缝—基质渗透率级差低于 5 倍以下，双孔双渗模型模拟效率非常低下，利用等效基质单一介质数值模拟技术顺利实现了历史拟合和生产预测，历史拟合总体符合程度达到 90% 以上；伊朗 MIS 油田有百年复杂生产历史，现今为一个带气顶和边水的油环油藏，裂缝与基质间的渗透率级差 100 多倍，双孔双渗模型以及常规的数值模拟方法实现不了历史拟合，利用等效双孔单渗介质数值模拟技术及配套的拟毛管压力技术取得了很好的效果，历史拟合总体符合程度达到 90% 以上。

（4）通过等效介质数值模拟技术的成功应用，有力的指导了伊朗 MIS 油田开发方案的编制和水平井建产，一期方案实现了 25000bbl/d 的高产，并顺利进入商业回收，开发效果显著；二期开发方案设计已成功完成，方案获得一致好评。叙利亚 Gbeibe 油田成功开展了水平井网部署，2010 年新钻井成功率 100%，油田产量由接手时的 $35.8 \times 10^4 m^3$ 上升到目前的 $83.7 \times 10^4 m^3$，实现了油田产量翻番。阿曼 Daleel 油田基于剩余油分布部署完善了井网，油田采用水平井注采井网开发，在含水率合理较缓上升的基础上，油田产量从接手时的 $23.6 \times 10^4 t$ 上升到目前的 $109.5 \times 10^4 t$，实现了油田产量翻两番。以上三油田取得了显著的经济效益和社会效益。

（5）碳酸盐岩油气藏等效介质数值模拟技术及其配套技术的应用,将复杂碳酸盐岩油气藏数值模拟模型等效为简化实用的模型,改变了复杂碳酸盐岩油气藏数值模拟难的局面,克服了等效介质模型选择的盲目性,大大减小了数值模拟的计算量,提高了工作效率,使复杂碳酸盐岩油气藏实现了高精度的历史拟合和方案预测。该技术在海内外复杂碳酸盐岩油气藏数值模拟工作中取得了良好的推广应用。

参 考 文 献

［1］韩大匡,陈钦雷,闫存章.油藏数值模拟基础.北京:石油工业出版社,1993.

［2］李允.油藏模拟.北京:石油工业出版社,1999.

［3］(法)T. D. 范高尔夫 – 拉特(T. D. Van Golf – Racht).裂缝油藏工程基础.陈钟祥,等,译.北京:石油工业出版社,1989.

［4］伍友佳.油藏地质学.2 版.北京:石油工业出版社,2004.

［5］(美)厄特金,等.实用油藏模拟技术.张烈辉,编译.北京:石油工业出版社,2004.

［6］袁士义,宋新民,冉启全.裂缝性油藏开发技术.北京:石油工业出版社,2004.

［7］穆龙新,等.储层裂缝预测研究.北京:石油工业出版社,2009.

［8］王自明.塔里木轮南地区碳酸盐岩油藏地质建模及开发机理研究.塔里木油田公司博士后论文,2005.

［9］何更生.油层物理.北京:石油工业出版社,1994.

［10］杨胜来,魏俊之.油层物理学.北京:石油工业出版社,2004.

［11］李治平.油气层渗流力学.北京:石油工业出版社,2001.

［12］李璺,陈军斌.油气渗流力学.北京:石油工业出版社,2009.

［13］强子同.碳酸盐岩储层地质学.东营:中国石油大学出版社,2007.

［14］张烈辉,李允,杜志敏.裂缝性油藏水平井模型.西南石油学院学报,1996,18(2):48 – 55.

［15］Gurpinar O,Kossack C A. Realistic Numerical Models for Fractured Reservoirs,SPE 59041.

［16］Barenblatt G E,Zheltov Iu P,Kochina I N. Basic Concepts in the Theory of Seepage of Homogeneous Liquids in Fissured Rocks. J Appl Math and Mech,English translation,1960:1286 – 1303.

［17］Gilman J R,Kazemi H. Improvements in Simulation of Naturally Fractured Reservoirs,SPE 10511.

［18］Rangel – German E R,Kovscek A R. Matrix – Fracture Shape Factors and Multiphase – Flow Properties of Fractured Porous Media,SPE 95105.

［19］Kazemi H,Merrill L S Jr,Porterfield K L,et al. Numerical Simulation of Water – Oil Flow in Naturally Fractured Reservoirs,SPEJ 16(6).

［20］lim K T,Aziz K. Matrix – Fracture Transfer Shape Factors for Dual – Porosity Simulators. Journal of Petroleum Science and Engineering,1995,13:169 – 178.

［21］Sarma P,Aziz K. New Transfer Functions for Simulation of Naturally Fractured Reservoirs with Dual Porosity Models,SPE 90231.

［22］Dean R H,Lo L L. Simulations of Naturally Fractured reservoirs,SPE 14110.

［23］National Research Council. Rock fractures and fluid flow:contemporary understanding and applications. Washington D C:National Academy Press ,1996.